　　印前处理和制作员是2015年颁布的《中华人民共和国职业分类大典》中的职业工种之一。印前处理和制作是整个印刷工艺流程中的第一道工序，对印刷品质量的控制起着关键的作用。依据国家人力资源和社会保障部颁布的《印前处理和制作员国家职业技能标准（2019年版）》中对不同等级操作人员的基本要求、知识要求和工作要求，并结合国内外印前处理和制版的新设备、新技术、新工艺、新材料，中国印刷技术协会组织编写了印前处理和制作员职业技能培训教程。本套教材分为《基础知识》《印前处理》《平版制版》《网版制版》《柔性版制版》《凹版制版》六部分，以职业技能等级为基础，以职业功能和工作内容为主线，以相关知识和技能要求为主体，讲述了行业不同等级从业人员的知识要求和技能要求，通过学习，受训人员不仅能掌握印前处理技术的职业知识，还能提高专业技能水平，为职业技能等级的提升打下良好的基础。

　　《网版制版》培训教材针对不同等级工种的职业功能和工作内容要求，以理论与实践相结合为核心，重点突出印前处理的专业知识点和专业技能要求。本书主要内容有制版准备、涂感光胶、印版制作、印版质量检验、计算机直接制版技术、技术管理、质量管理等。

　　《网版制版》培训教材的第一篇初级工、第四篇技师、第五篇高级技师由纪家岩老师编写，第二篇中级工、第三篇高级工由高媛老师编写。本书在编写过程中得到了中国印刷技术协会网印及制像分会、上海出版印刷高等专科学校、深圳职业技术学院和深圳技师学院的专

家和专业老师的大力支持和帮助，在此表示深深的谢意。

印前处理和制作员职业技能培训教程在编写过程中得到了上海出版印刷高等专科学校、中国印刷技术协会网印及制像分会、中国印刷技术协会柔性版印刷分会、杭州科雷机电工业有限公司、上海烟草包装印刷有限公司、山东工业技师学院、东莞职业技术学院、运城学院等单位的支持和帮助。

本书编写内容难免有挂一漏万和不妥之处，恳请专家和读者批评指正。

印前处理和制作员职业技能培训教程编写组

目录

第五篇
网版制版
（高级技师）

第一篇

网版制版

（初级工）

制版

第一节　制作胶片

　　了解原稿主要的分类和常用的出片方法，能识别常用原稿，按设计要求到输出中心输出胶片，掌握检验胶片输出质量的最基本参数。

一、认识各类常用原稿

学习目标
1. 了解常用原稿的类型。
2. 能识别各类原稿。

（一）操作步骤

1. 观察是反射稿还是透射稿

通常，相片、印刷品等纸基材料的原稿为反射原稿，而胶片、胶卷等材料的原稿为透射原稿。识别的简单方法是对着灯光或日光观察，能透过原稿清楚地看到光的是透射原稿，不能看到光的是反射原稿。

2. 观察是阴图稿还是阳图稿

最容易判断的部位是原稿上的文字和比较熟悉的景物，如人脸、天空、树木等。如果是正常的黑白层次，就是阳图，否则就是阴图。比如原稿中人脸的颜色为黑色，头发为白色就是阴图。又比如，景物中的天空为深色，树叶等深颜色的物体反而为白色即为阴图。彩色原稿也有类似规律，可以通过观察熟悉颜色是否正常来判断。

3. 观察图像的正反向

图像的正反向以面对原稿的药膜面为准，因此首先判断药膜面。对于反射原稿比较清楚，有图文的一面即为药膜面，背面为空白内容。而透射原稿则不太容易判断，因为透射原稿在两面观察都能看到图文。通常，透射原稿的药膜面因为有感光层而发暗，无光泽，而非药膜面则是光滑的片基，看上去有光泽，仔细观察可以感到图文在片基的下面。找出药膜面后，面对药膜面观察，反射原稿的图文为正向时为正图，反向时为反图；透射原稿的图文为

反向时为正图，正向时为反图。最容易判断的部位是原稿上的文字和左右不对称的熟悉景物，如马路上行驶的车辆方向等。

（二）相关知识

原稿是载有需要印刷复制的图文信息的实物和记录媒体，是印刷复制的对象。因而原稿是制版、印刷的原始素材和依据，是制版、印刷的基础。原稿的质量直接决定了印刷品的质量，所以必须选择和制作适合于制版、印刷的原稿，以保证印品质量。

印刷原稿按其记录的形态可以分为数字原稿和模拟原稿。

数字原稿以电子文件形式存在，可以直接在计算机上进行处理。这类原稿包括数字式文本文件、数字图像（如扫描图片、数码相机拍摄图片、光盘图库等）、数字图形（如计算机绘图、CAD工程图、3D动画等）。

模拟原稿按介质类型分类，可分为五大类：绘画原稿、摄影原稿、二次翻拍原稿、电子图像原稿和实物原稿。按介质的光学特性又可以将前几类原稿分为反射原稿和透射原稿。从原稿内容的类型上划分，可以分为文字原稿、线条原稿和图像原稿。各类原稿的示意图如图1-1-1～图1-1-4所示。

1. 绘画原稿

绘画原稿又分为线条原稿和连续调原稿。线条原稿由黑白或彩色线条组成，没有色调深

图1-1-1　单色线条图原稿图

图1-1-2　单色图像原稿

图1-1-3　单色线条图负片原稿图

图1-1-4　单色负片图像原稿

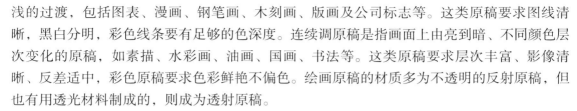

浅的过渡，包括图表、漫画、钢笔画、木刻画、版画及公司标志等。这类原稿要求图线清晰，黑白分明，彩色线条要有足够的色深度。连续调原稿是指画面上由亮到暗、不同颜色层次变化的原稿，如素描、水彩画、油画、国画、书法等。这类原稿要求层次丰富、影像清晰、反差适中，彩色原稿要求色彩鲜艳不偏色。绘画原稿的材质多为不透明的反射原稿，但也有用透光材料制成的，则成为透射原稿。

2. 摄影原稿

摄影原稿又分为透射原稿和反射原稿两种，其中又有黑白原稿和彩色原稿之分。反射原稿即为彩色或黑白照片，由照相底片冲扩而成。透射原稿有正片和负片之分。所谓正片是指原稿中图像的黑白与深浅变化与实际景物一致（图1-1-1、图1-1-2）；而负片的黑白与深浅变化正好与实际景物相反（图1-1-3、图1-1-4）。彩色正片一般为天然色正片，它由天然色反转片直接拍摄、经显影处理而成，故又名天然反转片。彩色幻灯片就是一种彩色正片。彩色正片图像色彩鲜艳，层次丰富，反差大，清晰度好，且明暗层次和色彩与被摄物体相同，一般用于质量要求高的印刷使用。一般的彩色照相胶卷（底片）为彩色负片，负片上的图像颜色与被摄物体的图像颜色相反，明暗层次与被摄物体相反，色彩互为补色。彩色负片的反差系数较小，色彩又为实际景物的补色，所以不如天然色正片容易观察，制版的难度较大，一般不适合印刷制版使用。摄影原稿要求层次丰富，清晰度高，反差适中，彩色原稿不偏色，复制时放大倍率适当。

3. 二次翻拍原稿

二次翻拍原稿有两类：一是指将美术作品转拍成的天然色正片或负片，以摄影胶片为原稿，这种形式的原稿是美术印刷品原稿的主要形式之一；二是指以印刷品为原稿。因为一般印刷品都采用网目调技术（加网）制成，所以扫描输入时通常要采取去网技术，以避免图像出现玫瑰斑点和不均匀。

4. 电子图像原稿

电子图像原稿指已经转换成电子文件的图像文件或图形文件，其中图像文件可以是高质量的原稿经扫描得到的，可以供高档印刷使用，也可以成为创意设计的素材。这种电子原稿一般以光盘库的形式存在，可以随时调用。随着数码相机的快速普及，很多图像都是用数码相机直接拍摄而成，可以不必再像传统摄影方式那样，先拍摄照片再用扫描仪输入，使应用变得非常方便。电子原稿的最大特点是使用方便，修改容易，适合进行再创作。一般认为，电子原稿是连续调原稿。

5. 实物原稿

将实物作为原稿，直接对实物进行扫描输入。在照相制版的年代，实物原稿非常普及，可以直接进行拍摄制版。采用彩色桌面出版系统制版后，对实物原稿有了很大的限制，实物原稿只能用平台扫描仪扫描，无法用滚筒扫描仪扫描。目前只有少数高档平台扫描仪可对实物原稿扫描，且实物厚度（指扫描深度）不能太大，有一定的限制。实物原稿扫描后立体感强，有光感，可以得到很逼真和特殊的效果。

另外，文字原稿分为手写稿、打字稿、复印稿、电子文件稿等。这类原稿要求字迹清楚，浓黑醒目，易辨认，无错别字，标点正确，易于录入。

（三）注意事项

取放原稿和胶片时要小心，操作时手要干净，不能有油污或水。在取放原稿时，应尽量拿原稿的边缘和四角，避免接触原稿图像，注意不要划伤、弄脏、污染图文胶片。对于比较精细的原稿，如天然色片，更要倍加小心，避免原稿黏上有手指的汗渍和印迹。

二、阴图、阳图、网目调的概念

学习目标	1. 了解阴图和阳图、网目调和连续调的概念。 2. 在印刷实践中能够区分和识别各类胶片。

（一）操作步骤

（1）擦净看版台玻璃。

（2）打开看版台内置灯。

（3）将胶片放置于看版台玻璃台面上。

（4）观察胶片。

（5）判断是阴图还是阳图。

（6）用放大镜观察，判断是连续调胶片还是网目调胶片。

（二）相关知识

1. 阴图片和阳图片的概念

阴图与阳图是制版工艺中图像阶调关系不同的一种形态，实际上是一种人为的规定。所谓阳图是指图像的颜色（包括黑白）及深浅变化与实际景物一致，或者是画面中的线条是用笔画出的，与摄影原稿中的正片相对应（图1-1-1、图1-1-2），而阴图的颜色（包括黑白）及深浅变化与阳图正好相反，也正好与实际景物相反。如果是线条图，则画面中的文字线条是反白的，空白部分为深色，与摄影原稿的负片相对应（图1-1-3、图1-1-4）。例如，我们平时所用的图章是阳图，因为所盖图章中的文字是着色的，而石碑图文是阴图，因为碑拓印品时，着色的是空白部分。

记录有阳图信息的胶片称为阳图片，而记录有阴图信息的胶片就称为阴图片。阴图片与阳图片可以通过拷贝的工艺进行转换，每拷贝一次，阳图片就转换为阴图片，或者阴图片转换为阳图片，因为拷贝时，原稿的黑色部分不能曝光，拷贝片上为透明，原稿的透明部区在拷贝片上曝光，形成黑色区域，使得拷贝片与原稿正好相反，如图1-1-5所示。

2. 连续调与网目调的概念

（1）连续调图像　从高光调到暗调浓淡层次连续变化，并且像素是一个挨着一个，紧密相接，无断续的图像，图像中看不出有层次的跳变。各种有层次变化的原稿，如照片、由原稿扫描得到的图像，以及由数码相机拍摄的图像都被认为是连续调图像。

（2）网目调图像　相对于连续调图像而言的一种图像，是通过加网方式印刷得到的图

像。从宏观上看，网目调图像也是阶调层次连续变化的，也有丰富的层次，但它的层次是由许多不连续的油墨网点组成的，各网点之间有空隙，不是完全连接在一起的，如图1-1-6所示，右面的局部放大图展示出油墨网点的不连续性。通过油墨网点的大小改变或者单位面积内网点数量的改变，使网点与空隙的比例发生改变，使得图像深浅明暗也发生相应的变化。印刷到纸上的油墨量大，露出的空白少，则图像的颜色深，反之则颜色浅。

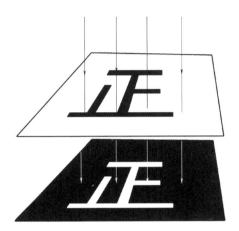

图1-1-5　阳图片与阴图片通过拷贝相互转换

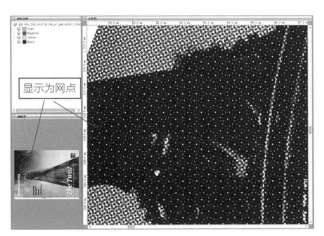

显示为网点

图1-1-6　网目调图像的示意图

（三）注意事项

操作时注意不要划伤、弄脏胶片，观察时应该把胶片药膜向下放置在看版台上，对着片基观察，这样就不会划伤胶片的药膜。

三、常用的出片方法

学习目标	1. 按照设计要求，到输出中心输出胶片。 2. 核对输出结果是否正确。

（一）操作步骤

1. 先了解制版胶片的尺寸要求。制版胶片的图文尺寸与印刷成品的尺寸相同，因此要根据印刷尺寸要求输出晒版胶片，并对输出胶片进行尺寸检查。

2. 要知道采用何种方法输出胶片。要详细了解对胶片的精度要求，确定满足精度要求的输出方式。对于精度要求不高的胶片可以采用激光打印硫酸纸和打印透明胶片的方法制作，对于质量要求高的胶片应该使用激光照排机输出胶片。

3. 到输出中心输出胶片。将已经制作好的电子文件拷入U盘或移动硬盘（或光盘），拿到输出中心输出胶片。

4. 检查输出胶片的尺寸、阴阳图、正反图等参数是否正确。

（二）相关知识

1. 激光打印

对于输出精度要求不高的活件，可以使用激光打印机输出胶片。可以将胶片输出在硫酸纸上直接进行晒版，也可以输出到普通打印纸上，然后对打印纸进行浸蜡处理，使其变得透明。由于纸张与打印机墨粉有比较好的亲和性，因此用这种方法可以得到比较好的打印效果。

还可以用打印机输出打印机专用的透明胶片。由于透明胶片的透光性比纸张好，因此晒版的效果要比打印在纸上好。但由于透明胶片与打印机墨粉的亲和性不如纸张的好，墨粉容易脱落，对于较细的笔画或线条可能会丢失或断线。

用激光打印机输出胶片适合制作文字和单色线条活件，笔画和线条粗细不应小于0.5mm，更精细的图案应该使用激光照排机输出胶片。

2. 激光照排机输出胶片

在制作高精度活件时，要使用激光照排机输出胶片才能保证晒版质量。激光照排机输出胶片的密度值高，反差大，能够制作0.25mm以下的细线，也是制作网目调图像必须要使用的输出方法。

3. 照相法

前两种输出方法都适合计算机制版的方法，是目前的主流工艺。目前仍有使用制版照相机制作丝网制版胶片的传统制版方法。使用照相制版法不需要计算机，直接用制版照相机对原稿进行拍摄而成。但照相制版对操作人员的技术水平要求很高，要掌握好原稿的照明、光圈和快门的设置、缩放比例计算等，操作比较复杂，质量不容易控制，而且不能制作复杂的效果，现在已经很少使用。

（三）注意事项

（1）在制作胶片前，首先应该了解活件的印刷要求，记录印刷成品尺寸及对胶片输出精度与页数的要求，避免因不满足印刷要求而造成废品和返工。

（2）要将与胶片相关的所有电子文件都带到输出中心，不能有遗漏，一旦缺少文件，将会出现输出错误。

（3）注意一般丝网晒版要求制作正阳图胶片。

（4）注意携带输出文件的正确性。

（5）注意检查胶片的输出质量，特别是细线条是否有断线。

（6）注意将输出胶片卷好，用纸包好，避免运送途中损坏。

四、对胶片的要求

学习目标
1. 能按设计要求核对胶片尺寸。
2. 掌握胶片的一般质量要求。

（一）操作步骤

（1）将输出胶片放置于洁净看版台的玻璃台面上。

（2）打开看版台内置灯。

（3）用标定直尺测量胶片图文尺寸或测量版面规矩线距离。

（4）观察胶片黑度是否足够黑。

（5）观察胶片图像是否为正阳图。

（二）相关知识

1．胶片的尺寸

制版胶片的图文尺寸要与印刷成品的尺寸相同，因此胶片的输出尺寸要根据印刷尺寸要求制作。对于要求不高的印刷活件，可以直接测量活件中的图文尺寸，只要满足尺寸要求或在误差范围之内即可，比如在运动服上印字的情况。对于尺寸要求高的活件，在制作胶片时加入页面的裁切线等可以精确测量尺寸的标记。

2．胶片的一般质量要求

晒版胶片的质量要满足晒版的要求。

（1）胶片的尺寸要符合印刷的成品尺寸。

（2）胶片要有足够的密度，即黑线条要足够黑，黑白区域有足够的对比度，黑线条能够阻挡晒版的光线，才能形成有效的图文区。

（3）对于需要晒制较细线条的胶片要使用激光照排机输出胶片，使用打印机输出硫酸纸和打印纸不适合晒制细线条，因为纸的透光性不好，墨粉的黑度不够高，晒版时很容易晒丢细线条，通常线条宽度不应低于1mm。

（4）对于晒制一般的丝网版，要求制版胶片为正阳图。

（三）注意事项

测量胶片尺寸最准确的方法是测量版面中的规矩线，如裁切线，因此在制作版面时应该尽量有裁切线。对于没有裁切线的简单胶片要选择最有代表性和最容易测量的部位测量，如图片的边长、粗线条的长度等。

第二节　绷网

一、常用丝网的种类

学习目标　了解常用丝网的种类，掌握按照要求准备网框和丝网的技能。

（一）操作步骤

（1）了解本次作业所使用的网框和丝网的品种、规格。

（2）去物料库领取所需网框和丝网。

（3）请核对正确与否。

（二）相关知识

目前编制丝网的材料有蚕丝、尼龙丝（也称锦纶丝）、涤纶丝（也称聚酯丝）、金属丝（不锈钢或铜丝）等。

1. 尼龙丝网

由聚酯胺树脂合成纤维编制而成，具有良好的回弹力、耐磨性和抗拉强度，表面光滑，印刷时产生静电小，油墨通过性能好，耐碱性耐溶剂性能优良，价格低廉，因而在丝网印刷中应用普遍。其缺点是耐酸性差，延伸率高，拉伸变形大，受日光长期照射丝网易变脆，强度会下降，易受空气湿度影响，套印不准，尺寸稳定性差。不宜制作高精度印版，常用于制作曲面丝网印版和印刷物表面不平整的丝网印版。

2. 涤纶丝网

由合成纤维编织而成，具有优良的耐热性、耐酸性、耐碱性、耐化学药品性，吸湿性小，延伸率低，套印尺寸稳定性好，是制作大、小精密网版的理想材料。其缺点是耐磨性以及与感光胶膜的亲和性不如尼龙丝网好，价格也高于尼龙丝网。适合于制作印刷高精度网版。

3. 不锈钢丝网

延伸率小，抗拉强度高，耐磨性、耐湿性、耐热性、耐化学药品性、油墨通过性都较好，是较理想的制版材料。缺点是织造难度大，成本高，价格昂贵，操作时容易碰伤或形成死折，回弹性小，重复使用率低。常用于制作超高精度网版，或有导电导热性的网版。

4. 压平丝网

这种丝网是将涤纶丝网通过一根热压辊和一根硅橡胶辊对压形成，丝网一面压平约薄25%，而网孔小于同类型丝网，因此油墨转移量少，墨层薄，可节省油墨材料、降低生产成本，特别适用于价格昂贵的紫外光固化油墨，可节省30%墨量。缺点是因丝网一面压平网孔变形变小。

由于压平丝网的断面形状会像图1-1-7所示的那样变形使油墨变薄，有利于四色加网印刷提高清晰度；同时，会减少刮板的磨损，提高油墨的透过力并保护版膜。

5. 带色丝网

在网版制版工序曝光时不必要的反射光会造成曝光缺陷，经常产生光晕现象。为了避免光晕故障，即不该见光的部位产生见光反应，需要采用染色丝网，特别是网目调等精细产品。

因为晒版感光材料只感应蓝光、紫光、紫外线，而白色丝网反射的白光中含有蓝光、紫光（这是因为白光是由红光、橙光、黄光、绿光、青光、蓝光、紫光混合而成的可见光），所以白光中含有的蓝光、紫光会从感光版背面起化学反应，产生不需要的光晕现象（图1-1-8）。有色丝网反射的红光、橙光、黄光、绿光等可见光均不会引起感光版的反应，所以不会产生光晕故障，如图1-1-9所示。

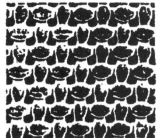

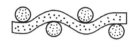

（a）100%压薄 （b）50%压薄 （c）25%压薄

图1-1-7 压平丝网

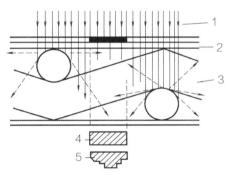

（a）白色丝网的漫反射现象 （b）白色丝网网印效果

1—曝光光线；2—阳图底版；3—白色丝网；4—阳图；5—版膜孔形断面。

图1-1-8 白色丝网的制印特性

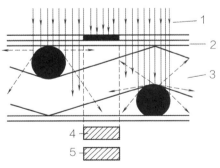

（a）有色丝网表面光线被吸收 （b）有色丝网网印效果

1—曝光光线；2—阳图底版；3—白色丝网；4—阳图；5—版膜孔形断面。

图1-1-9 有色丝网的制印特性

选择丝网的颜色，要考虑有效地消除光漫射的影响，还应考虑颜色对感光速度的影响，染色丝网的色调以单色为好，深色则要延长曝光时间；以及如何使之与感光材料本身的颜色区分开等。

（三）注意事项

1. 注意体会所做活件的类型、要求与丝网选择的关系，向师傅学习选择丝网的方法。

2. 首先根据领料单核对丝网和网框的规格型号及尺寸，完全符合要求才能领取，不能确定时要及时向师傅询问。

二、常用网框的处理方法

> **学习目标** 了解常用网框的处理方法，掌握用打磨法处理网框表面的技能。

（一）操作步骤

（1）将网框水平放置于工作台上。

（2）将打磨机放置于网框上。

（3）开动打磨机开关，如图1-1-10所示。

（4）顺序移动打磨机。

（5）关闭打磨机。

（6）检查打磨质量，如图1-1-11所示。

图1-1-10 带有除尘器的打磨机

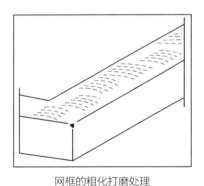

网框的粗化打磨处理

图1-1-11 打磨后的网框表面

（二）相关知识

常用网框的处理方法有以下几种。

1. 粗化处理

表面光滑的新金属网框使用前必须进行粗化处理，以提高胶黏丝网的牢度；旧网框也必须粗化，以除去旧网框上残留的胶剂。方法是使用装有砂纸或橡胶底基装有纤维圆盘的旋转打磨机。砂纸或圆盘的颗粒度应为24号或36号。当在网框上操作时，网框表面应该保持水平

状态，否则以后涂粘网胶时会遇到问题，如图1-1-11所示为打磨后不平行于网框表面，此网框易被溶剂渗透，绷网效果好。如图1-1-12所示为砂带打磨后的网框表面，由于凹槽平行于网框，溶剂不能在网框与丝网之间渗透。

2．打磨边角

切实保证所有边缘和框角都打磨过,没有毛刺。如图1-1-13所示的毛刺必须清除，否则会撕破丝网。只有把用过的网框除去留下的丝网、油墨和感光胶，将网框边缘圆滑处理后才能使用，以避免撕破丝网。

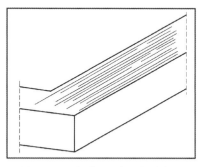

图1-1-12　打磨后平行网框的表面

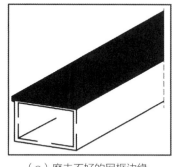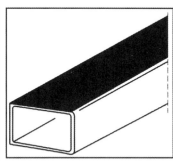

（a）磨去不好的网框边缘　　　　（b）磨去粘网胶边缘之后的网框

图1-1-13　网框打磨边角

3．去污

网印网框不应该有任何锋利的边缘和尖角，因为这些都会损坏丝网，丝网在绷紧时有可能被撕裂。已经打磨过的网框在使用前必须使用溶剂（丙酮等）进行彻底的除脂处理，一定不能使用含油清洗剂，如使用精细丝网，比如压平丝网和其他的100目以上的丝网，则绷网的网框要用粘网胶先涂一底层。

（三）注意事项

（1）网框打磨一定要仔细，粘网部位都要打磨到，清除遗留在网框上的全部残留物。

（2）正确使用打磨机，注意砂纸在打磨机上安装牢固，避免高速旋转时砂纸掉落。

（3）认真学习打磨网框的手法。

三、常用的绷网方法

学习目标	了解常用绷网的方法，掌握手工绷网和使用机械进行绷网的技能。

（一）操作步骤

1．手工绷网

以压条式手工绷网为例，其操作步骤如下：

（1）裁切丝网，将丝网尺寸裁切成比网框的四边大20～30mm。

（2）湿润丝网，用水打湿丝网。

（3）放置丝网，将丝网的经纬线与框边平行地放在框上。

（4）按顺序打入嵌木条，如图1-1-14所示。

① 操作者站在E的位置上，将嵌木条的一端打入A点的沟槽中，使丝网向B的方向张紧；再打入EB嵌木条，将AB边固定。

② 操作者站在G的位置上，在C点打入嵌木条并固定，一边将丝网向箭头方向拉紧，再打入GD嵌木条，将CD边固定。

③ 站F位固定BC边。

④ 站H位固定DA边。

2. 器械绷网

以卷轴式自绷网为例，如图1-1-15所示，操作步骤如下：

① 用压木条将网布压入轴管中的凹槽中。

② 将卷轴管向外徐徐转动，张紧网布。

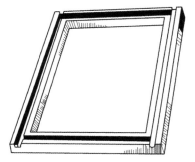

（a）制有凹槽的网框

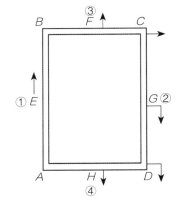

（b）打入嵌木条的顺序
（箭头代表丝网拉紧的方向）

图1-1-14 压条式手工绷网

（二）相关知识

绷网方法主要有手工绷网、器械绷网、绷网机绷网。

1. 手工绷网

这是一种简单的传统绷网方法，通常适用于木质网框，通过人工用钉子、木条、胶黏剂等材料将丝网固定在木框上。手工绷网的张力一般能够达到要求，但张力不均匀，操作比较麻烦，费时，绷网质量不易保证，多用于少量印刷精度要求不高的印刷品。

2. 器械绷网

器械绷网又称自绷网，这种绷网方法多采用较简单的器械辅助手工绷网。自绷式组合网框本身具有绷网功能，无须另外的绷网工具，同时具有随时调节网版张力的功能。但结构较为复杂，限于制作中、小幅面要求又不高的印件网版。

3. 绷网机绷网

采用专用绷网机械，将网布在网框面绷紧。分为机械式绷网机、气压绷网机、气动绷网机三种。

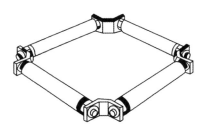

（a）纽门卷式框

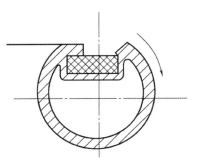

（b）卷轴的横截面结构

图1-1-15 卷轴式自绷网

（三）注意事项

1. 绷网质量与操作方法关系很大，因此要严格按照流程操作，特别注意学习操作的技巧。

2. 只有熟悉了各种网框的性能特点后，才能正确掌握绷网的操作方法。

四、张力的概念及作用

学习目标	了解张力的概念及作用，掌握测定绷网张力的技能。

（一）操作步骤

1. 在手工绷网时，无张力计情况下，张力确定主要凭经验测定。

2. 绷网时一边将丝网拉伸一边用手指按压丝网。

（1）感觉到丝网有一定的弹性即可。

（2）注意检查各处的张力感觉要一致。

3. 使用绷网机及大网框绷网时，一般都使用张力计测试。

（1）先将张力计校正归零。

（2）将张力计置于绷紧的丝网面上。

（3）水平目视读取张力计显示读数。

（二）相关知识

1. 张力的概念及作用

丝网受到拉力作用时，存在于丝网内部而垂直于两相邻部分接触面上的相互牵引力为张力。

图1-1-16　张力不足引起的卷网

张力大小直接关系到刮涂感光胶的平整度和印刷质量。张力太大，丝网易撕破，印刷时对刮板的反作用力太大；张力不足，丝网松软，印刷时对刮板不能产生必要的回弹力，容易伸长变形，引起卷网，如图1-1-16所示，还会擦毛网点或印瞎网点；张力适度，能保证晒版、印刷的尺寸精度，使套印准确，而且丝网在刮印行程中回弹性良好，网点清晰、耐印，在正常情况下丝网不易破裂。

2. 绷网张力计

张力计是测量绷网张力的仪器。张力的单位是N/cm，张力也可以用相对单位数值来表示。毫米张力计就是以相对数值来表示张力的，它是通过张力计自身重量使丝网下沉，以下沉的数值（mm）表示张力。

张力计有机械式和电子式两种，按照张力单位分类，绷网张力计可分为以下三类：

（1）牛/厘米张力计，如图1-1-17所示，这种张力计使用简便，测量时把其置于绷紧的丝网上，表针即指示被测丝张力值。这种张力计的测定范围一般为6～50N/cm。

（2）毫米张力计，如图1-1-18所示，其示值为mm，测量范围一般为1.2～2.5mm。

使用毫米张力计测量绷网张力时，首先应将其置于平台玻璃板上进行校正，转动百分表盘，使指针对准0位，然后将其放在绷紧的丝网上，百分表即示出高度差，这个高度差值即为绷网张力毫米值。

3. 数字显示张力仪

这是目前最新式的测量绷网张力的仪器，外形如图1-1-19所示。这种仪器的特点是操作简单方便，可直接读数、打印出数据。

图1-1-17　牛/厘米张力计

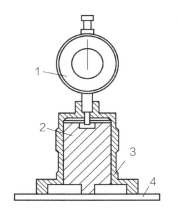

1—百分表；2—重锤；
3—外壳；4—校正用玻璃板。

图1-1-18　毫米张力计

图1-1-19　数字显示张力仪

用张力计测定张力时，小网框测中心一点，中、大型网框可选五点、六点或九点进行，如图1-1-20所示。测定时每点都要经向、纬向各测一次。对于彩色阶调丝网版，每块版的张力必须严格一致，以保证套印准确。

（三）注意事项

绷网时切忌突然加力至最高值，这将会造成张力不均匀、经纬扭斜，形成制版龟纹。

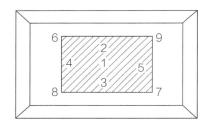

图1-1-20　丝网张力计测试点1～9

五、常用粘网胶的种类

学习
目标　　了解常用粘网胶的种类，掌握涂刷粘网胶的技能和操作步骤。

（一）操作步骤

（1）用刷子往网框与丝网黏合面刷涂粘网胶。

（2）用木片刮压网框的粘合处。

（3）观察整个黏结网面上应呈现均匀的颜色。

（4）固网时间视各类粘网胶性能而定。

（5）胶层彻底干燥后，切断框边丝网，包边及黏网版标签。

（二）相关知识

常用粘网胶的种类。

1. 聚乙烯醇缩醛胶

以聚乙烯醇缩丁醛为主要组分的黏结剂，黏结力强，应用范围广。这类黏结剂可用于木质网框、金属网框的黏结绷网，一般由树脂、乙醇等配制而成。

2. 氯乙烯醋酸乙烯共聚胶

由氯乙烯与醋酸乙烯酯经共聚而成的高分子化合物。其黏结力强，耐稀酸、稀碱，也用于木质框的黏结绷网。

3. 氯丁二烯橡胶型黏结剂

以氯丁橡胶为主要组分的橡胶型黏结剂。用于金属网框的黏结绷网。

4. 氰基丙烯酸酯黏结剂

丙烯酸酯黏合剂的一类。以α-氰基丙烯酸乙酯等制成，一般是单组分的稀薄液体，不需加固化剂，常温下可迅速固化。具有良好的黏结性能，耐酸、耐碱性稍差。用于木质、金属网框的黏结绷网。

5. 环氧树脂黏结剂

由环氧树脂和固化剂配合而成的黏结剂。为了不同需要，可加入各种不同的助剂。如加入溶剂或稀释剂以降低黏度，利于操作；加入固化促进剂以加速固化，缩短工艺时间；加入抗氧化剂以提高使用寿命等。该黏结剂具有优良的黏结性能，黏结强度高，固化后收缩率小。化学成分包括高分子胶液和固化剂两种成分，使用前将其混合，混合后就会发生化学反应而固化。固化的时间较长，一般需20min以上，但固化后的黏结强度大、耐溶剂性好。能用作粘网的双组分胶很多，如酚醛丙烯酸胶、环氧胶、聚氨酯胶及不饱和聚酯胶等。

6. 紫外光固化胶

紫外光固化胶为无溶剂胶，用作粘网胶的优点是干燥快、黏结牢固及耐溶剂性好，但必须要有便于移动的高功率紫外光源（如紫外灯及镝灯）的照射才能干燥，因此限制了它的应用。

（三）注意事项

（1）涂粘网胶操作要求均匀、仔细，不要将胶滴到框内丝网上。

（2）有些粘网胶是双组分类型，在使用时要注意各组分的比例。

（3）在使用紫外光固化胶时要注意紫外线的防护。

第三节 网版处理

一、网版清洗、脱脂和烘干的方法

> **学习目标** 了解网版清洗、脱脂和烘干的方法，掌握进行网版表面清洁、脱脂处理的技能。

（一）操作步骤

1. 清洗丝网

（1）将网版置于带水槽的工作台中。

（2）用刷子蘸取10%苛性钠溶液或者专用丝网清洗剂。

（3）刷子转圈清洗丝网两面，如图1-1-21所示。

（4）用清水冲洗网面，如图1-1-22所示。

2. 脱脂

（1）将适量脱脂剂涂于丝网表面。

（2）用刷子刷丝网两面，如图1-1-23所示。

（3）放置30~60s。

（4）用高压水枪冲洗丝网两面，如图1-1-24所示。

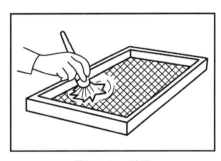

图1-1-21 洗网

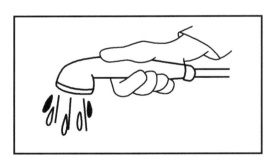

图1-1-22 清水冲洗网面

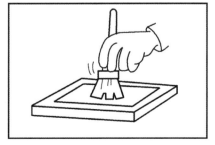

图1-1-23 脱脂

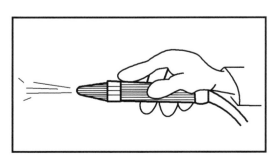

图1-1-24 高压水枪冲洗丝网两面

3．烘干

（1）将清洗、脱脂后的网版置于烘干箱中。

（2）转动控制温度旋钮到40℃。

（3）确定烘干时间。

（4）到时取出网版。

（二）相关知识

清洗脱脂和烘干的作用和方法：

（1）为了彻底清除丝网上的油污杂质，以增强感光材料与丝网黏结牢度和印版耐印力，在涂布感光材料前，必须把丝网清洗干净。

（2）洗净作业从手工刷涂相应制剂到使用自动洗净机、喷枪来进行清洗，也有用超声波洗净的。

（3）干燥多采用无尘烘干箱或使用热风吹干。

（三）注意事项

（1）清洗丝网不可使用一般洗衣粉、洗净剂等，因为它们含有皂化物和硅胶，不易冲净，影响丝网和感光材料的黏结力。

（2）除脂后的网版，不可再用手触摸。

（3）除脂操作宜在制版时进行，不可隔日预先准备，避免尘埃或油脂再次污染。

二、除膜处理、回收旧网版

学习目标　了解脱膜剂的使用方法，掌握处理、回收旧网版的技能。

（一）操作步骤

1．将旧网版置于带水槽的工作台中

将旧网版放在带水槽的工作台中进行冲洗。

2．清墨处理

（1）在网版面上挤上适量网版清墨剂。

（2）用湿刷子刷涂网版两面。

（3）清水冲洗网版两面。

3．脱膜

（1）戴手套。

（2）在网版两面用刷子刷涂脱墨膏。

（3）静置1min。

（4）用高压水枪冲洗丝网两面。

4. 检查

脱膜后检查网版上的图文部分是否出现油墨的淡迹（鬼影），若有，需要进行去鬼影操作。

5. 去鬼影

（1）挤出适量除鬼影膏于丝网面。

（2）用刷子刷涂丝网两面。

（3）放置8min。

（4）用高压水枪冲洗丝网两面。

（二）相关知识

1. 脱膜

制版失败或印刷完毕，为使网版可重复利用，须将膜版从网上除去，这种除膜工作称脱膜。

脱膜时首先应把印版上残存的油墨彻底清除，否则除膜就很困难，因此必须用溶剂或除垢剂彻底清除残墨。如果版上的油墨是硬化型的，清除就比较困难。去膜剂常用的有漂白粉、次氯酸钠、过氧化钠、氢氧化钠、氨水、高锰酸钾、草酸等。

2. 脱膜剂的使用方法

脱膜要求迅速、简单、安全，特别是对丝网的安全。

脱膜用的脱膜剂视感光胶和丝网类型而异，通常商品感光胶同时配有相应的专用脱膜剂。

（1）明胶体系膜版的脱膜方法

① 热水溶胀法。将印版浸于43～46℃热水中，待明胶膨胀后，用刷子擦刷及强水冲净。

② 用漂白剂氧化。通常将漂白剂加10倍的水作为脱膜液，作业时先将膜版在热水中泡胀，然后用刷子蘸脱膜液涂刷印版两面，停留少许时间，用高压水冲除。

（2）非明胶体系膜版的脱膜法，如PVA、PVA+PVAC等感光胶

① 用高锰酸钾氧化。配制6%高锰酸钾水溶液，用丝网滤去未溶晶片，以防止脱膜时割伤丝网。配好的溶液可长期备用。作业时将溶液涂于印版两面，放置4min，即可用水冲。如果是染色丝网，涂液后放置时间不能过长，否则有褪色的危险。

② 用次氯酸钠或过氧化氢氧化。用4%～5%的次氯酸钠溶液或3%的过氧化氢溶液涂布或浸泡印版，数分钟后用热水冲洗。

坚膜处理过的膜版，用上述方法进行脱膜时均难奏效。有的采用强腐蚀剂破坏其膜，但对丝网很不安全，应试验后酌情处理。

一些溶剂型膜版，脱膜时应用相应的溶剂和脱膜剂。必须注意，膜版上若有其他残留物（如油墨、封网胶及油污等）时，脱膜会很困难。因此，上脱膜剂前应先清除残留物。若在印刷后立即清洗油墨，在清洗后未干前，即行脱膜，可获最佳清洗效果。一些合成高聚物的膜版，被某些乙烯基油墨浸渍，因此在正常脱膜处理后，仍会出现一些残膜（称僵膜），这种残膜需用溶剂去除。

脱膜除手工作业外，还可用专用的脱模机脱膜。最先进的脱模机能使油墨清洗、脱膜及去脂工作一并完成。由于机器装有温度控制系统，故有很高的脱膜效率；脱洗出的物质，经

循环系统过滤后，既免污染，又节省溶剂。

（三）注意事项

（1）网版粗化用研磨膏，不能用去污粉、砂纸等物清除，以免堵网和伤网。

（2）选用去膜液应注意环保和腐蚀作用。

（3）戴上橡皮手套操作。

第四节　感光胶的涂布

一、手工刮涂感光胶

学习目标	了解刮胶斗的结构和使用方法，掌握手工刮涂感光胶的技能。

（一）操作步骤

刮斗涂布的顺序如图1-1-25所示，1～5分别表示为刮斗涂布顺序。

（1）把绷好网的网框以80°～90°的倾角竖放，往刮胶斗中倒入容量60%～70%的感光液，不要装得太满，把刮胶斗前端压到网上。

（2）把放好的刮胶斗前端倾斜，使液面接触丝网。

（3）保证倾角不变的同时进行涂布。此时如果涂布的速度过快，容易产生气泡造成针孔。

（4）涂布到距网框边1～2cm时，让刮胶斗的倾角恢复到接近水平。

（5）涂布至要求的厚度之后把网框上下倒过来再重新涂布一次。

（6）干燥。第一次干燥应充分，若用热风干燥，应掌握适当温度，温度过高，有产生热灰雾的可能，必须引起注意。

（7）再按同样的要领涂布2～3次，直至出现光泽。

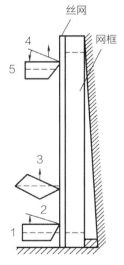

图1-1-25　刮斗涂布

（二）相关知识

刮斗涂布是让刮胶斗的前端与丝网接触，让刮胶斗中的胶液与丝网面均匀接触，并由刮胶斗前端的刃口刮去多余的胶液，刮胶斗上下移动，依次进行涂布。刮胶斗是一种呈船形的涂布工具。其四边中的一边起到刮刀的作用，斗的内部是存储感光液的。刮胶斗形状有多种，但都应具有槽和刮刀两部分。刮斗涂布包括手涂法和机涂法。手涂法用的刮胶斗如图1-1-26所示，斗的刮胶边呈不同半径的圆弧，斗边沿长度方向微凸，以保证涂布的胶层

厚薄一致。由于重氮感光胶都呈弱酸性反应，因此刮胶斗需用塑料或不锈钢制作。即使是不锈钢胶斗，胶液也不宜在斗中久存，否则因氧化作用胶液会起微泡而遭破坏。

　　刮胶斗的长度随涂布面尺寸而定。图1-1-27为我国生产的不锈钢刮胶斗，由6种不同长度组成一套，可供不同尺寸的图幅使用。通常图幅面积、胶斗长度及刮胶面积的关系如下：

$$图幅面积=a×b（a为短边、b为长边）$$

$$刮胶面积=（a+40mm）×（b+60mm）$$

$$胶斗长度=a+40mm$$

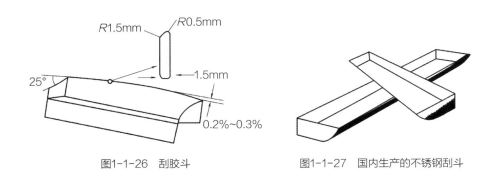

图1-1-26　刮胶斗　　　　　　　　图1-1-27　国内生产的不锈钢刮斗

　　刮胶斗与丝网接触的刃口边，必须保证较高的平整度，不能有碰伤的痕迹。如果平整度低或有碰伤，涂布后膜层会出现条痕或膜层厚度不均匀的现象，从而使印刷后的图文线条出现毛刺和膜层厚度不均匀。刮胶斗的刃口边缘应光滑，以防在涂布时造成刮伤丝网的后果。由于绷好的网有一定的弹性，刮涂时容易出现膜的厚度不均匀的现象，即中间部位膜层厚而四边薄。为避免出现这类问题，通常制作刮胶斗时使接触丝网的一边略呈一定的弧状。这样可以避免因丝网弹性而造成的膜层厚度不均匀的现象。在制作刮胶斗时应尽量选用不生锈、耐腐蚀、质量好的不锈钢材料或合金铝材料。

（三）注意事项

涂布感光液应在橙色安全灯下进行。

二、烘干感光胶膜

学习目标　了解烘干感光胶膜常用的设备和干燥方法，掌握烘干感光胶膜的技能。

（一）操作步骤

（1）将膜版印刷面向下（即丝网向上，网框在下）。

21

（2）将膜版水平放置于干燥箱中。

（3）定好温度旋钮，用40～45℃温度干燥。

（4）定好定时开关，15min左右。

（5）打开干燥箱。

（6）干燥后取出烘干的膜版。

（二）相关知识

常用的干燥方法：

常用的膜版干燥方法有吹干和烘干两种，吹干法可以使用热吹风机手工烘干；烘干法可以使用专门的烘版机，例如常用的抽屉式烘版机。如图1-1-28所示。

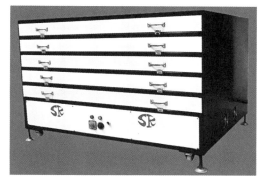

图1-1-28　抽屉式烘版机

（三）注意事项

（1）涂胶版烘干温度不可超过45℃。

（2）膜面干燥时间内必须注意不可有灰尘落在上面。

（3）在作业中要正确掌握烘版时间，否则影响制版质量，烘版时间短或温度低，显影图文不光洁，耐印力低，易掉版；烘版时间长或温度过高，感光胶会产生热固反应，显影困难，有蒙翳产生。

第五节　晒版

一、晒版机等相关设备的基本结构

> 学习目标　了解晒版机的基本结构和操作方法，掌握晒版机日常维护的技能。

（一）操作步骤

（1）每天工作前清洁晒版机玻璃表面。用软布或棉纱蘸适量的清洁剂、无铅汽油、酒精或胶片清洗剂，将晒版玻璃擦洗干净。在晒版操作过程中，发现灰尘、油污也要擦洗干净。

（2）定期使用真空扫除器（吸尘器），清扫橡皮布。

（3）定期检查修理真空泵，特别是要定期换油。

（4）定期检查橡皮布和机器四周橡皮垫是否漏气。

（二）相关知识

晒版机是利用压力（包括大气压力和机械压力），使图像胶片与感光液紧密贴合，以便通过光化学反应将胶片上的图像精确地晒制到感光版上的一种设备。

晒版机是主要的传统制版设备，是使感光材料曝光的设备。主要有玻璃晒框、底架、真空泵、灯具等部件组成。它和普通印刷厂晒版机的不同点是大玻璃在下方，橡皮框在上方；灯光可以放在下面或侧面。

曝光最重要的环节是使丝网与原版紧密贴合，丝网版和原版接触不实，晒出的图形必然发虚，严重时会报废。所以，带有真空吸附装置的晒版机得到广泛应用。

真空晒版机的特点如下：

网印版制版用的真空晒版机，一面是安装玻璃板的框，另一面是安装了橡皮布的框，两者用特殊的铰链连结起来，其一端有将两个框固定在一起的把手。橡皮布的四周镶有高度为10～15mm、宽度为20～30mm的橡胶带，用把手组合固定两个框时，这个带的顶点密合在玻璃板上，挡住外面进来的空气，内部的空气用真空泵抽出后，网版感光胶膜就可以与阳图胶片完全密合。

晒版时首先把涂布了乳剂的丝网版同阳图底版一起放在玻璃板上，上面罩上橡皮布，紧固两个框，用真空泵把内部的空气抽出，使之密合。晒版时把玻璃面垂直横向光源，以一定距离曝光是采用最多的方法。另外，还有把玻璃面朝上，光源有从上方照射的吊灯型；玻璃面朝下，从下方照射的光源上射型、光源沿玻璃面移动的扫描型等。

（三）注意事项

晒版之前，首先要根据施工单确定晒版方法，检查晒版机各项性能，按操作规程调试机械，做好晒版前的准备工作。

二、胶片和膜版在晒版机上的定位方法

学习目标	通过学习了解胶片和膜版在晒版机上的定位方法，掌握胶片与膜版定位的技能。

（一）操作步骤

（1）把膜版印刷面朝上放在制版平台上。

（2）把制版胶片正面朝下放在膜版的中央位置上，采用三点定位法（靠边定位法）定位，在胶片长边选两个定位点，短边选一个定位点，和相应的网框距离测量定位。

（3）胶片的四边要留出一定空间，按刮墨方向上方要留出10～15cm的放墨位置，下边也要留出10～15cm的宽度，两边各留出7～10cm的宽度。大框晒小图，图像边缘不能太靠近网框，因为网版边缘部分丝网的回弹力小，受到网框影响，透墨性差，影响印刷质量。

（4）确定定位尺寸后，固定胶片。用长1cm的透明胶带，把胶片四角固定在膜版的定位位置上。

（二）相关知识

胶片和膜版在晒版机上的定位方法：

先将胶片正面朝下平放于膜版印刷面的中央位置上，用胶条将胶片四角与膜版固定如图1-1-29所示。

将固定好胶片的膜版印刷面向下，扣置于晒版机玻璃面的中央位置，如图1-1-30所示。

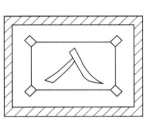

图1-1-29　胶片和膜版

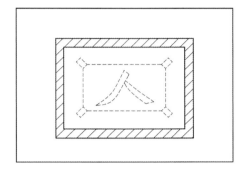

图1-1-30　贴好胶片的膜版在晒版玻璃上的定位

（三）注意事项

（1）印刷套印精度的确定是借助"十"字线套印定位原理来确定印件上三点所在的位置。将印件放在印刷台上适当位置，然后将原稿上的"十"字线与版上的"十"字线重合来确定印刷定位，位置一经套准就可在印台上确定三点"规矩"，要用透明胶带固定位置。

（2）注意定位片的厚度要低于承印物的厚度，否则在印刷中会损坏网印膜版。

三、使用晒版机进行膜版曝光的操作方法

学习目标	了解曝光正确的重要性，掌握使用晒版机进行膜版曝光的技能。

（一）操作步骤

（1）打开晒版机上盖（橡皮布框架）。

（2）擦净晒框玻璃。

（3）把制版胶片膜面朝上放在晒版玻璃中央。

（4）把涂布好感光液的膜版，印刷面朝下按定位尺寸要求放在胶片上，或将在膜版上定位好的胶片与膜版印刷面朝下放入晒版机适当位置。

（5）闭合橡皮布框架。

（6）抽气，打开气泵，抽成真空，使胶片与膜版密合。

（7）设定定时开关。

（8）打开光源曝光。

（9）关闭光源，然后关闭气泵，等气压表数据归零后，打开上盖。

（10）取出膜版，去掉胶片，进行显影处理。

（二）相关知识

正确的曝光时间取决于感光乳剂、膜片、丝网、总厚度、光源等特点以及曝光灯与要曝光材料之间的距离。曝光不足的膜版终不会硬化，在显影过程中，刮墨面上的感光乳剂被冲洗掉。感光乳剂层粗糙、模糊不清是曝光不足的确切标志。冲洗不充分，一些溶解的感光乳剂黏在膜版的通孔区域，在干燥之后，留下仅仅能看得见的碎渣，它们在印刷中会妨碍油墨流动。曝光不足的膜版耐溶剂和耐印刷油墨，以及抗机械磨损的性能很差，这样的膜版以后也很难回收（图1-1-31）。曝光过多的膜版会损害解像

（a）曝光不足

（b）曝光正确

图1-1-31 膜版曝光状况

度，这一点在使用白色丝网时特别明显。在曝光中，白色网布内未染色的丝线会反射光，这会很快造成图像侧壁腐蚀的问题。

实践证明：在制版中，感光膜的硬化程度与曝光量成正比。只要曝光时间适当，成像性能好，黏网力就强。因此，在制版过程中，必须严格控制曝光时间；否则，黏网不良，耐印力下降。

（三）注意事项

（1）感光膜完全干燥后要尽快晒版，晒版时要把阳图底版的膜面密合在感光膜面上曝光。

（2）曝光中最重要的环节是使丝网和底版紧密贴附。丝网版和底版接触不实，晒出的图像必然发虚，严重时会完全报废。

（3）晒版前，必须确定阳图底版的正面和背面。应先检查阳图底版，丝网感光膜和晒版架的玻璃面上是否有污点或灰尘。然后将底版和膜版装入晒版框内，要注意将阳图底版药膜面与膜版印面密合。再从玻璃面检查一次，如果底版图像放在网框的正确位置上，即可通电曝光了。

第六节 冲洗显影、干燥和修版

一、相关设备的日常维护

学习目标 | 通过学习了解相关设备的种类和使用方法，掌握相关设备日常维护的技能。

（一）相关设备日常维护

（1）阅读设备使用说明书，按要求定期维护。

（2）经常清洁、擦洗相关设备。

（3）保护好喷枪喷头。

（二）相关知识

相关设备的种类和使用方法。

1. 水盆

小幅面网版往往在曝光后，放置于水盆中浸泡2~3min（可加摇晃），然后再放到有一定压力的水管下冲洗两面。

2. 水槽

在室内就地砌水槽，往往将要显影的网版斜置于槽中，利用塑胶管或喷嘴，接通室内的自来水管，即可对网版两面反复冲洗。

3. 喷枪

如果自来水水压低于3.03×10^5Pa时，则宜选用冲洗装置，如图1-1-32所示，实际上就是一台自带水箱的低压微型水泵，喷头则为一个手枪式带喷嘴的喷水开关，压力可调，操作方便，实用可靠。

可用（$3.43 \sim 5.39$）$\times 10^5$Pa的喷枪，从网版两面进行喷水显影。

4. 自动水洗显影机

现已经开发出自动水洗显影机。早期的自动水洗显影机是装有容器的单体式喷枪管型，能上下移动。后来开发出多种机型。

5. 吸水器

对于曝光后的网版的冲洗，建议使用水压能够调节的水喷嘴，（图1-1-32），并使用吸水器吸除网版上多余的水，以免形成瘢痕，而且可以明显地缩短干燥的时间。小尺寸的网版可放在固定的吸水嘴上抽取多余的水分，也可用海绵或吹风机迅速除去水分。

6. 干燥箱

显影后的网版应放在无尘的干燥箱内，用温风吹干，烘干温度一般控制在40℃±5℃。

图1-1-32　带吸水设备的冲洗槽

（三）注意事项

（1）使用相关设备一定要经常擦拭，保持作业清洁。

（2）喷枪显影时喷头的水压和丝网膜版间距要适当固定，否则会影响冲显质量，甚至造成胶层脱落等。

（3）使用自动显影机操作，要按照使用说明书进行。

二、处理线条板

了解膜版冲洗显影的原理，掌握处理线条版的技能操作步骤。

（一）操作步骤

（1）将曝光后的感光版放入盛水的显影盆（槽）中。

（2）浸泡2～3min。

（3）用手晃动显影盆，以加速显影。

（4）观察未见光部位（空白部位）胶膜膨胀。

（5）用常温的自来水冲洗3～4min。

（6）观察版面图文部分是否全部漏空。

（7）用洁净海绵吸除版面水分。

（二）相关知识

网印版的晒版工艺原理如图1-1-33所示。

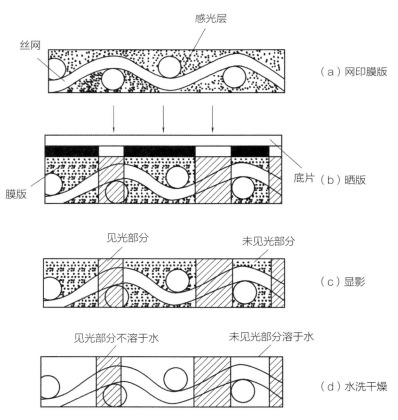

图1-1-33　丝网晒版工艺及原理图解

网印膜版密附正向图文胶片进行曝光，蓝、紫、紫外光通过阳图透明部位（空白部位），射入感光胶层，发生化学反应，分子结构交联硬化由原来水溶性变为不可溶性，经清水显影后形成阻墨层；而阳图胶片有密度部位（图文部分）光线不过，膜版上相应部位感光胶层仍保留原来水溶性，经清水显影后从版面溶解冲下，露出通透的网孔。

（三）注意事项

（1）由于感光材料的性质不同，制版要求和显影要求也就不同，通常显影程度的控制原则是：在显透的前提下，时间越短越好。时间过长，膜层湿膨胀严重，影响图像的清晰度；时间过短，显影不彻底，会留有蒙翳，堵塞网孔，造成废版。蒙翳是一层极薄的感光胶残留膜，易在图像细节处出现，难与水膜分辨，常被误认为显透。为便于观察，可采用灯光显影水槽，也可采用自制灯光观察台。

（2）在线条版处理中，要根据业务单要求来选择材料制版，掌握以下规律：

① 丝网目数越低，则丝径粗，网孔开孔面积越大，版面膜层厚，晒版曝光时间要长，显影冲水压力要大，才能把版冲透。

② 精细线条版选用高目数丝网，丝径细、网孔小、版面膜层薄，晒版曝光时间要短，显影冲水压力要低，冲湿时间要短，清除版面余胶使版彻底冲透干燥。

三、封网使用的材料和方法

学习目标	通过学习，了解封网使用的材料和使用方法，掌握封网胶涂封图文区域以外的通孔区域的技能。

（一）操作步骤

（1）把网印版印刷面向上放到看版台上，如图1-1-34所示。

（2）用毛笔或小刮胶斗用封网胶或感光胶对图文区域以外的通孔区域，特别是网与框的结合处进行封涂。

（3）曝光固化，对用感光胶为封孔液部位进行一次曝光，使胶层硬化不溶解于水达到封孔目的。

（4）烘干或自然干燥。

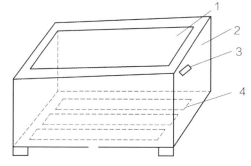

1—毛玻璃；2—木箱；3—灯开关；4—日光风管。

图1-1-34　看版台示意图

（二）相关知识

显影后的印版还存在部分不需要的开孔部分，封闭开孔部分为封网。封孔是对图形以外的漏空网孔进行封闭。

封孔材料必须采用不受印料溶解、溶胀及破坏图层的封孔液。有专用封网胶和旧感光胶

封孔。使用的封网材料要具有与图形膜层相同的耐溶剂性、耐磨性等。封网方法，可用刮斗或毛笔（毛刷），蘸上封网液，在网版的漏空部位涂刷，封孔。

（三）注意事项

涂层要均匀，平整，然后放入45℃的烘箱中干燥。

四、去除印版的污点、修整砂眼和划痕等缺陷

学习目标	了解修版使用的材料和方法，掌握去除印版上污点、修整砂眼和划痕等缺陷的技能。

（一）操作步骤

（1）将网印版印刷面向上放置于看版台面上。

（2）仔细检查网印版面，发现缺陷。

（3）用毛笔蘸取封网胶填补空白部位上的砂眼或划痕缺陷。

（4）用另一支毛笔蘸取少量脱膜剂修除图文部分出现的污点（胶点），并用洁净的湿纱布蘸除溶下的胶膜。

（5）检查修补印版质量。

（二）相关知识

修版使用的材料和使用方法：

（1）砂眼或划痕是出现在膜版上空白部位上的露网点、线，需要使用毛笔蘸取封网胶将其填补。

（2）污点是出现在膜版上图文部位上的胶点，需要使用毛笔蘸取脱膜剂加以修除。

（三）注意事项

（1）在封网和修版中，要熟练地掌握修版技术。操作要细致，不要把不该修的部分修掉，而该修的划痕、擦伤、砂眼等未修留下，造成上机印刷时漏墨、上脏。

（2）用感光胶取代修版液的，修版后要进行一次再曝光处理，固化胶层。

（3）膜版修整后，最后进行修边操作。为了保证网框面的清洁，便于再生及防止洗液溶剂侵蚀网框而影响黏结力，需要用胶带纸封贴网框架，也可用耐溶剂的涂料封贴。

第二章

制版质量的检验与控制

一、测量胶片的图文尺寸

学习目标	通过学习，了解图文缩放的概念，掌握测量胶片图文尺寸的技能。

（一）操作步骤

（1）将胶片药膜向下放置于看版台面，打开内置灯。

（2）用标定的金属直尺测量胶片上下、左右对称两个裁切线的距离。

（3）请师傅对照工作单，核对胶片尺寸与客户要求成品尺寸是否一致。

（二）相关知识

1．规矩线

印刷中，规矩线是每色图文准确套印和成品尺寸裁切的依据。

（1）十字规矩线是多次色套印精确度的依据，由互相垂直的横竖细实线构成，在传动侧和操作侧各有一个十字线，互为对称，有拖梢，有一个十字线。十字线的竖线是轴向图文位置调节依据，横线是径向图文位置调节依据。

（2）角线供印刷成品裁切用。分布在印版的四角。

（3）裁切线，裁切线是印品有效而最小的净切尺寸，切线的位置在所有规矩的最里面，如图1-2-1所示，所以当裁切光边时，其他的规矩线都会被跟着切去。

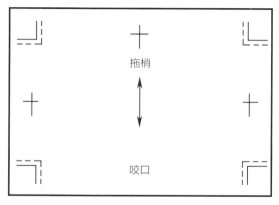

图1-2-1　印版规矩线布局示意

2. 图文的缩放概念

如图1-2-2所示，*CB*=*BB'*，*A'B'C'D'*相对*ABCD*是放大了一倍，相反*ABCD*相对*A'B'C'D'*是缩小了一半。

（三）注意事项

规矩不准等故障的出现是印刷质量降低的重要因素，这不仅需要注意制版规矩精度，也需要操作机器的人共同予以注意，严格掌握制版尺寸和印刷套准规矩的定位精度的控制。

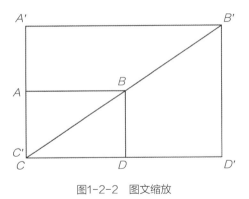

图1-2-2 图文缩放

二、目测检查胶片划伤、折痕、脏痕等缺陷的类型

| 学习目标 | 了解胶片质量的基本要求，掌握目测检查胶片明显缺陷的技能。 |

（一）操作步骤

目测胶片的缺陷的步骤。

接受施工单时要检查：

（1）清洁看版台面玻璃。

（2）将胶片药膜向下置于看版台面。

（3）开启看版台内置灯。

（4）目测胶片有无以下明显缺陷。

① 黑白不分明。

② 线条不完整、有变形、毛刺等。

③ 图面有砂眼、脏点、划伤等。

④ 胶带拼贴的胶片，胶带贴离图像过近（7mm以内）。

（二）相关知识

胶片质量的基本要求：

（1）图文部位实地密度在3.0以上，空白部位密度（灰雾度）在0.05以下，黑白分明。线条不变形、不断，图面线条光洁，没有毛刺、锯齿、砂眼、脏点和伤痕脏污等。

（2）图文部分的清晰度要较高。

（3）图文部分的尺寸要符合印刷复制品的尺寸要求。

（4）要制出符合丝网制版、印刷要求的规矩线。

（5）用胶带拼贴的胶片，胶带应贴在离图像7mm以外为好（特别是亮调部位），注意制版时，由于密合不好使线条、网点变虚的因素。

（三）注意事项

（1）图文胶片，多数来自客户的重要寄存品，不能弄脏、损坏或丢失。要妥善保管好，做到用时立即找出。

（2）图文胶片不能卷曲，要平放。如用胶带纸贴的胶片，一旦卷曲拼贴部分位置就会错动，影响套合精度。

（3）从胶片袋取出或放入，注意拼贴在胶片上的剥膜片不要剥落，也不能使胶片折着放进去。胶片放入袋内之前，要用纱布或软布清洁，除去底片上的灰尘或污垢。夹放衬纸放入袋内，恒温下保存。

第二节　检验制版相关参数

一、核对丝网的类型和网目数

学习目标	了解标注好网版的内容，掌握核对丝网的类型和网目数的技能。

（一）操作步骤

（1）将绷好网的网版网面朝上置于工作台面。

（2）核对丝网的类型和网目数。

（3）在网框边缘外侧进行标注。

（二）相关知识

标注绷好的网版。

为使丝网版在存放架上容易被找到，把写有下列内容：丝网牌号、丝网目数（包括网丝直径）、卷/批号、用牛顿张力值表示的张力、日期、操作员姓名的标签贴在网框边的外侧。标签可用不干胶塑料薄膜或纸制成，还要在标签上面贴一块聚酯膜，以保护标签不受溶剂的侵蚀而损坏，如图1-2-3所示。

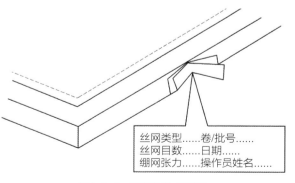

丝网类型……卷/批号……
丝网目数……日期……
绷网张力……操作员姓名……

图1-2-3　带标识的丝网版

（三）注意事项

要认真填写好标注制版的各项技术数据，这是为下一工序操作掌握的技术数据。要贴好

标签，并用透明胶带把标签封好，防止在制版印刷中因冲洗摩擦而脱落。

二、测定网版张力

学习目标	了解在网版制版中用张力计测定张力的方法，掌握正确测定网版张力的技能。

（一）操作步骤

（1）在绷网机上绷网，一般要拉松三次以上，使张力逐升。

（2）达到设定标准张力值时应停止给力。

（3）静置丝网10~15min进行时效处理，使张力稳定，用张力计测张力。

各种丝网采用毫米（mm）张力计时，一般控制的参考张力如下：

真丝网　　　1.5~2.2mm

聚酯丝网　　1.3~2.0mm

尼龙丝网　　1.5~2.0mm

金属丝网　　1.2~2.0mm

绷好的丝网版随时间推移版面张力会有下降，一般在24~48h内变化较大，3~5天以后逐渐稳定，张力下降变化微小。根据上述情况在实际工作中不可忽视要适时选用，确保制作合格的网印版，保证印刷质量（图1-2-4）。

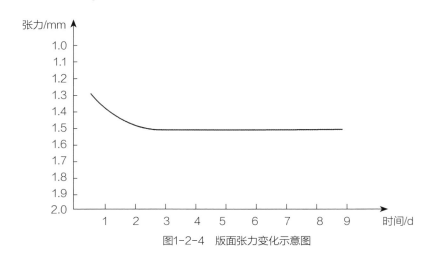

图1-2-4　版面张力变化示意图

（二）注意事项

（1）绷网时要注意丝网经、纬相垂直保持均匀张力，多色套印的分色版表面张力要一致。

（2）绷好的网版当天不能用，要经过3~7天的时效处理，等网版表面张力稳定后再使用。

第三节　检验印版质量

学习目标　通过学习，了解印版常见缺陷的特征，掌握目测线条版的砂眼、划痕等常见缺陷的技能。

（一）操作步骤

目测线条版常见缺陷的步骤。

（1）擦净看版台玻璃。

（2）将印版印刷面朝上放置于看版台上。

（3）目测版面图文部分是否有脏污。

（4）目测版面空白部分是否有砂眼、划痕。

（二）相关知识

印版常见缺陷的特征。

（1）空白部位胶膜常见缺陷

① 砂眼。胶膜上出现的细小透亮点。

② 划痕。胶膜上出现透网细道。

（2）图文部位常见缺陷　在通透网面出现小块胶点或其他阻光脏污。

（三）注意事项

制好的网印版应存放在恒温干燥地方的存版架上。存放形式有水平式和竖立式两种（图1-2-5）。水平式是将同一规格的网印版，放置在版架的一层内，可重叠放置。竖立式是将丝网印版竖立在版架上的版槽内，较大网版最好采用竖立式，以防丝网下垂。

长期待印的网印版，可包好存放在包装箱中，防止灰尘、氧化、污染等，密封保存待印。

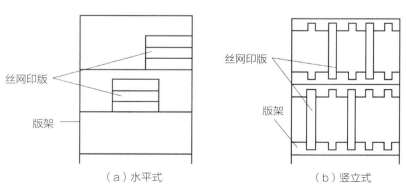

（a）水平式　　　　　　　　　（b）竖立式

图1-2-5　网版存放

网版制版

（中级工）

第一章

底片制作

第一节　准备制作底片

一、看懂生产通知单

| 学习目标 | 了解生产通知单的主要内容，掌握看懂生产通知单中各项内容的技能。 |

（一）操作步骤

（1）阅读生产通知单。生产通知单上标明了活件的名称、数量、尺寸、色数、承印物种类、丝网类型等信息，要仔细阅读，理解通知单中的各项生产要求。

（2）按生产通知单准备器材和物料。

（3）按生产通知单要求施工。每完成一件工作，要按通知单的数据核对，并在通知单上进行标记。

（二）相关知识

生产通知单的主要内容和指令要求。

每家企业面向的客户不同，生产的产品不同，生产通知单也不完全一样，但基本的要求相同。一般的生产通知单都应该包括活件名称、编号、原稿类型和数量、印制数量、尺寸、色数、承印物种类、丝网类型等信息，通常在备注栏或要求栏还要注明特殊的要求和注意事项。印前制版工序除了要提供原稿外，还要提供制版的版式。

生产通知单的作用是规范生产的流程，避免差错，便于生产管理。因此要严格按生产通知单的要求完成。

（三）注意事项

生产通知单是生产管理的依据，完成后的生产通知单也要妥善保管，定期汇总。如果通知单的内容还涉及下一个工序，则应将已完成的内容进行标记，并由责任人签字后交给下一个工序。

二、辨别感光胶片与打印胶片

学习目标	了解感光胶片与打印胶片的特点和区别，能辨别感光胶片与打印胶片。

（一）操作步骤

辨别感光胶片与打印胶片的步骤。

（1）观察胶片的片基，根据片基的薄厚、材质判断。打印胶片一般比感光照排胶片薄，不如照排胶片平整。

（2）用手指触摸胶片的图文，感觉图文是否有略微的凹凸感。有凹凸感的是打印胶片，无凹凸感的是感光照排胶片。

（3）对着光线观察图文的墨色是否浓黑、均匀，打印胶片通常会出现有规则的条纹，墨色不匀，而感光照排胶片密度高，无不均匀的现象。

（二）相关知识

感光胶片与打印胶片的区别：

打印胶片看上去很像感光照排胶片，需要仔细观察才能区分。一般来说，可以从以下几个方面区分。第一，打印胶片的片基比较薄，手感较软，而感光照排胶片较厚实；第二，打印胶片墨粉附着在片基表面，因此用手可以感觉到图文的凹凸感，墨粉可以很容易被指甲刮掉，而照排胶片的图像是感光层形成的，黑与白区域都在同一个平面上，没有凹凸感；第三，照排胶片的图文区密度很高，看上去很黑，而打印胶片的墨粉黑度不高，有透光的感觉，尤其在大面积的图文区域给人以不均匀的感觉。

（三）注意事项

激光打印胶片与墨粉的结合牢度不高，用手可以将墨粉抠掉，将胶片来回多次弯曲也会弄掉墨粉，因此操作时一定要小心仔细，不能损坏底片、图文。

三、运用计算机辅助设计软件制作简单线条图文稿

学习目标	了解计算机辅助设计软件的使用知识，掌握运用计算机辅助设计软件制作线条稿等简单图形的技能。

（一）操作步骤

（1）分析版面的组成，制定制作方案，选择制作软件。

（2）进入制作软件，按要求进行制作。

（3）对照生产通知单和制作版式要求，检查制作的效果，必要时还应该打印校样，进行核对和必要的修改。

如果版面中只有文字，并且文字也没有特殊的效果，对文字的定位也没有严格的要求，可以使用任意具有文字处理功能的软件进行版面的制作，如使用Word制作。在使用Word进行制作时，唯一需要注意的是文字的字体和字号设置，使文字的大小、字体、字距等满足客户的要求。但由于Word是办公软件，功能十分有限，很难控制设计的内容，不太适合制版使用，最好使用CorelDRAW、Illustrator或Freehand之类的专业软件，可以制作出更好的效果。但由于版面内容是文字，最好不要使用Photoshop等图像处理软件制作。

下面以CorelDRAW为例说明制作方法，Illustrator与此操作非常相似，可模仿进行操作。

首先进入CorelDRAW应用软件，建立新文件，如图2-1-1所示。在软件左侧工具箱中选择使用文字工具，在文字的位置输入需要的文字。在输入文字之前，可以首先选择文本菜单中的文本格式命令，在出现的格式化文本对话框中设置文字的字体和字号，这样可以使之后输入的文字都具有所设置的文字字体和字号，也可以在输入文字以后再设置字体和字号，这时需要在工具箱中点击选择工具（箭头工具），将需要设置的文字用鼠标选中，然后在工具栏中的字体、字号下拉框中选择需要的设置。

如果需要制作有特殊效果的文字，如沿曲线排列、投影、立体等，需要使用CorelDRAWl、Illustrator或Freehand等软件进行编辑制作。

如果还需要在版面中排列其他图形或图像（已经制作好的），如公司标记等，则可以在文件菜单中选择"导入"命令，在导入对话框中选择要导入的文件名。CorelDRAW可以支持TIFF、JPG、EPS等多种文件格式。如果公司标记比较简单，也可以直接在CorelDRAW中绘制。对于较复杂的图标，可以用扫描仪扫描成单色图，然后用导入命令粘贴到版面中，如果需要彩色图标还可以在绘图软件中给图像指定颜色。

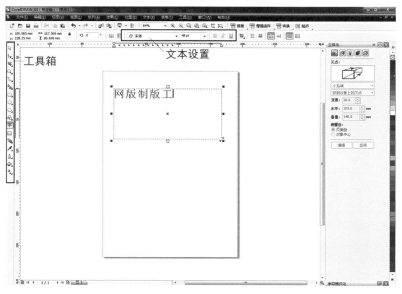

图2-1-1　CorelDRAW主界面

（二）相关知识

1．CorelDRAW的操作界面

在CorelDRAW的主界面上，最上面一行为主菜单，如图2-1-2所示，左侧为工具箱、主菜单下面是工具栏、最右侧的色块是调色板和信息控制窗口。

图2-1-2　CorelDRAW主菜单

工具箱中有最常用的工具图标，各图标的功能如图2-1-3所示。图中各主要工具的作用如下（从上到下顺序）：

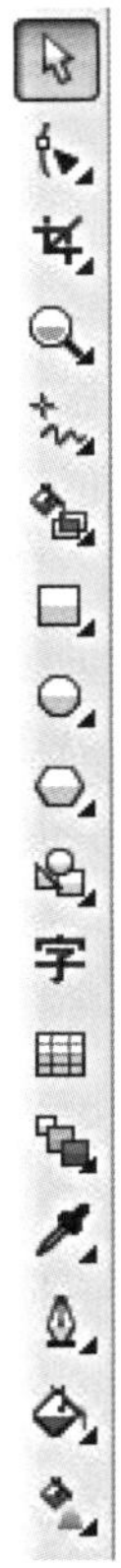

选择工具用来选择版面中的对象，是最常用的工具。

形状工具用来改变图形的线条形状及应用笔刷效果。

裁剪工具用来裁切指定的图像至需要的尺寸。

缩放工具用来放大版面中的对象，观察对象的细节，也可以用鼠标滚轮的前后滚动来代替放大镜的放大与缩小。

曲线编辑工具用来编辑和修改曲线的形状，其中包括徒手画曲线和画贝塞尔曲线等工具，是绘制复杂图形的重要工具。

智能填充工具用来填充交叉图形中指定的区域。

矩形工具用来绘制长方形。选择此工具后，按住左键并拖动鼠标，就可以画出长方形。在画长方形的同时如果按住Ctrl键可以画出正方形。

椭圆工具用来绘制椭圆。选择此工具后，按住左键并拖动鼠标，就可以画出圆形。

多边形工具可以画出常用的多边形，如三角形、六边形等，画图的方法同矩形和椭圆形工具。

基本形状工具中包含绘制多边形和常用特殊形状的工具，如绘制五角星、云状的对话框等。

文本工具用来输入文字。选择此工具后，在版面需要文字的地方单击鼠标，就会出现文字输入光标。如果在按住鼠标左键的同时移动鼠标，则会在版面中出现一个文字框，所输入文字被限制在这个文字框中。

图2-1-3　Corel-
DRAW的工具箱

表格工具用来制作各种类型的表格。

调和混合工具用来产生不同形状间的过渡变化，如从正方形过渡变化到圆形等。使用时，需要选中要过渡的两个形状。

吸管工具用来吸取和检查图形中的颜色值。

轮廓类型工具用来设置线条的颜色、粗细、虚实等性质。

填充工具用来给封闭的图形设置并填充颜色。

交互式填充工具用来给封闭的图形填充渐变色。

工具栏中的第一行依次是建立新文件、打开文件、保存文件、打印、拷贝、剪切、粘贴、重做等图标，各种状态下基本不变；第二行是与工具类型有关的项目。工具栏中包含了

最常用的一些设置栏，提供一些图形对象的信息。

工具栏的具体内容与所选择工具有关，选择不同的工具会提供不同的工具栏。如果选择文字工具，则在工具栏中显示文字字体和字号设置工具、排版的工具，如图2-1-4所示。

图2-1-4　文本工具状态下的工具栏

调色板中包含一些最常用的颜色，只要将调色板的色块用鼠标拖到图形上，就可以给对象上色。操作者可以自己设定调色板中的颜色。

状态信息窗口中列出了图形对象的状态，可以在状态窗口中设置对象的变换，如平移、旋转、变形等。状态信息窗口中的内容也随所选中的对象类型而改变。

2．CorelDRAW的基本操作

（1）绘制矩形和椭圆　在CorelDRAW界面中，选择矩形或椭圆工具，在需要画图的位置压下鼠标左键，同时移动鼠标，则会在屏幕上出现所画矩形或椭圆的形状。缓慢移动鼠标，直至所画图形满足要求为止。画图结束后，如果要调整图形的位置或尺寸，还可以使用选择工具来移动和改变图形。要移动图形，可以将鼠标放到图形内，当光标变为十字形状时，按住鼠标左键并移动鼠标，图形就会随着鼠标移动，直至合适位置为止。如果要改变图形的大小和比例，可以用鼠标拉住图形九宫格的小方块并拖拽鼠标。拖拽图形四个角的方块可以使图形按比例缩放，拖拽图形四边中间的方块，可以使图形的某个边长发生改变，从而改变图形长宽比例。

图形绘制好以后，可以在工具箱中选择轮廓类型工具来设置或改变线的状态，如线的粗细和颜色。对于封闭图形，还可以将调色板中的颜色直接拖拽到图形中填充颜色，如果调色板中没有合适的颜色，可以在工具箱中单击填充工具，会出现如图2-1-5所示的填充选项，从中选择和设置填充的颜色和类型。

（2）绘制曲线　曲线是组成图形的最基本元素，是画图的重要操作，画线工具提供了多种画线的功能。最常用的画曲线功能是画贝塞尔曲线功能，用贝塞尔曲线可以组成任何复杂的图形。

选择工具箱中的曲线工具，如果曲线工具的图标不是形状，则可用鼠标单击曲线图标并保持一段时间，从曲线图标中会弹出可选的曲线工具，将鼠标移到上并松开，即可选中贝塞尔曲线功能。

画贝塞尔曲线时，用鼠标点击绘图点，但不要马上松开，按住鼠标左键并向曲线变化方向轻轻移动，则在绘图点会出

图2-1-5　填充工具的选项

现贝塞尔曲线的控制线，拉手的两个端点是贝塞尔曲线的控制点，改变控制点的位置和控制线的长度，就可以改变曲线的弯曲形状，如图2-1-6所示。

画贝塞尔曲线时，通常是先用曲线工具画出曲线的大致形状，然后再用曲线编辑工具调整贝塞尔曲线的拉手长度，仔细调整曲线的形状，必要时可以在曲线上增加或减少绘图控制点。一般来说，绘制曲线时要尽量用最少的绘图点来达到曲线的形状。

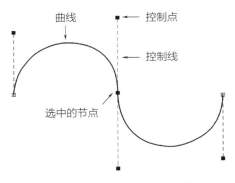

图2-1-6　贝塞尔曲线的控制点

曲线绘制完成后，可以使用曲线类型工具 来设置或改变曲线的特性，如曲线的颜色和粗细。使用贝塞尔曲线工具也可以绘制封闭的图形，只要将曲线的终点与起点重合即成为封闭曲线。对于封闭曲线可以进行颜色的填充。

（3）编辑文字　要在版面中输入文字，可以选取文字工具 字，然后在版面中需要输入文字的位置单击鼠标，或按下鼠标左键后拖拽鼠标，画出一个矩形的文本框，此时输入的文字会被限制在文本框内。当选择了文字工具后，工具栏中会出现相应的文字选项，如字体和字号的设置、加粗、斜体、排列方式等。字体和字号可以在输入文字之前设置，也可以在输入文字以后设置。

在图形处理软件中，文字都是按照图形的方式来处理，所以在图形处理软件中可以将文字转换为曲线。转换为曲线后的文字可以按图形来处理，对其使用所有的图形编辑功能，如填充渐变色、改变或调整文字的笔画形状等，可以得到比直接使用字体更丰富的功能。为了将文字转换为图形，输入文字以后使用选择工具并将文字选中，然后在主菜单中的排列菜单下选择"转换为曲线"命令，或用Ctrl+Q快捷键。

在CorelDRAW中，文字还可以按一些特殊的方式排列，如按任意曲线形状来排列，这个功能在设计中经常用到，如图2-1-7所示的效果。首先输入需要的文字，然后使用曲线工具画出所需的形状。用选择工具选中文字，在文本菜单中选择"使文本适合路径"命令，这时光标会变为一个箭头形状，用这个箭头点击曲线，文字就会排列在曲线上。也可以用选择工具同时选中文字和曲线，再使用"使文本适合路径"命令，也可以达到同样效果。

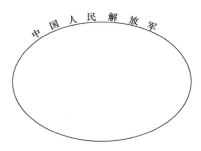

图2-1-7　文字排列在曲线上

（4）使用选择工具　选择工具是使用最频繁的工具，任何需要编辑的对象都必须首先用选择工具选中。其操作方式为用鼠标单击待选择对象，即可选中，对象的四周会显示出包围对象的矩形框，表示该对象被选中。如果需要同时选择多个对象，则可将鼠标移到待选择对象的左上角，按住鼠标左键并向待选对象的右下角方向移动，用拉出的矩形框包围所有待选对象。如果待选对象不在一起，不能用鼠标拉框选取，或者所拉选择框会将其他对象也选择进来，则可先单击一个待选对象，然后在按住Shift键的同时单击其他待选对象，直至所有对象都被选中再松开Shift键。

选择工具的另一个作用就是用其拖拽图形对象。当需要移动某个对象时，可以直接用选择工具拖拽移动。当用鼠标双击图形对象后，图形的四周会出现旋转的箭头，此时如果用鼠标围绕图形旋转移动，可以将图形进行任意角度的旋转。

（三）注意事项

（1）制作线条图最好使用图形软件，这样制作的效果好，制作方便。图形制作软件有多种，各种软件的操作有一定差别，但功能大同小异。各种应用软件的功能非常强大，必须要多用、多练习才能熟能生巧。

（2）制作时要了解印版所使用的丝网目数，因为丝网目数决定了可印刷的最小线条宽度，避免因线条太细而丢失。

第二节 制作底片

一、确定底片的缩放倍率

学习目标 | 掌握计算原稿缩放倍率的方法，能够操作扫描仪对原稿进行扫描，会在扫描设置对话框中设置扫描的参数，扫描图像符合印刷成品的要求。

（一）操作步骤

设定原稿缩放倍率有以下几个步骤。

（1）观察原稿，确定制作方案。测量原稿尺寸，分辨原稿的类型，针对原稿是线条稿、照片、透射或反射原稿的情况，确定处理原稿的方法。对于简单的原稿，可以考虑采用刻膜的方法制作，根据设备条件，也可以采用照相制版的方法。目前，最方便的方法是将原稿通过扫描的方法输入到计算机，然后再做处理，最后将制作好的页面输出胶片。

（2）根据通知单明确印刷尺寸。根据通知单要求的成品尺寸和原稿尺寸，计算放大倍率。

（3）计算原稿的缩放倍率。如果使用扫描仪扫描输入原稿，可以在扫描设置界面中完成缩放倍率的计算，也可以事先计算好。原稿的缩放倍率的计算公式如下：

$$原稿的缩放倍率 = \frac{成品尺寸（边长）}{原稿尺寸（边长）} \qquad (2\text{--}2\text{--}1)$$

（二）相关知识

底片缩放倍率的设定方法。

在使用手工制作底片或用照相法制作底片时，必须首先按式（2-2-1）计算原稿的缩放倍率。如果使用扫描仪输入原稿，则可以在扫描设置对话框中分别设置原稿尺寸和扫描成品

尺寸，计算机会自动根据原稿尺寸和成品尺寸计算出缩放倍率。下面以比较常用的Microtek扫描仪的操作为例来说明扫描的操作步骤，其他品牌和型号的扫描仪操作与此类似，可参照进行。

Microtek扫描仪的驱动软件有两种形式，一种为独立运行的软件，另一种为Photoshop的插件形式。无论哪种形式，一旦进入后，界面与操作方法都基本相同。由于扫描后的图像一般都要用Photoshop进行处理，因此使用Photoshop插件形式的操作更加方便，下面以此来加以说明。

当进入Photoshop后，在文件菜单的输入中有一个Microtek扫描仪命令，如图2-1-8所示，选择该命令就可以进入扫描界面。如图2-1-9所示的扫描界面由两部分组成，左边是扫描窗口，扫描图像显示在扫描窗口中；右边是扫描设置窗口，在这里设置扫描参数；在扫描窗口上面是主菜单和工具图标，所有的操作都可以通过菜单进行，最常用的工具按钮和图标列在下面，以方便操作。

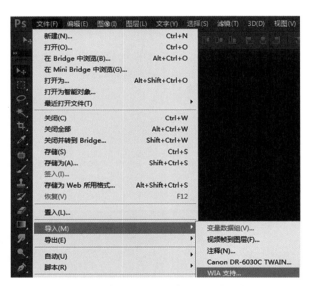

图2-1-8 在Photoshop中调用扫描仪软件

图2-1-9 在扫描界面中操作和设置参数

将原稿放在扫描平台上以后，盖上扫描盖，首先点击"预览"按钮，扫描仪会将整个扫描平台粗略地扫描一遍，可以根据粗扫的图像确定原稿或要扫描的位置。用鼠标拖拽出一个矩形框并圈住要扫描的区域，然后单击"预扫"按钮，扫描仪会将矩形框包围的区域扫描并显示出来。可以用放大镜工具对显示图像放大，用手掌工具移动图像，仔细调整扫描区域框。两个吸管形状的图标分别是暗调和高光定标工具，分别选取这两个工具，在图像中分别点击图像中最暗和最亮的点，使图像的阶调层次充满扫描阶调范围。

在正式扫描之前，要首先设置扫描图的类型（彩色、单色或二值图）、扫描分辨率、成品尺寸。当用鼠标选取了扫描范围后，在扫描范围的宽和高度栏中会显示出尺寸，这时可以在缩放栏中输入缩放比例的数值，扫描软件会自动计算出成品的尺寸并显示在输出栏中，或

者用鼠标点击"锁定扫描画面大小"选项，在输出栏中直接输入成品的宽或高尺寸，缩放比例栏中的数字会随扫描和成品尺寸而改变，显示出缩放率。

通常，对于网目调图像的扫描分辨率应该等于印刷加网线数的2倍，例如加网线数为100dpi，则在分辨率栏中设置为200dpi，也可以在下拉菜单中选择一个近似的值。因此，在扫描原稿之前必须知道印刷的加网线数。

所有参数的设置和调整完成后，用鼠标单击"扫描"按钮，扫描仪会对原稿进行正式扫描。扫描结束后，图像显示在扫描窗口，关闭扫描窗口后，扫描图像会自动进入到Photoshop中，可以对图像进行下一步的处理。

值得注意的是，对预扫图像进行定标操作会对扫描图像的阶调和颜色都产生很大影响，因此要特别注意。应该尽量通过对图像的定标来调整图像的阶调和颜色，因为在扫描前对图像进行定标的调整，比在Photoshop中对图像进行调整的效果要好，图像的损失比较小。

（三）注意事项

（1）在计算原稿缩放倍率时要注意成品的剪裁，成品尺寸是印刷成品的边长，原稿尺寸是指剪裁以后的有效原稿边长。

（2）在进行原稿扫描设置时，要注意扫描尺寸、缩放倍率、印刷加网线数与扫描分辨率的关系。原稿的缩放倍率可以在扫描原稿时设置。

二、制作单色网目调底片

学习目标	能够使用桌面出版系统和相应的软件，掌握单色网目调底片的制作方法和操作步骤。

（一）操作步骤

制作单色网目调底片的步骤：

（1）阅读任务单，按照任务单的要求设计制作方案和选择使用的软件，如果需要扫描原稿，则要按照上节介绍的方法进行原稿扫描。

（2）对扫描图进行处理，对扫描图像进行必要的剪裁、制作、修版和阶调的调整，使图像符合印刷的要求。

（3）在组版软件或图形软件如InDesign、CorelDRAW或Illustrator中调入处理好的图像，进行组版或版面的设计，将图像按尺寸和位置排好，输入必要的文字，添加必要的装饰图案，完成整个版面的制作。

（4）将制作好的版面文件传送到照排机上输出胶片。如果没有照排机，则可以将文件送到输出中心输出胶片。送到输出中心的版面文件可以是组版文件和相应的图像文件，也可以是版面文件输出的PS文件。在输出胶片前，首先需要根据印刷条件确定加网线数、加网角度和使用的网点形状，输出时在RIP中输入这些加网参数。

（二）相关知识

1．加网技术基础知识

网点的形成因印前图像处理方式不同而有所不同，最早采用照相分色加网方式，这种方式采用网屏工具来形成网点。

玻璃网屏是由两块特制的光学玻璃，按照规定的线数，进行精心刻画线条与化学处理成为等宽黑白平行直线，并垂直胶黏而成，如图2-1-10所示。玻璃网屏形成网点的过程如图2-1-11所示。

随着印刷技术的发展，玻璃网屏已被接触网屏所代替。

接触网屏是一种需要与感光材料紧密接触的薄膜式网屏，与玻璃网屏不同的是接触网屏的透明小方格的透光能力有一定的变化，即中心透光能力强，四周的透光能力依次递减。如图2-1-12所示。

一般的原稿具有很多的密度等级，为了便于说明，现以灰梯尺为原稿，使用接触网屏加网，将梯尺由连续调变为网点调图像，网点形成的机理如图2-1-13所示。图中，A为连续调透射原稿（灰梯尺），其密度从左向右逐级降低。从光源发出的光线首先透过原稿，密度较低部分透过的光量最多，密度越高，透过的光量越少。B为接触网屏的密度分布。C为感光

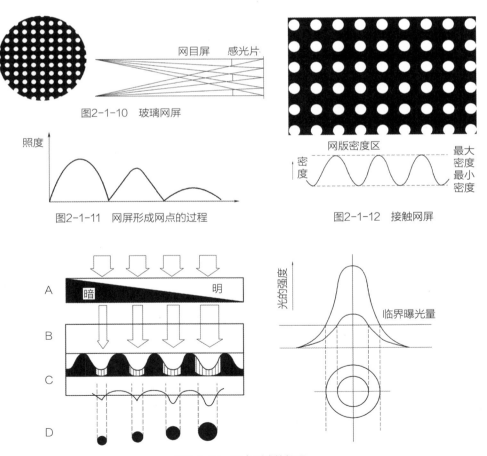

图2-1-10 玻璃网屏

图2-1-11 网屏形成网点的过程

图2-1-12 接触网屏

图2-1-13 网点形成的机理

材料黑化的临界光量，表示只有达到感光材料的光量大于该临界光量时，才能使感光材料感光形成密度。D为形成的网点大小。

由于网屏的网孔呈现有序的排列，可以有规律地调节通过光量，因此形成的网点在空间的分布不仅有规律，而且单位面积内网点的数量是恒定不变的，原稿上图像的明暗层次依靠每个网点面积的变化，在印刷品上得到再现。对应于原稿墨色深的部位，印刷品上网点面积大，接受的油墨量多；对应于原稿墨色浅的部位，印刷品上网点面积小，接受的油墨量少。这样便通过网点的大小反映了图像的深浅。

无论在电子分色处理系统中，还是在数字化印前图像处理系统中，都是采用电子加网方式形成网点，只不过在电子分色中由网点发生器形成网点，而在数字化印前图像处理系统中则是由RIP（栅格图像处理器）形成网点。

电子加网形成的网点是由若干个曝光点组成，如图2-1-14所示是一个单独网点的放大图。曝光点的大小与输出设备的分辨率有关，输出设备的分辨率越高，曝光点就越小。如果一个网点是由$N \times N$个曝光点组成，当所有的曝光点都曝光时，则形成一个100%的网点，而当所有的曝光点都不曝光时，则形成一个0的网点。计算机根据分色图像信号数值的大小，按加网线数、网点角度、网点的形状要求通过对电子分色机的网点发生器存储的网点数据或RIP中存储的网点数据进行比较，就可对曝光点进行有选择地曝光，从而就形成了不同特征、不同网点百分比的网点了。

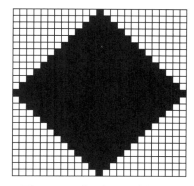

图2-1-14 电子加网形成的网点

2. 照排机（打印机）在制版中的应用

在计算机中制作的版面必须要先输出成底片，才能用底片进行晒版。丝网印刷晒版使用的底片一般为正阳图，即有图文的区域为黑色，空白区域透光，对着底片药膜面观察时的图文是正向。

底片的输出方式有多种，要根据制作的精度要求合理选择。照排机是输出底片的专用设备，记录精度一般在1200～3000dpi。一般激光打印机的记录分辨率在600～1200dpi，适合在纸张上打印，也可以打印在经过特殊处理的专用胶片上，但打印在胶片上的墨粉容易脱落，打印的精细程度也不太高，打印的胶片会有变形，只有在精度要求不高时使用。

在制作网目调底片时，底片的输出要使用照排机才能保证输出精度，因为加网图像的网点都很小，输出设备精度不高会造成阶调层次的损失或图像缺陷，直接影响晒版质量。对于彩色分色片，输出精度不高还会造成套印的误差。

如果制作的底片仅仅是精度要求不高的线条稿，不需要加网，可以考虑用激光打印机输出硫酸纸或透明胶片来代替照排胶片，以降低底片的制作成本。

（三）注意事项

要根据承印物的性能和印刷的条件合理设置加网线数，加网线数太高，会由于印刷网点扩大造成阶调的损失。一般网版印刷的加网线数在60lpi以下。

三、制作多色线条版底片

　了解分色、套印和叠印的概念，掌握在应用软件内制作多色线条图和输出底片的方法。

（一）操作步骤

制作多色线条版底片的步骤：

（1）仔细阅读生产通知单，了解清楚版面的要求、颜色数和种类，确定制作线条底片的方法。如果是简单的彩色线条图，并且精度要求不高，可以在计算机上用图形软件绘制。

（2）在图形处理应用软件中制作多色线条图。制作多色线条图的方法与制作单色线条图的方法一样，首先要画出线条，然后在颜色设置中设置需要的颜色，并将颜色赋予所画的线条。

（3）分色输出。将制作好的版面文件输出为分色胶片。如果没有照排机，可以将制作的电子文件送到输出中心输出。如果所制作的线条图不复杂，精度要求不高，则可以使用激光打印机输出硫酸纸或透明胶片。

输出时，要在应用软件的文件菜单中选择打印命令，在打印对话框中选择合适的打印机（一般应该是PostScript打印机）或照排机名称，在选项中要选择"打印分色"选项，并选择需要输出的颜色名。

（二）相关知识

1. 在应用软件中设置颜色

在任何应用软件中都有颜色设置的功能。颜色的设置分为RGB颜色模式、CMYK颜色模式和专色模式三种类型。

RGB颜色使用红、绿、蓝三原色混合各种颜色，混合规律符合加色混色规律，其基本规律如图2-1-15所示。RGB颜色可以在显示器上显示出来，但要印刷出来必须经过分色，即必须将RGB颜色转换为印刷油墨的CMYK颜色。一般在Photoshop中处理的扫描图像大多是RGB模式图像，因此处理完成后都必须转换为CMYK颜色模式。

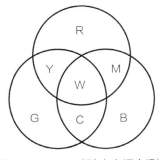

图2-1-15　RGB颜色加色混合规律

CMYK颜色模式是一种以印刷油墨颜色表示颜色的方法，CMYK的数值就是印刷到承印物上的油墨网点面积百分比。CMYK颜色的混合符合减色混色规律，其基本规律如图2-1-16所示。凡是四色印刷的图像和页面，输出时都应该是CMYK颜色模式的，才能保证输出的颜色准确。

专色模式是事先用四色油墨混合得到的特定颜色，不是通过原色油墨印刷形成的。印刷每一个专色时都要使用一块印版，所以要印刷多少个专色就必须使用多少块印版，也

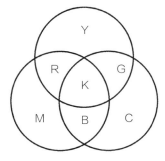

图2-1-16　CMYK油墨减色混合规律

必须输出多少张分色片。各种专色在印刷时通常互相不叠印，将不同颜色的专色套印在不同的位置上，各色油墨不重叠。专色印刷通常用于包装印刷和线条图印刷，如中国年画的印刷。

最常用的专色是PANTONE色，指定一个PANTONE色编号，就确定了该颜色，如PANTONE1225C代表一个橘黄色。也可以设置颜色的类型为专色，而颜色的感觉由CMYK或RGB混合而成。无论用何种方式构成的专色，在输出时都应该单独输出一张胶片，并晒制单独一张印版来印刷。

2．分色与专色输出

在制作彩色版面时，所有的颜色最终都要由油墨印刷而成，因此最终的颜色都必须是CMYK油墨颜色或专色。

对于由扫描仪或数字相机得到的图像，颜色模式为RGB，在用Photoshop处理完成后，都必须在图像菜单的模式子菜单中选择CMYK颜色命令来分色，将RGB颜色转换为CMYK颜色。这个颜色模式转换的过程就称为分色。

对于在组版软件或图形软件中制作的版面来说，在版面中设置的颜色都必须是CMYK颜色模式或专色，才能保证分色的正确。如果使用的是RGB颜色模式，则在输出胶片时，最终的颜色是不可预测的，很可能不能满足设计的要求。

如果设置的颜色为专色，或者除了CMYK颜色以外还增加了其他专色，则在输出胶片时每个专色会输出一张胶片。除非必要，如果专色的颜色可以用四色油墨代替，最好使用CMYK油墨印刷，这样可以降低印刷成本，简化工艺。

在输出版面时，一定要清楚版面中使用了哪些颜色，应该输出多少张分色片，所增加的专色色版是否正确。图2-1-17所示的是Adobe软件打印输出界面的一部分，在页面中除了使用CMYK颜色外，还使用了三个PANTONE专色。在输出颜色对话框中显示出版面中所使用的颜色名称和数量，一定要确认输出颜色正确无误，并且可以选择哪些颜色输出，哪些颜色不输出，输出的颜色前有"X"标记，没有"X"标记的颜色不输出。如果发现输出的颜色不正确，或在输出时看不到颜色名，就必须返回到制作环节，检查问题出现在哪里。

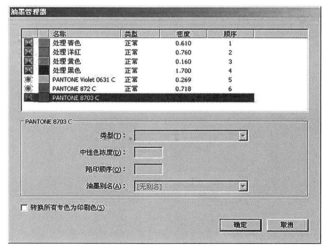

图2-1-17　专色输出时的选项

3．套印的基本知识

印刷复制过程是颜色的分解和合成过程。四色彩色复制工艺是指用黄、品红、青、黑四块印版进行四种油墨的印刷套合的工艺，通过统一套印规矩，达到四块印版印刷的油墨图文轮廓、位置准确套合。如果套印达不到要求，印刷品质量也就无从谈起。

（三）注意事项

（1）制作多色线条图时最好使用图形处理软件，如CorelDRAW、Illustrator等，最好不要用Photoshop等图像处理软件，因为用图形处理软件是基于矢量来处理图形，比基于像素来处理的图像处理软件制作效果更好。

（2）在图形处理软件中设置的颜色类型一定要用CMYK颜色或专色，不能使用RGB颜色模式。如果版面中使用的颜色数不超过4色，则可以用CMYK的4个颜色代替所要颜色，这样可以按一般的CMYK彩色页面处理，只是屏幕上显示的颜色效果不一样。

（3）如果线条图中没有过渡色，则所有的线条都应该是实地，所以颜色的设置都应该是100%实地色，不要使用淡色，否则输出的胶片会带有网点。

（4）如果在版面中使用了CMYK颜色以外的专色，则要注意该专色是否被输出。如果在输出界面的颜色名中没有专色名，则专色不会被输出。

（5）在绘图软件和组版软件中绘制的线条不要太细，图形和线条颜色要考虑尽量不叠印，因为丝网印刷的套印精度不高，细线条会由于套印不准而错位，变成其他颜色。

第二章

膜版制作

一、选择单色网目调印刷用的丝网和网框

> **学习目标** 了解丝网的性能参数，掌握选择单色网目调印刷用丝网和网框的技能。

（一）操作步骤

1．选择丝网

（1）选网材　选涤纶丝网稳定性好。

（2）选纺织形式　以单丝平织网为好。

（3）选颜色　橘黄色丝网曝光可消除光晕，减少墨膜毛刺。

（4）选厚度　以中等厚度（瑞士规格M型）或薄型（瑞士规格S型）为宜。

（5）选目数　可将制版用网屏的线数乘以5以上系数。

（6）选尺寸　四边大于网框20mm为好。

2．选择网框

（1）选框材　方形或长方形中空截面的铝框。

（2）选尺寸　根据原稿图案尺寸决定网框的大小，应留出天头地脚和左右空网尺寸。

图2-2-1、图2-2-2表示的是图案与网框内径的关系。

（二）相关知识

丝网的性能参数如下。

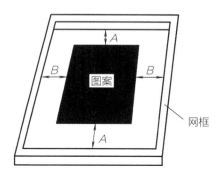

$A=100\sim150mm$　$B=100\sim120mm$

图2-2-1　手工印版网框尺寸

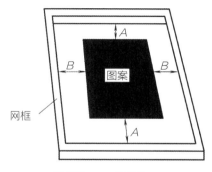

$A>150mm$　$B>120mm$

图2-2-2　机械印版网框尺寸

1．丝网目数

丝网目数指的是每厘米或每英寸丝网所具有的网孔数目。实际上世界各国的生产厂家均是以长度为单位计算丝网目数的。丝网产品规格中用以表达目数的单位是孔/厘米或目/厘米。使用英制计量单位的国家和地区，以孔/英寸或目/英寸来表达丝网目数。我国采用公制目/厘米，目数一般可以说明丝网的丝与丝之间的疏密程度。目数越高网丝越密，网孔越小。反之，目数越低丝网越稀疏，网孔越大，如150目/英寸，即1in（1in=2.54cm）内有150根网丝。网孔越小，油墨通过性越差，网孔越大，油墨通过性就越好。在选用丝网时可根据承印物的精度要求，选择不同目数的丝网。

公、英制可互相换算。1in=2.54cm，一般按下列计算式计算：

$$目/cm \times 2.54 \approx 目/in$$

$$目/in \div 2.54 \approx 目/cm$$

例如，104目/cm × 2.54 ≈ 260目/in，250目/in ÷ 2.54 ≈ 100目/cm。

2．网丝直径

网丝直径通常用微米（μm）来表示，当选用一定目数的丝网之后还需选择合适的网丝直径。

网丝直径越小，相对的丝网开孔面积则越大，因而更适合细微层次的复制。

网丝越细，对腐蚀性清洗剂的抗蚀性就越差，在印刷期间，对油墨及刮墨板的耐磨性能也就越差。

网丝直径大会减少开孔面积，使细线条和小网点的复制较为困难。

网丝直径大对提高网版的耐印力有利，尤其在陶瓷行业，由于陶瓷印料中的颜料具有腐蚀作用，因而粗网比细网耐用得多。

3．丝网厚度

丝网厚度指丝网表面与底面之间的距离。一般丝网厚度可用$\delta_t < (1.8 \sim 2)D$表示。δ_t为丝网厚度，D为网丝的直径。一般以毫米（mm）或微米（μm）计量。厚度应是丝网在无张力状态下静置时的测定值。厚度主要由构成丝网的网丝的直径决定，丝网过墨量与线径、目数、厚度、口径有关，如图2-2-3所示。表2-2-1是120线/in丝网的有关数据。

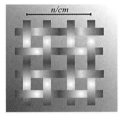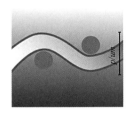

图2-2-3　丝网尺寸示意图

表2-2-1　120线/英寸丝网的有关数据

线直径/μm	网布计数（线/in）	厚度/μm	口径/μm
31	120	50	49
34	120	56	44
40	120	64	37

4. 丝网的开度

丝网的开度是用来描述丝网孔宽、孔径、网孔大小的重要参数。丝网的开度对于网印版刷品图案、文字的精细程度影响很大。开度实际表示的是网孔的宽度，用网的经纬两线围成的网孔面积的平方根来表示（通常以微米为单位1μm=1/1000mm）。

如果丝网网孔为正方形，则开度即为网孔的边长（图2-2-4）。

开度可以用下式计算：

$$O = \sqrt{A} = \sqrt{ab} \text{ 或 } O = \frac{L}{M} = d$$

式中，O—开度，μm；A—网孔面积；a、b—网孔相邻两边的宽度；L—计量丝网目数的单位长度，采用公制计量单位的为cm，采用英制计量单位的为in，1in=2.54cm；M—丝网目数；d—丝网的丝径。

5. 丝网开口率

丝网开口率亦称丝网通孔率、有效筛滤面积、网孔面积百分率等，即丝网的单位面积内网孔面积所占的百分率。根据图2-2-4所示，开口率可以用下式计算：

$$开口率 = \frac{a \times b}{C \times D} \times 100\% = \frac{a \times b}{(a+d)(b+d)} \times 100\%$$

式中，$a \times b$—网孔面积；$C \times D$—丝网面积；d—丝网的丝径。

或

$$开口率 = \frac{(OM)^2}{L^2} \times 100\%$$

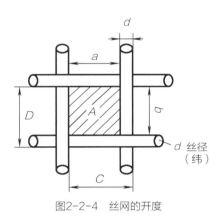

图2-2-4　丝网的开度

式中，O—丝网开度（孔宽）；M—丝网目数；L—计量丝网目数的单位长度（cm或in），计算时应换算为公制单位。

6. 丝网的过墨量

在实际印刷中，通过丝网的油墨量受丝网的材质、性能、规格、油墨的黏度、颜料及其他成分、承印物的种类、刮板的硬度、压力、速度以及版与承印物的间隙等多种条件限制，因此并没有确定的标准。一般把图2-2-5所示的那样假设的一个透过体积叫作过墨量，过墨量图形如图2-2-6。理论油墨通过量=丝网厚度×网孔面积率×10000 cm/m²。

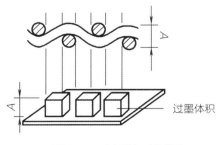

图2-2-5　过墨体积模拟图

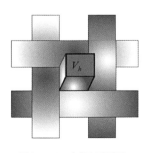

图2-2-6　过墨量图形

聚酯丝网和尼龙丝网国际常用代号及特点如表2-2-2所示。

表2-2-2 丝网国际常用代号及特点

代号	名称	特点				
		丝径	网孔宽度	开孔面积	丝网厚度	强度
SS	超轻型	最细	最大	最大	最薄	最低
S	轻型	较细	较大	较大	较薄	较低
M	中型	中等	中等	中等	中等	中等
T	重型	较粗	较小	较小	较厚	较高
HD	超重型	最粗	最小	最小	最厚	最高

进口丝网的型号、规格标注由两个部分组成：前面的阿拉伯数字表示目数；后面的字母表示型号。

例：77T，表示77网目T型丝网；90HD，表示90网目HD型丝网。

不同型号的丝网结构如图2-2-7所示。

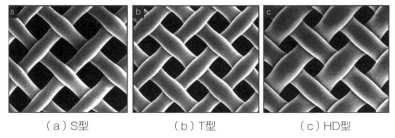

（a）S型　　　　　（b）T型　　　　　（c）HD型

图2-2-7 不同型号的丝网结构示意图

（三）注意事项

丝网和网框的选择要根据所印活件的精度、油墨特性、承印物特性、印刷机械精度等多种条件决定，不能一概而论。本节仅以一般情况而言，在实际工作中要灵活掌握。因此，要对丝网和网框的特性有一定的了解。

二、检验网框变形

学习目标	了解网框的种类及特性，掌握检验网框变形的技能。

（一）操作步骤

（1）检查框臂（条）是否挺直。

（2）检查框面是否平整。

（3）检查网框四角是否稳定。

（二）相关知识

网框是支撑丝网的框架，常用的网框由金属、木质或其他材料制成。分为固定式和可调式两种。最常用的是铝框。各种网框各具特性，在选择网框时可根据情况选用不同材质的网框。制作网框的材料应满足绷网张力的需要，坚固、耐用、轻便、价廉，在温湿度变化较大的情况下，其性能应保持稳定，并应具有一定的耐水、耐溶剂、耐化学药品、耐酸、耐碱等性能。

1．木质网框

木质网框具有制作简单、重量轻、操作方便、价格低、绷网简单等特点。这种网框适用于手工印刷。但木质网框耐溶剂、耐水性较差，水浸后容易变形，影响印刷质量。在木框上可涂一层双组分清漆保持不受水分影响。木制网框在手工印刷中使用还是相当广泛的。

木质网框一般为正方形、长方形、四角连接多种方式，如卯榫胶接（图2-2-8）、45°斜角钉接（图2-2-9）、直角靠背钉接（图2-2-10）、双层条料钉接（图2-2-11）等。

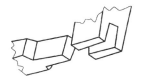 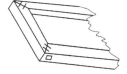  

图2-2-8　卯榫胶接　　图2-2-9　45°斜角钉接　　图2-2-10　直角靠背钉接　　图2-2-11　双层条料钉接

2．中空铝框

中空铝合金型材网框和铸铝成型网框，具有操作轻便、强度高、不易变形、不易生锈、便于加工、耐溶剂和耐水性强、美观等特点，适用于机械印刷及手工印刷。

铝合金网框的形状各种各样，最常见的有方管形、长方管形，一般是由管状物焊接而成的。

3．钢、铁网框

钢、铁材料的网框，抗拉强度大、不变形、套合精度高，缺点是重量大、容易生锈、操作不方便，现仍应用于纺织业。

4．新颖自绷网框

新颖自绷网框是近年来出现的新结构网框，在国外为了配合全自动化网印机械使用而研制成的，材质用合金铝和钢材制作，加工复杂、成本高。其特点是不用绷网机，将网布固定在框上，然后分别转动四框边的螺丝螺杆，就可以将网绷紧。在印刷中发现套印不准或产生误差时，可随时调整丝网张力，不必重新制版，如图2-2-12所示。

网版印刷所使用的金属网框，在保证强度和尺寸的前提下，为节约材料，减轻重量，均采用薄壁结构，网框断面类型如图2-2-13所示。

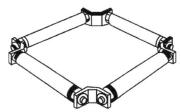

图2-2-12　自绷网框

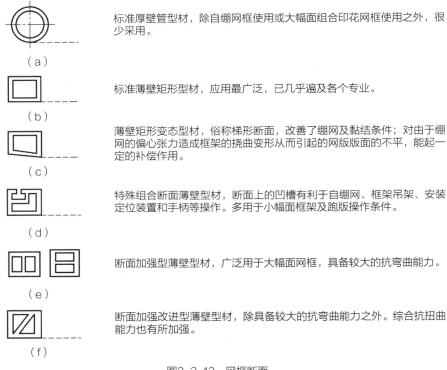

标准厚壁管型材，除自绷网框使用或大幅面组合印花网框使用之外，很少采用。

（a）

标准薄壁矩形型材，应用最广泛，已几乎遍及各个专业。

（b）

薄壁矩形变态型材，俗称梯形断面，改善了绷网及黏结条件；对由于绷网的偏心张力造成框架的挠曲变形从而引起的网版版面的不平，能起一定的补偿作用。

（c）

特殊组合断面薄壁型材，断面上的凹槽有利于自绷网、框架吊架、安装定位装置和手柄等操作。多用于小幅面框架及跑版操作条件。

（d）

断面加强型薄壁型材，广泛用于大幅面网框，具备较大的抗弯曲能力。

（e）

断面加强改进型薄壁型材，除具备较大的抗弯曲能力之外。综合抗扭曲能力也有所加强。

（f）

图2-2-13　网框断面

（三）注意事项

网框变形除与网框本身特性结构有关外，还与绷网张力大小、绷网方法有关，因此出现网框变形应该查找原因。

第二节　绷网

一、调试气动绷网机

学习目标	了解气动绷网机的结构和原理，掌握调试气动绷网机的技能。

（一）操作步骤

1．清洁网框表面与涂胶

框面的清洁工作应在涂布粘网胶前进行，在表面粗化后的框面用适当的溶剂（如乙醇、丙酮及精炼汽油等）或洗涤剂将框面的灰尘和油脂彻底洗除，干燥后即可涂粘网胶（最好用双组分胶）。

2. 裁取丝网

裁切边应平行于丝网的经、纬丝线。为此，手撕比剪裁要好。

3. 配网夹

根据网框的尺寸，配置和选定网夹的尺寸及个数，视绷网机设计尺寸及型号而定。即每边组合的网夹总长度应短于网框的内边长约10cm。布置网夹时，两相对边上的网夹数量、长短及位置都应对称；网框每边的两端（即角部）各留空5cm，可避免拉网时角部撕裂的危险；网夹端间的空隙以小为好；调整钳口螺钉，使网夹的夹紧力最大。

4. 夹网

将丝网夹入网夹内，应十分仔细，使丝网的经、纬丝线与网夹边保持平行，并尽可能挺直，切忌斜拉网。

5. 初拉

仅拉伸至额定张力的60%的拉网称初拉。丝网因编织的特性，要求拉伸时慢慢给力，以利于网孔形状的调整和张力松弛的加速，同时也可防止一下拉紧到高张力时发生破网的危险，因此采取分步拉网或增量拉网方法。送气拉网的操作如下：

（1）调整空压机的气压值，应大于拉网气压值的30%左右。

（2）打开空压机气阀及气源控制器气阀。

（3）调节气源控制器上的压力表至初拉压力值。

（4）打开二位三通手控阀，压缩空气通过分配器至各气缸，推动活塞，完成初拉动作。

初拉时，应仔细检查网的经、纬线情况，若发现与网夹不平行，应松下丝网，重夹重拉。

6. 初拉后

初拉后约10min，使初拉张力下的丝网尽量松弛。

7. 重拉

提高气压至额定值，同时用张力计测量张力值，每隔5~10min对损失的张力补偿一次。气动绷网会自动补偿，其他绷网则须人工补给，即反复拉紧，直至张力稳定在额定值为止。一般需反复拉紧三次以上。

8. 固网

往黏合面上喷或刷粘网胶的活性溶剂，随即用棉纱擦压网框的黏合处，当整个粘网面上呈现较深而均匀的颜色，黏结才算充分。如果出现浅色区，表示该区涂胶不足，应予补涂；或是框面与网接触不良，可用压铁加压丝网，接触充分后再进行黏合。待黏合部分的胶彻底干燥后，关闭二位三通阀，切断气源，拉网器进气口与大气连通，活塞靠弹簧复位，即可松开网夹取下网版。

9. 整边

裁去多余的丝网，包边、标注并用胶带或加涂涂料（离内框1~2cm）保护黏合部分不受有害溶剂的侵蚀，如图2-2-14所示。

（二）相关知识

气动绷网机的结构和原理。

在现行工艺中常用的机械气动绷网机有两种方式。

1. 气动框夹式

如图2-2-15所示，这是一种自动控制，气压和机械混合式的绷网装置，由台架、网夹槽板、网夹、网框顶升机构及控制机构等组成。由结构完全相同的四块网夹槽板，拼合成绷网框架台面；各框架面有网夹导轨，网夹可沿导轨移动；网夹由手工开合，有夹紧自锁机构。因为框架组合成的幅面可以调节，每边槽板上网夹数目也是可变的，每一单位夹长15～20cm。工作时，同样先放置网框，后铺平网布，然后从四边夹住网布，最后开启气路，各槽板均由各自的一对气缸牵引，向外平移，从而拉住网布，向四边拉伸，以达到所需张力；稍停3～5min，垂直支撑网框的气缸，同时将网框水平顶起，托起网布，一般高出1～3cm，停3～5min，以改善绷网效果。拉伸网布时，往往分段施力，效果更好，即开始拉伸网布时，达到张力的60%时，稍停3～5min，接着继续施力，甚至要停、拉多次达到所需张力后，再涂胶、干固、割网。如果在绷网粘胶之前，预先对网框适当进行应力处理，就更理想了。此装置设计合理，工作可靠，绷网质量高，张力均匀，可用于绷高精度要求的网版，用者日益增多。

2. 全气动式

如图2-2-16所示，为日本NBC公司最近推出的一种绷网装置，有两个突出特点：一是除用气动拉伸网布之外，网夹夹紧网布的动作也是气动的；二是夹持网布的网夹，除四边均匀分布之外，四个对角皆有特殊的网夹，工作时沿对角线方向背向向外拉伸，从而使夹网和拉网的步调一致，力量协调。四边和四角同时拉伸，改善了网面的受力情况和变形条件，提高了绷网精度，防止网面撕裂，所以设计合理，自动程控，工作可靠，操作方便，是高质高效的绷网装置。

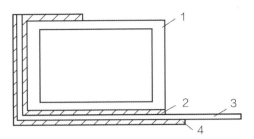

1—网框；2—黏合剂；3—丝网；4—水溶性胶带。

图2-2-14　黏合方法

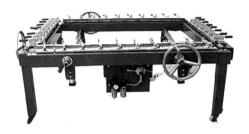

图2-2-15　混合式自动绷网机

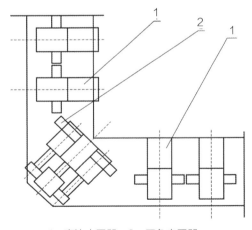

1—直边夹网器；2—四角夹网器。

图2-2-16　气动全幅绷网机

（三）注意事项

1. 绷网前剪取丝网时不要用剪刀剪而要用手撕，以保证经纬线垂直。

2．绷网过程中，为使丝网得到均匀一致的张力要经常测量张力值。

二、调整绷网张力

<table>
<tr><td>学习
目标</td><td>通过学习了解绷网张力的调整方法，掌握调整绷网张力的技能。</td></tr>
</table>

（一）操作步骤

1．手工绷网

张力确定主要凭经验而定。

（1）一边将丝网拉伸，一边用手指弹压丝网。

（2）判断。感觉到丝网有一定弹性即可。

2．使用绷网机绷网

由于绷网机夹头的移动（松紧调试）是通过气压表来控制实现的，所以不同材质的丝网，其绷网的气压值不同。

（1）调整绢网的绷网气压值（6.86 ~ 8.82）× 10^5 pa。

（2）调整尼龙丝网的绷网气压值（7.84 ~ 9.8）× 10^5 pa。

（3）调整涤纶丝网的绷网气压值（7.84 ~ 9.8）× 10^5 pa。

（4）调整不锈钢丝网的绷网气压值（9.8 ~ 12.74）× 10^5 pa。

（二）相关知识

绷网张力的调整方法：

表2-2-3为绷网"牛顿"张力标准。表2-2-4为绷网"毫米"张力标准。表2-2-5为"牛顿"和"毫米"张力计的对比实验数据。这套实验数据是在操作中实测得来，并未经过理论计算，也无换算公式，仅供操作参考。

表2-2-3　绷网"牛顿"张力标准

品种	张力 /（N/cm）	品种	张力 /（N/cm）
蚕丝丝网	16 ~ 24	聚酯丝网（多线）	16 ~ 24
尼龙丝网	20 ~ 28	聚酯丝网（单线 / 多线）	16 ~ 24
聚酯丝网（单丝）	24 ~ 32	不锈钢丝网	28 ~ 32

表2-2-4　绷网"毫米"张力标准

毫米张力计 / （N/cm）	手感程度	选用	毫米张力计 / （N/cm）	手感程度	选用
1.0	很紧	很好	2.0	松	特殊承印物
1.5	紧	好	2.5	很松	不选用

表2-2-5 "牛顿"和"毫米"张力计的对比实验数据

牛顿张力计 / (N/cm)	6.5	8	12	13	14	15	16	17
毫米张力计 / (N/cm)	3.20	2.30	2.00	1.85	1.80	1.65	1.50	1.45

（三）注意事项

绷网张力控制是保证制版质量的关键。绷网时要注意两点：

（1）张力要均匀，使每根网丝在相反方向上承受相等的张力。在任何一个方向上不平衡都会导致张力不稳定，不均匀。

（2）丝网方向要一致，每根网丝在经、纬方向上必须保持直线性，而且互相垂直。施力方向与网丝成一定角度，就会破坏丝网方向的一致性。

第三节　准备涂布感光胶

一、粗化处理网版表面

学习
目标　了解网版粗化处理的方法，掌握粗化处理网版表面的技能。

（一）操作步骤

新网磨粗步骤：

（1）搅拌或摇匀磨网膏。

（2）用水冲净网版。

（3）挤出适量磨网膏置于丝网表面。

（4）用刷子在丝网两面转圈刷涂。

（5）清水冲净网面。

（6）置干燥箱中干燥（40℃、15min左右）。

（二）相关知识

网版表面粗化处理的方法：

除真丝网和金属网以外，其他新网在涂感光胶以前都要进行磨粗处理，使网纱纤维粗糙，增加黏附面积。

常用金刚砂（碳化硅）或磨网膏刷磨网面。

（三）注意事项

（1）采用磨网物质时，微粒细度需在18～20μm，能足够穿过极小的网孔。

（2）为了干燥快，可擦一遍乙醇，但需注意不可擦到网框上。

二、根据印刷要求确定感光胶刮涂次数

> **学习目标** 了解感光胶膜厚度与刮涂次数的关系，根据印刷要求，掌握确定感光胶刮涂次数的技能。

（一）操作步骤

1. 根据印刷活件的要求确定胶层厚度

例如，四色网点印版要求厚度达到5μm左右，需3～4个行程（往返刮一次为一个行程），而标牌印刷则应达到10μm左右（一次涂布感光胶的厚度在完全干燥状态后为1.2～1.6μm）。

2. 根据胶液的黏度确定刮胶次数

感光胶黏度大可少刮几次，黏度小可以多刮几次。

（二）相关知识

1. 感光胶膜厚度与刮胶次数的关系

刮胶次数根据膜版厚度而定，为使膜面平整，采取刮涂与干燥交替进行的涂布方法。刮胶次数与膜版厚度成正比关系，刮胶次数多版面膜层就厚。手工刮涂一般3～5个行程，干后膜层可达5μm的厚度，版面会出现光泽且比较平整。

2. 感光胶膜厚度与印刷效果的关系

印版的感光膜层的厚度与印刷活件精度有密切关系。根据经验，印刷面膜厚度为丝网厚度的10%～20%。膜层太厚印刷品密度增大、分辨率降低，浅色区域印刷不出来，高密度网目区模糊不清。膜层太薄表面不光滑，即使无湿膨胀，线条边缘印迹毛刺也大，图文层次模糊，如图2-2-17所示。

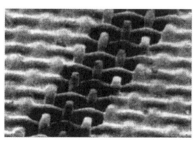 

（a）涂层太薄　　　　　　　　　　　　（b）涂层适当

图2-2-17　感光涂层状况

（三）注意事项

通常印刷面上的乳剂层略厚一些。

第四节 涂布感光胶

一、设定感光胶刮涂速度、压力和角度

学习目标	了解感光胶涂布的基本方法，根据业务活件掌握设定感光胶的刮涂速度、角度、压力参数的技能。

（一）操作步骤

（1）根据原稿和业务单要求，设定墨层厚度。

（2）在胶液黏度一定情况下，刮胶速度越快，压力越大，胶液膜层就越薄。

（3）在黏度、速度、压力都不变的情况下，刮胶角度越大（刮胶斗刮胶边与丝网版面之间的角度，最大为90°）胶液膜层越薄，反之，角度越小膜层就越厚，如图2-2-18所示。

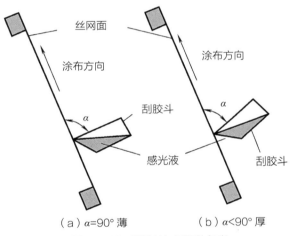

（a）α=90° 薄   （b）α<90° 厚

图2-2-18 刮胶斗与网版的角度

（二）相关知识

感光胶涂布工艺。

1. 选取刮胶斗

手工涂布感光胶是采用刮胶斗进行的，因此，选择好胶斗对于胶层的均匀、厚薄的控制是重要的。

（1）刮胶斗要求采用刮胶边平直、光滑的胶斗槽，侧面是弧面（可在刮胶时调节刮胶厚薄）的不锈钢刮斗。

（2）刮胶斗尺寸要与网版及图文面积相适应。为便于操作和节省胶液，可按下列方法确定：

设：图幅面积$=a \times b$（a为短边长，b为长边长）

刮胶面积$=(a+40) \times (b+60)$

则：刮胶斗长度$=a+40$

2．手工涂布

在刮胶斗中加入2/3左右的感光液，如果是小版，即用左手持绷好的网框，右手持刮胶斗，与网版成60°～70°接触，以均匀的速度、适当的压力，自下而上进行涂布（图2-2-19）。

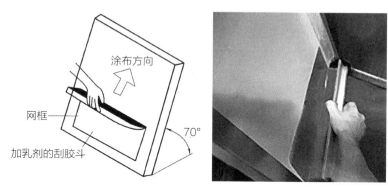

图2-2-19　小版手工刮涂感光胶操作

3．连续涂布

自下而上连续涂布两次，接着将网框倒转180°，同样自下而上连续涂布两次，然后充分干燥。以此作为一个工作过程，要反复进行3～5次。根据丝网的目数不同，会有一些不同的地方。涂布面干燥时，会出现光泽。

在操作大版时，可用双手持刮胶斗涂布感光液。

（三）注意事项

手工涂布的质量与涂布的操作方法关系很大，操作时要掌握好涂布的速度、角度和压力，保持涂布操作的稳定。

二、操作自动涂胶机

学习目标｜通过学习，了解感光胶膜厚度一致性和可重复性的意义，掌握操作自动涂胶机涂胶工艺的技能。

（一）操作步骤

自动涂胶机的操作步骤：

（1）将网版固定好位置，对齐两面的刮胶斗。

（2）设置各涂布参数（包括涂布行程、刮胶斗倾斜角度、胶膜层厚度、刮胶速度和各面涂布的次数）。

（3）开机，刮胶斗上升涂胶，直至终点。

（4）刮胶斗离网，下降复位。

（5）根据需要，可反复涂布多次。

（二）相关知识

感光胶膜厚度一致性和可重复性的意义。

网版感光胶膜的厚度决定了印刷时印刷图文墨层的厚度，所以感光胶膜厚度不一致直接导致印刷图文墨层厚度的不一致，色彩有深有浅，印刷质量劣化。

四色印刷时，4块网版的感光胶膜厚度要求一致（即重复性）。如果用手工涂布感光胶膜，很难保证4块网版的涂层厚度完全一致，导致印刷图文色彩出现偏色。采用涂胶机涂胶才可保证涂胶的重复一致性。若使用胶膜测厚仪，对网版涂布胶膜的厚度、均匀度进行测量，可以做到规范化、数据化生产。

（三）注意事项

即使是使用自动涂胶机，也必须注意观察机器涂布的情况，发现问题及时处理，避免出现废品。

第三章

印版制作

第一节　晒版

一、晒制单色网目调印版

| 学习目标 | 了解晒版机的光源及特点，掌握晒制单色网目调印版的技能。 |

（一）操作步骤

晒制单色网目调印版的步骤：

① 打开真空晒版机橡皮布上盖框架。

② 把网目调底片正面朝上放在晒版玻璃中央部位上。

③ 采用三点定位法（长边两点，短边一点），按要求用透明胶带纸固定底片。

④ 如果底片没有带透明灰梯尺，应在图文外6cm处放置。

⑤ 将烘干的膜版印刷面朝下按定位要求定位。

⑥ 闭合晒版机（放下橡皮布上盖框架）放置于底片上。

⑦ 确定曝光量。

⑧ 打开光源开关。

⑨ 曝光结束，打开上盖框架。

⑩ 取出网版。

（二）相关知识

晒版机的光源及特点。

1. 感光涂层的感光特性

用于印版感光涂层的感光材料均属非银盐体系，与银盐体系相比，它的感光度要低得多，如表2-3-1所示。这些材料的感光区间一般是在300～400nm。

表2-3-1　各种感光材料的照相感光度

感光材料	ASA 感光度	感光材料	ASA 感光度
卤化银——用于高感光度印版	$10^2 \sim 10^3$	感光树脂系	$10^{-5} \sim 10^{-2}$
卤化银——用于彩色片	$10 \sim 10^2$	感光铬系材料	$10^{-6} \sim 10^{-5}$
卤化银——用于拷贝印相纸	$10^{-3} \sim 10^{-2}$	重氮感光纸	$10^{-6} \sim 10^{-5}$

正因为晒版涂层感光度低，对可见光几乎不感光的特点决定了晒版操作不必在暗室中进行，而可在橙色安全灯下进行。

2. 光源的辐射光谱应与网印感光胶的感光光谱（即分光感度）相匹配

两者的峰值波长尽量一致，以使光源能量的利用率最高。对此，比较感光胶的分光感度曲线（图2-3-1）与光源的光谱能量分布曲线（图2-3-2），就可做出合理的选择。

从图2-3-1可知，340～440nm波长的光为几种感光胶所共有的主感度光，称它为活性光。对光源来说，只要其辐射的能量主要分布在活性光区域内，即可采用。符合这个条件的光源有炭精灯、氙灯、黑光灯、大功率荧光灯、晒版荧光灯、镝灯、碘镓灯及其他金属卤化物灯等。目前，丝网膜版晒版曝光用的光源主要采用金属卤素灯和高压汞灯，已很少使用脉冲氙灯和碳素弧光灯。

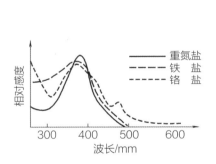

图2-3-1　常用感光胶的感光光谱曲线图

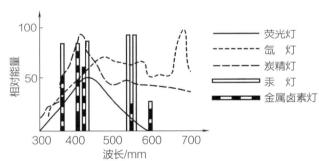

图2-3-2　常用晒版灯的光谱能量分布曲线

3. 光源的均匀照射

为了使感光乳剂均匀曝光，网版必须均匀地接受照射。对于点光源来说，曝光光源与网版之间的距离将影响曝光性能。一般来说，网版的中间部分100%接受曝光，而在网版的边缘曝光强度有所减弱，而且网版面积越大减弱强度越多。另外，当点光源发射到不同网距的网框上时，离光源1m的A平面上所接收的光能量与离光源2m处的B平面所接收的光能量是相等的，但单位面积上A平面和B平面的光能量照度却是不等的，后者是前者的1/4。这就是点光源所发出的光按照距离的平方打散，因此单位面积内的光能量按距离增大而逐渐减少，这称为照度的逆平方法则。

由于点光源有上述缺陷，所以应采用"平行光源"，可以达到良好的曝光效果。所谓"平行光源"是通过曝光机的光源反射罩将点光源漫射型转换成平行光，这样使到达曝光网框内表面的光能均匀。

如果不需要复制精细线条或网目调也可以使用灯管，如果几个灯管平行安装，它们间隔一定不能大于灯管到感光版的距离。

（三）注意事项

（1）一般中、小网印厂，多用平行冷光源的晒版机，或自制的晒版箱。晒版中注意光源的色温不同，曝光时间也不同。如紫光灯管为光源的晒版时间为3min。日光灯管为光源的晒版时间为7min左右。

（2）曝光时间的掌握上，每用到一种新的感光胶，要进行曝光实验，确定最佳的曝光时间。

（3）晒版中注意版材质地不同，曝光时间也不同。白色丝网曝光时间短，带色的丝网曝光时间长。网布目数高的胶层薄，曝光时间短；网布目数低的胶层厚，曝光时间长。灯距近的曝光时间短，灯距远的曝光时间长。

二、多色线条版晒版的定位

> **学习目标** 了解晒版的定位方法，掌握多色线条版定位的技能。

（一）操作步骤

以量测套准法为例。

1. 第一种方法

（1）在各网框的四边框面上画出中线坐标。

（2）将框面上的中线用铅笔轻轻延长到一定长度。

（3）使底片上的中线坐标与网版上的中线坐标重合套准如图2-3-3中的1、3及a、c。

（4）用胶带黏牢。

2. 第二种方法

（1）在网版上做实际的坐标线。

（2）再与阳图底片套准，如图2-3-3中的2、4及b、d。

（3）用胶带黏牢。

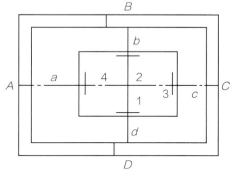

图2-3-3 分色晒版的定位

（二）相关知识

晒版的定位方法。

1. 多色底片的定位方法

（1）规线套准法

① 三中线法。在图案或文字位置的左、右、上（或下）三方各画出一条直线，其实就

是图案或文字位置纵横的"中"线。即图案位置上下间的中线和左右间的中线，这三条中线必须在原稿上事先画好，分色版经照相制出统一的三中线。但要注意，这三中线必须在"成品尺寸"之外，正式印件上是看不到的，因印刷时用"三中线"套准图案，印刷后，裁切成需要尺寸时，三中线就被切掉了。若不用裁切的承印物，印刷时就要将三中线盖住而不能印在承印物上面。

② 十字线法。在图案长的方向的两端，各画上"十"字线，此十字线也要在成品尺寸以外，而在印纸以内，其原理与"三中线法"相同。图案宽的方向不用画十字线，此种方法常用于幅面较小的图案印刷。

（2）销孔套准法　销孔套准法能提高套合效率和精度，减轻劳动强度。它也是标准化、系统化的一种套准作业，即原稿与分色阳片进行销孔套合，阳图底版与网版也进行销孔套合。如图2-3-4中a。

2. 底片与膜版在晒版机上的定位方法

多色网印的底版和晒版，都要为印刷的套合做好准备，使分色底版上的套准标记落在各网版的相同位置上，否则会给印刷的上版、换版及套印带来麻烦，甚至造成废版。这里介绍两种定位方法：

（1）量测套准法　预先在各网框的四边框面上刻出中线坐标；当网版建立好感光层后，将框面上的中线，用铅笔轻轻延长到一定长度；使底片上的中线坐标与膜版上中线坐标重合套准，如图2-3-3中的1、3及a、c。或按规定的晒版位置，在网版上做实际的坐标线，再与阳片套准，如图2-3-3中的2、4及b、d。套准后用胶带黏牢，即可进行曝光。

（2）销、孔套准法　先做一块透明的配图版（图2-3-4中c）。版上绘出网框尺寸及中线，版的上方及左方打有三个孔，孔内插入三个销子（图2-3-4中b），用胶带黏牢，供网版依靠之用。然后用螺钉或环氧胶将销钉片固定在配图版上。分色晒版时，将配图版置于晒版框内，打有定位孔的阳片套到配图版的定位销上，而网版依靠三个销子定位，这样保证了各网版上图位的一致。

另一种做法如图2-3-5所示，将定位销贴到晒版机玻璃上，网框上装以套合夹。晒版时将阳片和网版都套到定位销上。

图2-3-4　装有销的配图版　　　　　　图2-3-5　固定有套合夹的网框

（三）注意事项

定位时底片不能放反，固定的透明胶带纸条面积要小而干净，还要注意量测尺寸要准确。

三、根据光源设定曝光时间

学习目标 | 通过学习，了解曝光时间与光源的关系，掌握根据光源设定曝光时间的技能。

（一）操作步骤

根据光源设定曝光时间的步骤，以逐段曝光法为例。

（1）打开晒版机上盖，底片胶膜向上与膜版胶面密合置于晒版机中。

（2）用黑纸逐段遮盖。

（3）曝光时间也逐渐增加（时间间隔以10s或20s为宜）。

（4）显影。

（5）判断。根据各段硬化的程度，选出最佳的硬化段（硬化适当、易于显影、图像清晰），确定相应的曝光时间。

（二）相关知识

1. 曝光时间与光源的关系

网版印刷晒版所用光源多种多样，有高压汞灯、氙灯、荧光灯以及金属卤素灯等，由于它们的光谱分布特性、发光强度、光源的热辐射能量功率大小以及点燃速度等因素各不相同，因此，晒版时曝光时间肯定是不一样的。其中影响最大的是光谱分布特性和光源功率的大小。

2. 分级曝光法

曝光不足或曝光过度都与掌握时间有密切关系。为此，可将感光版采取分级曝光的方法确定曝光时间。

分级曝光测试法为晒版常用的曝光时间测试法。它是以所计算出来的近似曝光时间为中等曝光时间，然后对同一块网版的各部分进行不同程度的曝光，从而获得最佳曝光时间。

先使网版按曝光时间一半（50%）的时间进行整体曝光，然后用黑纸盖住网版的1/5，再曝光近似曝光时间的25%。接着继续每次在前一次的基础上按近似曝光时间的25%进行曝光，并在每次曝光前比前一次曝光时多盖住网版的1/5。这样，曝光出来的网版就有五个曝光程度不同的区域。冲洗网版，烘干，印出样版，找出最佳的曝光时间。分级曝光测试如图2-3-6所示。

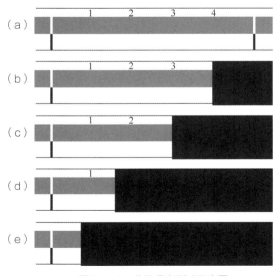

图2-3-6　分级曝光测试示意图

（1）第一步　50%轻度曝光。

使整个网版曝光所需时间为50%，即不充分曝光［图2-3-6（a）］。

（2）第二步　25%轻度曝光。

用挡板挡住网版的1/5，使未盖住的网版部分曝光所需时间的25%［图2-3-6（b）］。

（3）第三步　25%曝光。

移动挡板，挡住网版的2/5，使网版未盖住部分曝光所需时间的25%［图2-3-6（c）］。

（4）第四步　25%的过度曝光。

移动挡板，挡住网版的3/5，使网版未盖住部分曝光所需时间的25%［图2-3-6（d）］。

（5）第五步　25%过度曝光。

移动挡板，挡住网版的4/5，让网版未盖住部分再曝光所需时间的25%［图2-3-6（e）］。

实践证明：在制版中，膜的硬化程度与曝光量成正比。只要曝光时间适当，成像性能好，黏网力就强。因此在制版过程中必须严格控制曝光时间，否则，黏网不良，耐印力下降。

（三）注意事项

晒版的全部工序中，最重要的是曝光条件，如果曝光条件不好，晒版就会失败。曝光是从量变到质变，产生飞跃的关键工序。晒版是制版过程中至关重要的环节。制版质量的好坏往往取决于光源、感光体表面与光源的距离及曝光时间等因素。

曝光条件要依照乳剂的种类、涂布感光胶的厚度、光源的种类、光源至膜面的距离、曝光时间等决定。为此，应预先进行试晒求出合适的数据，再根据数据进行实际作业。

第二节　冲洗显影

一、冲洗网目调印版

> 学习
> 目标 ｜ 了解冲洗显影的影响因素，掌握冲洗网目调印版的技能。

（一）操作步骤

冲洗网目调印版的步骤：

（1）轻轻地将膜版的两面蘸湿，等1～2min后试着冲洗。

（2）一旦图像软化，用一个扇形低压喷射水流轻轻冲洗，由上至下冲洗印刷面，目的是使水轻轻地流过未曝过光的乳剂，使其溶解掉。扇形喷射水流扇角至少要有60°，在距离膜版表面10～15in（25～37cm）处喷洗，水流速度每分钟9～12kg，这样轻缓的水流不至于损坏图像的网点结构。

（3）再从刮墨面由上至下地冲洗。

（4）检查膜版，如有不透孔的地方，应加大压力冲透。以水压不会损坏膜版为好。

（5）将膜版静置沥水1min。

（6）用白报纸轻轻地吸去膜版上残留的水分。

（7）将膜版放于烘干箱中，以加快膜版干燥。

（二）相关知识

冲洗显影的影响因素：

显影程度的控制原则是：在显透的前提下，时间越短越好。主要影响水洗显影的因素有以下几点。

1. 显影水温

显影水温若太高，会使硬化的膜层膨胀，脱落。

2. 显影时间

显影时间过长也会使硬化的膜层膨胀，影响其附着牢度。

3. 冲洗水压

冲洗网版水压太急太大，也会影响硬化胶膜的牢度。

4. 版面状况

涂布感光胶时若涂布次数较多，又不注意避光操作，再曝光后显影就难以显透。涂布感光胶后干燥不彻底，经显影版面易脱落；干燥过度胶膜产生"热敏化"，显影时易显不透。晒版中曝光时间不够，胶层硬化不足显影时版面易脱落；曝光时间过长易造成显影困难。

（三）注意事项

要充分注意控制显影水温（不可高于20℃）和水压。

二、印版坚膜处理

学习目标	了解坚膜处理的作用和方法，掌握对印版进行坚膜处理的技能。

（一）操作步骤

（1）把膜版印刷面朝上平放在槽中。

（2）用容器装上坚膜液，以扇面形状将坚膜液浇注在膜版中央，然后将膜版轻轻地晃动，使坚膜液均匀地流布到整个膜版表面进行坚膜。

（3）水洗：将多余的坚膜残液用清水冲洗干净。

（4）干燥：将坚膜后的网印版放进烘箱中，或自然干燥。

（二）相关知识

1. 坚膜处理的作用

在印版干燥前或干燥后，为了强化膜版，提高其耐水性及耐溶剂性，需采用坚膜处理。

2. 坚膜处理的方法

（1）可采取涂布无水稀铬酸液的做法。但从防止公害的角度出发，是不宜使用铬酸系药品的，最近市场上已有毒性比较小的坚膜剂出售。

（2）合成水溶性高分子物质配制的重氮胶及感光树脂胶，制造厂都配有相应的坚膜液。它们的处理方法基本相同，即将坚膜液涂于膜版的两面，水平放置。待自然干燥后，放入30～40℃烘箱内烘干0.5～1.0 h，或自然干燥1天后使用。

（三）注意事项

涂布坚膜液之前，一定要把版面清理干净。图文表面不能有余胶存在，否则，涂布坚膜液之后版面会产生灰雾。

第三节　修版

<blockquote>
学习目标　了解网目调印版缺陷及修复方法，掌握修复网目调印版缺陷的技能。
</blockquote>

（一）操作步骤

修复网目调印版缺陷的步骤：

1. 观察印版情况

根据晒版的阳图底片对照检查印版。

（1）版面的检查

版面检查，看版子四角网点是否均匀，版面是否清洁。如有较严重的不均匀、污点、发黄、灰翳、药水条痕等，均不宜采用。因四角不均匀对色调影响较大；发黄、灰翳等在晒版时会阻止光线的通过，会引起点子不结实和不应有的深浅、白地起脏等弊病。阳图网点要结实，不虚，才能保证晒版和印刷的质量。

更要检查网版角度、版子正反、规格尺寸等。

检查网版角度可以防止度数搞错，减少"龟纹"事故的发生；检查规格特别要注意净尺寸与毛尺寸的区别，避免两者混淆的错误；阳图版直接晒成印版，决不允许尺寸大小不一，要求从严才不致发生套印不准、产品模糊最后仍要补版的情况。

（2）色调、阶调的检查

阳图网纹版面的深淡、层次的平崭，主要根据原稿类别、色调气氛，结合各色版的本身

特点，并按照在干片修正时色量分配的设想，进行检查。

进行版子的深、淡，平、崤，虚、实检查时，对于较大尺寸的版面应先离台稍远些看，才可从其全貌加以确定，不致"一叶障目，不及其余"。用放大镜鉴别网点大小成数，须按确定的高、中、低三个阶调的深淡，先行检查，然后以此作为各级层次对比的依据。

检查中，对于尚可挽回的、过深的局部，可在照相后用减力液减淡。总之，要照顾总体，力求获得大部分、主要部分色调、层次正确的印版。

（3）对各色版的一般要求

黄版：是弱色，多数画面的色彩，需要它组合，一般要求稍平、稍深。

品红版：色相鲜明突出，目前多数尚有淡色辅助，版的深淡、平崤要求适中。

青版：色相明暗适中，也常有淡色配合，一般要求平崤、深淡适中。

黑版：黑版多用作轮廓版，故版要制得崤些，阶调短些；但原稿层次柔和的，则不能过崤，一般的要求是轮廓清楚实在、淡调不满。

淡色版：淡红版、淡蓝版原则上比大红版、大蓝版深。但并不是版面上每一部分都要比深色版深，还是要根据各色版在各色域的要求而定。深色版在高调处安放尖网有困难，淡色版就是要起配合作用，以资弥补。

2. 准备修复材料

修复材料主要有专用修版液、封网胶、感光胶、胶带纸及修版工具。

3. 修版

修版过程中要求仔细认真，注意清洁。

（二）相关知识

网目调印版的主要缺陷和网目调印版缺陷的修复方法。

修版就是对照阳图底片，纠正在晒版中阳图图文转移到印版上所造成的误差。对在晒版中由于设备、技术等诸因素的影响产生的差异，进行修版。在整个图文的四角、暗调、实地部分进行修版除脏，亮调、中间调的网点部分不能修版。

分色版的亮调、中间调网点部位有毛刺砂眼，不能修版，如在印刷版上修版，就会在印刷品的图文相应位置上出现白点印迹。亮调、中间调的毛病有时在多色套印打样中就消失了。

（三）注意事项

（1）封孔及修版中，注意图文线条的光洁度和空白部分的脏点，修版胶层厚度要达到密度要求。

（2）网目调网点部位不能修脏。

第四章

制版质量的检验和控制

第一节 检验底片质量

一、测量底片加网线数

| 学习目标 | 了解图像阶调的基本知识，掌握用测试条测量底片加网线数的技能。 |

（一）操作步骤

用测试条测量底片的加网线数的步骤如下。

（1）把制版底片，正面向上放在看版台上（如图2-4-1所示）。

（2）把测试条覆盖在被测试的加网底片上。

（3）转动测试条，使测试条放射状直线中心与底片网线出现"双曲线"对称花纹。

（4）对称的花纹所示的数据，即是底片的加网线数。

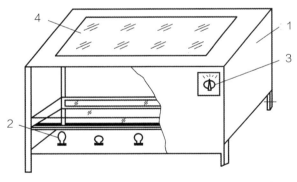

1—机柜；2—乳白灯泡（或灯管）；3—开关；4—磨砂玻璃。

图2-4-1 看版台结构示意图

（二）相关知识

1．底片测试基本知识

（1）测量底片加网线数的测试条 测定检验加网胶片（或丝网）上的网目数，常用两种测试规。

（2）目数、线数测试规（见图2-4-2）

用途：测定未知丝网或加网胶片的网目线数。

构造：由粗细两组放射状直线组成，线旁分别标有10～40、40～400两组数字，无括号的数字为每英寸的目数（线数）；有括号的数字为每厘米的目数（线数）。

测试：将测试规覆在被测的丝网或加网胶片上，转动测试规，当放射状直线的中心线与被测线网的某一组网线（或网点的一组点）一致时，则出现明显的"双曲线"对称花纹，即莫尔条纹现象，对称的花纹处所指示的数据即是丝网的目数（或加网片的线数），如图2-4-2（b）所示。

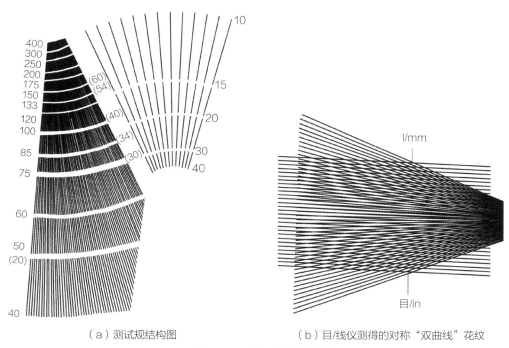

（a）测试规结构图　　　　　　　　　（b）目/线仪测得的对称"双曲线"花纹

图2-4-2　目数、线数测试规

（3）网线线数量规也是用透明胶片制成的，如图2-4-3所示。

上面的一排数字是每厘米的线数，下面的一排数字是每英寸的线数。用法是：将此量规放在测定的网线胶片上转动，当出现一组大的对称花纹时，则两花纹中心线所指的数字即为该网线的线数。

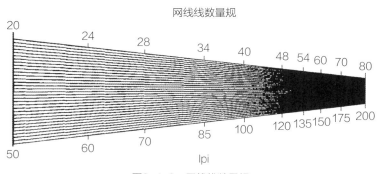

图2-4-3　网线线数量规

2. 图像阶调的基本知识

阶调是指连续调，原稿上有很多位于黑与白之间的灰色调，即黑、白之间的灰值。一幅连续调图像在视觉上从白到黑可以有许多个阶调，在复制中常将丰富的阶调划分为四个区域：极高光、亮调、中间调和暗调。亮调是指图像中较明亮的部分，其中图像中最明亮的部分称为极高光。中间调是指图像中中间密度的阶调，它在图像中与亮调和暗调相互衔接。暗调指图像中阴暗部位的阶调。

阶调范围若用网点百分比来衡量，最佳的阶调范围应是1%～99%，但对于网版印刷而言，其阶调范围的评价是：10%～90%为优；20%～80%为良；30%～70%尚可；范围小于30%～70%，则阶调层次粗硬而不可取。

（三）注意事项

（1）"看版台"一定要擦拭干净，不能有油污和灰尘。

（2）要戴上白手套测试，不能碰伤和脏污底片。

二、检查底片密度

学习目标	了解底片密度对印版质量的影响，掌握借助放大镜检查底片密度的技能。

（一）操作步骤

借助放大镜检查底片密度的步骤：

（1）把制版底片正面向上放在透明看版台上。

（2）用高倍率10～20倍专用制版放大镜进行质量检查。

（3）查看图文部位黑度有无透光现象。

（4）查看空白部位透明度高不高。

（二）相关知识

1. 密度

密度是用来测量胶片感光后银沉积黑化的程度，因为胶片在曝光时的光量大小不同，使银沉积变黑的程度不同，而使光透过率高低发生变化。由于光量的变化，在人的视觉感受上就产生明暗、深浅和黑白的感觉。所以，密度测量实质上是透过光（反射光）的光量大小的度量，是视觉感受上眼睛对无彩色的白—灰—黑所组成的画面明暗程度的度量。

2. 底片密度对印版质量的影响

制版阳图底片的图案、线画、实地块的黑度（密度$D=1.7～1.8$）要黑而均匀，且不透光（对着光线看），如果透光，晒版时透光部分会显影不透，影响制版质量。底片透明处密度D应为0.3以下，若灰雾度过高，晒版时空白部位胶膜硬化不足，影响印版耐印力。

3．放大镜

放大镜也称扩大镜，是印刷、制版工作者的"眼睛"，是不可缺少的检视工具。放大镜的功能是对图像或物体起扩大效果，也就是通过具有固定焦距（1～10 cm）的凸透镜，使眼睛对物体的视角增大。所以，放大镜的放大倍率公式为：

$$M = \frac{用放大镜时像的视角}{不用仪器时像的视角}$$

放大镜的类型因用途而异，如图2-4-4所示：（a）为笔式放大镜，一般为25倍、50～75倍。50～75倍的是观察细网线网点或精密测试条用的，25倍为观察一般网点用的；（b）为折叠式小型放大镜，一般为15～20倍，照相、修版检查网点较为适用；（c）为台架式放大镜，一般为15～22倍，是放置在修版台上修整网点或修整铜锌版网点用；（d）（e）为可调式放大镜，22倍或15倍，是观测大面积网点和照相调焦用，10～15倍的可用于观视彩色片，并可调整视差；（f）为一般低倍数折叠式放大镜，大约为5～10倍，下边缘带有刻度尺，可观察一般粗网线网点。除此之外，还有带光源的笔式放大镜，一般有35～50倍，并可调整视差。这种放大镜能在暗处观察印样或印版。

显微放大镜，即低倍率显微镜，如图2-4-5所示，是一种精密型的高倍率放大镜，从25、50、75至100倍有多种。100倍的附有光源（电池），便于在暗处观测反射面上的网点或精密测试条。一般观视用倍率以50～60倍为宜，100倍观察一般网点因倍率太高反而不清楚，但搞基础研究、分析网点成像或网点转移还是以100倍显微镜为宜。

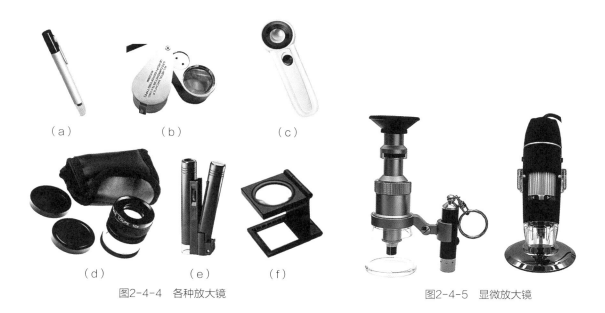

（a）　　　　　　　（b）　　　　　　　（c）

（d）　　　　　　　（e）　　　　　　　（f）

图2-4-4　各种放大镜　　　　　　　　　　图2-4-5　显微放大镜

（三）注意事项

放大镜是网印工作者制版、印刷质量检查的常用工具，它是网印工作者的眼睛，一般选用10～15放大倍率放大镜检查图像、文字的质量效果。

第二节　检验制版的相关参数

一、测量丝网的目数、丝径和厚度

学习 目标	了解丝网参数测量仪器的种类及使用方法，掌握测量丝网目数、丝径和厚度的技能。

（一）操作步骤

1. 测量丝网目数

（1）将丝网版放置于看版台上。

（2）开启看版台内置灯。

（3）将网目尺（如图2-4-6所示）放在丝网上。

（4）慢慢转动网目尺，使网目尺上的竖线与丝网的经线或纬线平行。

（5）观察网目尺上出现棱形花纹（如图2-4-7所示）。

（6）花纹的横向对角线所指网目尺上对应的刻度数字即为所测丝网的目数。

2. 测量丝网的厚度

（1）将网版印刷面向下放置于看版台上。

（2）打开看版台内置灯。

（3）将电子式厚度仪放置于丝网上。

（4）读取显示数值即为丝网厚度。

3. 测量网丝丝径

（1）将网版印刷面向下放置于看版台面。

（2）开启看版台内置灯。

（3）用100倍显微放大镜置于网面测量。

（4）观察读取网丝宽度读数。

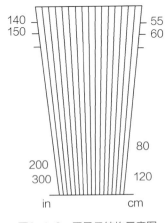

图2-4-6　网目尺结构示意图

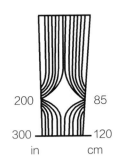

图2-4-7　用网目尺测量丝网时经纬线重叠状态

（二）相关知识

丝网参数测量仪器的种类及使用方法如下。

1. 丝网目数测量仪器——网目尺

网目尺（经纬线密度测试卡）分玻璃板式和塑料板式两种，其结构如图2-4-6所示，主要用于测量各种丝网的目数。

测量方法是，测量时首先使丝网处在透亮的状态下放在看版台上，将网目尺放在丝网上，然后将网目尺在丝网上慢慢移动，使网目尺上的竖线与丝网的经线或纬线平行，这时

由于丝网经纬线和网目尺上竖线产生重叠效果，在网目尺上形成棱形花纹（如图2-4-7所示），花纹的横向对角所指的网目尺上对应的刻度数字，即是所测丝网的目数（in或cm）。

图2-4-8　DTS-12A数码手提型测量仪

2. 丝网丝径测量仪——显微放大镜

DTS-12A数码手提型测量仪（见图2-4-8）是短距测量仪，最小读数为1μm，最适合测量电子元件及线宽。

3. 丝网厚度测量仪——厚度仪

厚度仪主要用来测定丝网和涂覆感光胶膜层的厚度。

（1）机械式

机械式厚度仪包括手持式和刻度盘式，两者都不适合测网版的厚度，除非从网布上剪下一小块来。然而需要时它们可用于绷网前测网布的厚度，测得的值几乎不受操作的影响，且读数可精确到1μm。

（2）电子式

电子式厚度仪包括磁感式和涡流式，两者都能用，最适宜的还是磁感式。两种装置都有一个输出端口或一个桌面控制台，通过一根软线与传感器相连，测量结果在一个液晶显示窗上显示。机器上还有一个控制面板，功能不同配置也不同。磁感式厚度仪装置上有一到四个爪和一个金属托盘，把被测物置于传感器与金属盘之间，接通电源，根据磁感应法则，物体厚度变化，探脚和金属盘间的磁场强度会随之变化，这样就可以得到物体的真实厚度。

涡流式则由探头通过交变电流产生涡流，物体的存在影响探头处的电气特性，探头与金属距离的变化，可以测出微米级的厚度。

两种仪表都只能测丝网或网版材料为非磁体的情况，为了测量，磁感式需要一个磁性金属盘，而涡流式则只需一个非磁性的底座。

电子式厚度仪是使用最方便的测量仪器，因为它们可以测任意大小的丝网，而不破坏网的完整性。

（3）数码测厚仪

可以在1m网框的中心处测膜厚。精度为0.1μm信赖度更高。

（三）注意事项

为保证各种测试用仪器测量数据的准确性（精度），需要注意对其进行维护，例如要保持清洁，避免划痕和碰伤，使用后要擦拭干净，妥善保管。

二、测量感光膜的厚度

学习目标	了解感光膜厚度对印版质量的影响，掌握测量感光膜厚度的技能。

（一）操作步骤

测量感光膜厚度的步骤：

（1）使用厚度仪。

（2）测试一下绷好网的丝网厚度（*H*）。

（3）再测试一下涂好感光胶膜的丝网厚度（*P*），如图2-4-9所示。

（4）计算版膜厚度，*F=P－H*，如图2-4-10所示。

图2-4-9　厚度仪测试

（二）相关知识

感光膜厚度对印版的影响如下。

（1）当丝网的开孔印刷线条的宽条超过1.5mm时，刮墨板用力压向承印材料，厚膜版将会在印刷图像的边缘产生较厚的墨层（见图2-4-11）。

（2）膜版的厚度严重地影响到网目调图像印刷的油墨层。网点分布于整个印刷区域上的丝网。膜版越厚，印刷油墨层就越厚（见图2-4-12）。

F—版膜的厚度；*P*—版的厚度；*H*—丝网的厚度。

图2-4-10　厚度测试

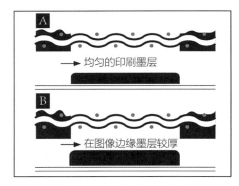

A—正确的膜层；B—膜层过厚。

图2-4-11　膜版厚度对油墨层的影响

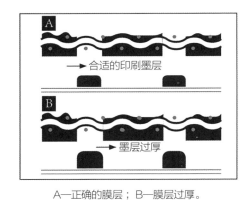

A—正确的膜层；B—膜层过厚。

图2-4-12　膜版厚度对网目调印刷的影响

（3）浅色区域印不出来，密度高的网目区域模糊不清。

（4）由于墨层较厚，彩色复制不准确。

（5）涂层厚度对印刷清晰度的影响。

在曝光显影良好的情况下，感光胶膜厚比膜薄的印迹锯齿小。

（6）膜版过厚对曝光时间的影响。

曝光时间与感光胶涂布厚度成正比，通常感光胶层越厚曝光时间越长。

（三）注意事项

感光胶层的厚度决定了网版印刷质量，一般胶层厚度控制在5μm以下，网目调印版胶层

厚度在3～4μm。胶层厚度超过5μm以上，油墨流动不畅，生成丝网痕迹，造成印刷墨层质量差的毛病。

第三节　检验印版质量

一、借助放大镜检验图形边缘的清晰度

学习目标　了解影响印版清晰度的因素，掌握借助放大镜检验边缘清晰度的技能。

（一）操作步骤

借助放大镜检验印版图文边缘清晰度的步骤：

（1）将印版印刷面朝上放置于看版台上。

（2）打开看版台内置灯。

（3）将15倍左右放大镜轻轻放置于网版上。

（4）观察线条、网点的边缘光洁程度。

（二）相关知识

由于丝网网孔的影响，致使网印图文边缘会出现锯齿形，造成承印物上印迹不清晰。因此，在丝网制版印刷过程中，应尽量使"锯齿"变小。

1. 影响印版清晰度的主要因素

（1）丝网的影响

① 未使用染色丝网。

② 丝网目数太低。

（2）绷网的影响

① 绷网时经纬线不垂直，网孔弯曲变形。

② 绷网角度不当。

③ 绷网方式不当（应用间接法）。

（3）涂布感光胶的影响

① 感光胶配比不当或搅拌不均匀。

② 涂布感光胶时，油墨面涂胶太厚印刷面太薄。

③ 涂层厚度对印刷清晰度的影响，如图2-4-13所示。在曝光显影良好的情况下，感光胶膜厚的比膜薄的锯齿小。

④ 感光胶涂布不均匀，即网版平整度差。

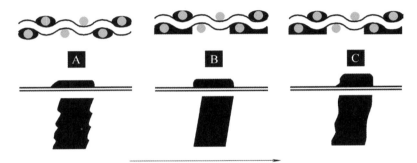

A—膜版过薄→锯齿效应；B—合适的膜版→清晰的印刷品；C—膜版过厚→不清晰的印刷品。

图2-4-13 涂层厚度对印刷清晰度的影响

⑤ 感光胶解像力不高。

（4）晒版的影响

① 底片图像边缘质量和密度均差。

② 膜版与底片密合不好。

③ 膜版曝光不正确。

④ 曝光光源选择不当或灯距等调整不当，造成侧壁腐蚀。

⑤ 膜版冲洗显影不好。

2．网版平整度的测量

网版平整度的测量可用以下方法：

（1）可用测厚仪检测。通过分散多点测量网版厚度的粗略的平整度。

（2）采用专用的粗糙度测试仪来检测。

粗糙度测试仪，如图2-4-14所示。

这一仪器用来检测膜版的表面。把测试探针简单地放在要测试的表面上，与丝网的网丝成2°～2.5°角。在测定序列中，探针移动几毫米，探测记录头测得的表面的断面信号经过放大器，输入计算机，计算出所需的R_z值。R_z值为平均粗糙深度，它是在五次序列的单一侧量长度$e_0\left(e_0=\dfrac{1}{5}e_m\right)$内的个别粗糙深度的平均值（图2-4-15）。

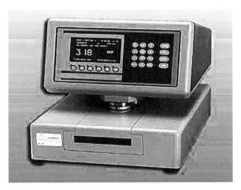

图2-4-14 粗糙度测试仪

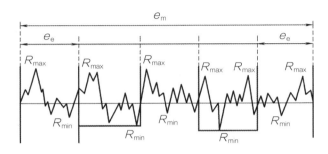

$$平均的R_z值=\frac{R_{z1}+R_{z2}+R_{z3}+R_{z4}+R_{z5}}{5}$$

图2-4-15 R_z值的测定

式中 R_{max}——一段的最大读数；

R_{min}——一段的最小读数；

R_z——一段的平均值。

网印膜版的 R_z 值（DIN标准将其命名为平均粗糙度）：

R_z 以微米为单位，其数值越大表示网版的平整度越差。因此，R_z 值小一些为好，最佳或最理想的数字当然显示为0。

通过测试表明，R_z 值在10μm以下可在平滑的承印物表面得到好的印刷效果，而3～7μm可在任何表面得到良好的印刷效果（印刷在吸收力高的材料上，如织物，网版材料的 R_z 值会略有不同）。

好：R_z ＜涂层厚度

R_z 值通常应该比测定的涂层厚度要小，如图2-4-16，比较平滑的膜版表面对于印刷清晰的图像和避免锯齿效应至关重要。

图2-4-16　R_z 值与涂层厚度

（三）注意事项

平时应注意保护好放大镜片，不能擦毛，否则会影响观察线条、网点及图像边缘的清晰度。

二、判断印版常见缺陷产生的原因

学习目标｜学习了解在丝网印刷的制版工艺中，常会产生哪些弊病。掌握判断缺陷产生原因的技能。

（一）操作步骤

判断印版图文质量缺陷产生的步骤：

（1）将网印版印刷面朝上放置于看版台上。

（2）打开看版台内置灯。

（3）用放大镜（10倍）仔细检查印版。

（4）发现印版缺陷。

（5）判断缺陷产生的原因。

（二）相关知识

印版常见的缺陷与解决办法如表2-4-1所列。

表2-4-1　网印版常见制版故障及解决方法

故障	原因	解决方法
印版边缘清晰度差	膜版曝光不足	增加曝光时间
	使用未染色丝网	使用染色丝网
	底片图像边缘质量差密度不够	使用图像边缘清晰、密度最小为2.0的底片
	丝网过粗	选用较细丝网、合适的乳剂（或膜片）
	膜版乳剂面与底片接触不好	检查晒版架的性能、保证膜版表面与胶片接触良好
	膜版制作不好	改进涂布工艺操作
	使用感光乳剂类型不对	使用解像力较高的乳剂
	干燥温度过高（间接膜版）使图像边缘隆起	间接膜版在25℃以下干燥
	坚膜液浓度过低，或使用过期的坚膜液	使用适合胶片的产品，检查和调整过氧化氢的初始浓度
细微层次复制不好	丝网过粗	更换较细的丝网
	膜版曝光过度	减少曝光时间或更换使用带色丝网
	印版与承印材料之间产生静电	在相对湿度55%～65%的条件使用
	油墨干固在膜版上	印刷期间避免停机时间过长
	印版漏墨过多	检查和调整刮板压力和更换高质量的刮板
	刮板太软	更换较硬的刮板，或重新打磨刮板刃口
	刮板外形不合适	印刷细线条，使用断面为方形的刮板
出现龟纹	丝网目数选择不当	选择开孔面积较小的丝网
	选用的膜版系统不对，或膜版处理技术不好	检查膜版的均匀性及时改进
	加网角度不对	加网时避免采用90°、45°等不当角度
	网点尺寸相对于丝网太细	最小网点细于丝网适当进行调整
	刮板太硬	减小刮墨角度，或更换较软的刮板
图像区域网孔不通	冲洗后残留水分去除不彻底	直接膜版曝光不足，在刮墨面留下一些软化的乳剂，它们移动会堵塞图像区域的开孔。间接膜片应在转移前放在15～20℃的冷水中浸湿，用白报纸吸去多余的水分
	膜版（间接）未吸干	用白报纸轻拭，直到纸上看不到有水为止
	曝光用底片密度不够	底片最低的密度应为2.0
	乳剂偶然曝白光造成图像模糊	保持涂好的膜版远离任何白光源
	涂好的膜版在曝光前存放时间过长	用重铬酸盐敏化的乳剂涂布的膜版应干燥2h后即用。使用其他感光材料，核对生产厂家的说明
	涂布好的膜版存放在靠近热源处或置于过高的温度下	涂好的膜版如存放很长时间，则应存放在干燥阴凉（18℃、45%～55%）的条件下
膜版有针孔	膜版曝光不足	试验曝光
	丝网上有杂质颗粒	在制版前保持网版清洁
	使用腐蚀性油墨或溶剂	避免不必要地使用通孔剂或频繁地冲洗膜版，要在65%的相对湿度下进行
	阳图或阴图底片质量差	检查底片图像的不透明度和胶片的透明度并进行调整
	直接乳剂涂布时产生气泡	应缓慢涂布
	印刷期间印版冲洗过于频繁	必要时只冲洗刮墨面

续表

故障	原因	解决方法
印刷的分辨率差	膜版曝光过度	试验曝光
	使用的丝网未染色	使用染色丝网
	原稿阳图片密度不够	检查阳图片的不透明度并进行调整
	曝光前乳剂层未干（所有直接乳剂/直接膜片系统）	延长干燥时间至完全干燥，使用毛细感光膜片，去除片基后继续干燥
	使用漫射光源	使用点光源
	原稿底片与膜版表面接触不好	检查晒版架的真空状态并进行调整
	感光性膜版材料过期	检查核对生产厂家规定的产品保存期限并进行调整
	感光性膜版存放时间过久，或离热源过近	所有感光材料均存放在阴凉、干燥处，避白光
	敏化剂存放过期	检查核对生产厂规定的产品保存期限

（三）注意事项

在制版、印刷中，要熟练地掌握制版技术，严格按照设备说明书的要求和操作规程作业。

网版制版

（高级工）

第一章

底片制作

第一节　准备制作底片

一、确定网目调制版的加网线数、加网角度和网点形状

学习目标　理解网目调制版的原理，了解加网线数、加网角度和网点形状参数在网目调印刷中的作用，并掌握设置方法。

（一）操作步骤

确定网目调制版的加网线数、加网角度和网点形状的步骤。

（1）分析版面中的元素构成，懂得制版的精度要求，确定制版的方法。

（2）根据承印物材料的性质、印刷材料的条件和印刷方式确定加网的线数，确定加网线数与丝网线数的匹配关系。

（3）设定加网线数。

（4）确定加网角度，网版印刷多采用圆形、椭圆形网点。

（5）对于难度较高的活件要进行试印，检验加网参数是否合适，印刷品是否有龟纹。有龟纹说明加网角度选择不合适，应该进行适当的调整。

（6）检查单色印刷梯尺，察看印刷的加网线数、加网角度和网点形状等参数，通过单色梯尺也可以测量网点面积、网点扩大程度和印刷密度。

（二）相关知识

网目调分色加网原理。

1. 网目调分色原理

电子分色机和彩色桌面系统都是采用扫描分色方式，即将照明光用透镜汇聚成一个极小的光点照射到原稿上，用光电器件将色光转换为电信号，构成扫描图像的像素。扫描光点逐行由原稿的一端扫到另一端，逐个读取每个像素数据，得到RGB数据，经分色后得到原稿上每个像素点所对应的油墨数据。

图3-1-1是通过扫描仪进行颜色分解的示意图。原稿上各种颜色经光源照射后反射或透射出不同波长的色光，经过红、绿、蓝滤色片后，有些光被吸收，有些光透过滤色片照射到扫描仪的光电接收器上，被光电接收器转换为红、绿、蓝电信号。将红、绿、蓝电信号数字化后记录下来就形成了图像的电子文件，这个电子文件就是扫描仪得到的扫描图像，图像的每一个像素对应一组RGB数值，这组RGB数值就是该像素的颜色值。在计算机上打开这个电子文件，按文件中的RGB数值显示到显示器上，显示器上红、绿、蓝荧光粉所发出的光经过加色混色就形成了原稿的颜色。如果将电子文件中的RGB数值进行分色，不同的RGB数值就组成了不同的CMYK值，这就是分色片和印版上的网点百分比。这就是颜色分解和转换为油墨数据的过程。

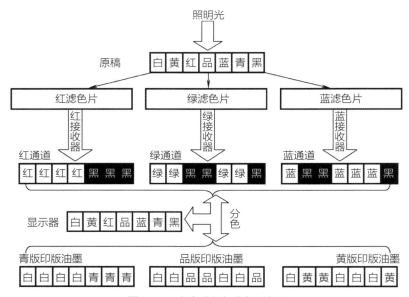

图3-1-1　颜色分解与分色示意图

2．调幅网点的特性

调幅加网有三个重要的参数：加网线数、加网角度和网点形状，称为加网的三要素。

（1）加网线数　　加网线数也称为网目线数，是指在网点排列距离最近的方向上，单位长度内网点中心连线上所排列的网点个数。衡量加网线数的单位是线/英寸，用lpi表示，或者是线/厘米，用lpc表示，二者的换算关系为1lpi=2.54lpc。

印刷品加网线数的高低直接影响图像的目视质量。加网线数越高，单位面积内容纳的网点个数越多，网点尺寸越小，图像细微层次表达越精细，阶调再现性越好；加网线数越低，单位面积内容纳的网点个数越少，网点尺寸越大图像细微层次表达越粗糙，阶调再现性越差，如图3-1-2所示。图中从左到右，图像的加网线数依次降低，目视效果逐渐变差，由此可以看出不同加网线数对图像再现清晰度的影响。

当然，加网线数是由复制精度的要求、印刷品的用途及观察距离、承印材料的性能、印刷机的精度等多个因素决定的。网版印刷的加网线数一般小于80lpi。

（2）加网角度　加网角度也称网线角度，是指相邻网点在距离最短的连线与水平基准线的夹角。如图3-1-3所示。采用加网角度的目的有两个：一是使各个颜色的网点不重合在一起，而是错开一个小距离，形成有叠印、有并列的形式，可以充分发挥出各原色油墨的效果；二是为了避免出现印刷龟纹。

图3-1-2　不同加网线数对图像清晰度的影响

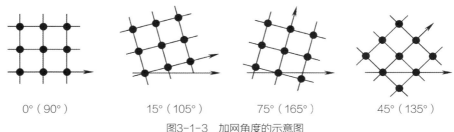

| 0°（90°） | 15°（105°） | 75°（165°） | 45°（135°） |

图3-1-3　加网角度的示意图

因为调幅网点是有规则、周期性分布的，根据光的干涉和衍射原理，两光波重叠时组合成新光波，呈现光波的衍射，所以调幅加网技术在一定情况下会产生龟纹。在光学中，当两个空间周期相差较小的图纹重叠时，会相互干涉，出现一种具有更大空间周期的图纹，我们称莫尔条纹，也就是我们印刷行业中所说的龟纹。如图3-1-4所示。所生成的莫尔条纹的周期（间距）大小与两个因素有关：一是两空间周期之差，周期差值越小，莫尔条纹间距越大；二是两空间周期夹角，当周期相同时，周期间夹角越小，莫尔条纹间距越大。

龟纹指由于各色版所用网点角度安排不当等原因，印刷图像出现不应有的花纹。

龟纹的产生，是两个以上空间周期相差较小的图纹重叠时相互干涉的结果。龟纹的大小，与两个图纹的空间周期差及夹角有关，周期差越大，龟纹越小，反之则大。

网目调印刷品是由有规律的网点排列组成的，这是出现龟纹的第一位的原因。并不仅限于网点，所有规则排列的图案，如果两个以上重叠的话，都会发生互相干涉而时常出现一种不甚清楚的图案。如图3-1-4所示，具有一定间隔的平行线A和另一组具有一定间隔的平行线B重合，出现一个图案不甚清楚的平行线组C。

同样，彩色印刷品是由四色或四色以上色版套印，由于各色版上的网点都是周期性排列的，相互叠加必然产生莫尔条纹，印刷中称之为龟纹。如图3-1-5所示。可以说龟纹是莫尔条纹在印刷品上的体现，龟纹影响图像的视觉效果，使图像变得粗糙。

（3）网点形状　指50%网点的形状。常用的网点形状有方形、圆形、椭圆形、菱形、链形等。在印刷中，不同的网点形状对印刷图像的阶调层次有不同的影响。

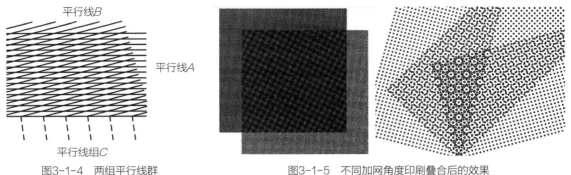

图3-1-4 两组平行线群　　　　　图3-1-5 不同加网角度印刷叠合后的效果

① 印刷网点的变化规律。

a. 印刷网点增大的必然性。在印刷过程中，网点由于受到机械挤压、油墨的流体扩展以及纸张的双重反射效应，如图3-1-6所示，会造成承印物上网点面积比印版上相应部分的网点面积有所增大，这种适当的增大属正常现象，但一定要控制在允许范围内，并进行数据化管理。

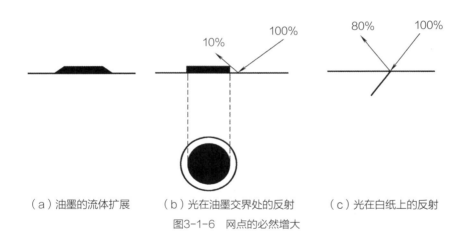

（a）油墨的流体扩展　　　（b）光在油墨交界处的反射　　　（c）光在白纸上的反射

图3-1-6 网点的必然增大

纸张的双重反射效应会造成网点增大，当白光照射到白纸上，由于纸张纤维的吸收作用，只能反射80%的光。光通过油墨层是减色反射，如青墨可反射蓝光、绿光，吸收红光。在油墨交界处，白光照射后仅能反射入射光的10%，人眼看上去印刷网点周围仿佛有印迹，而产生网点增大4%～10%的感觉。

b. 网点面积增大与网点边缘长度成正比。

② 不同形状网点与阶调再现。由于50%方形网点的周长最大，在印刷过程中，如果墨量稍有一点变化，在此处网点的增大比其他网点百分比的网点增大许多。也就是说，若采用方形网点，则在图像的阶调层次中的中间部位上，由于网点的搭接会造成密度的突然上升，因而破坏了阶调曲线的连续性，造成某阶调区域的层次损失。例如，肤色恰好处于黄、品红版的中间调，由于网点的突然扩大造成阶调极其生硬，缺乏细微层次变化。方形、圆形、链形网点的搭接状况，以及由此引起的密度跳升，可见表3-1-1。

表3-1-1 不同形状网点搭接部位、图形与密度跳升

点形	搭接部位	搭接图形	密度跳升
方形	50%		
圆形	约70%		
链形	约40%和60%		

（4）网点大小 网点大小是指一个网点在单位总面积里所占的比例，是用调幅加网技术控制印刷阶调的手段，通常以"成"表示，每一成代表10%的网点。如一个网点面积占单位总面积的30%，则称为三成，占单位面积的10%则为一成，依次类推，一般把网点面积比例的大小分成10个阶层。一般连续调图像的暗调部分网点百分比的范围为70%~90%；中间调部分网点变化范围为40%~60%；亮调部分网点变化范围为10%~30%。特殊的100%网点区域称为实地，0网点区域称为绝网。另外，识别网点的成数也有阴阳之分，因此判断网点大小首先要分辨观察对象是阴图网点还是阳图网点。对阴图网点图像要看透明点的大小判定成数，对阳图网点图像要看黑点的大小判定其成数，大于50%的网点用相反的方法来判断。

印刷网点可以使用放大镜进行目测。目测法是观察相邻两个网点之间的间距大小来判断网点成数的方法。如图3-1-7所示，对于阳图来说，如果两个网点之间可以容纳三个等大网点，则可以判断其为一成网点，图3-1-7（a）所示；如果两个网点之间可以容纳1.5个等大网点，则为三成网点，如图3-1-7（b）所示；如果两个反像网点之间可容纳两个等大反像网点，则为八成网点；其他依此类推，各网点成数的判断关系如表3-1-2所示。

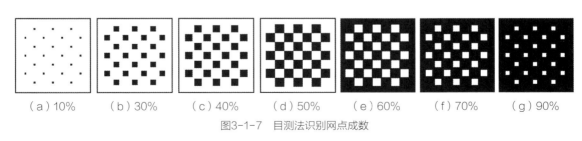

| （a）10% | （b）30% | （c）40% | （d）50% | （e）60% | （f）70% | （g）90% |

图3-1-7 目测法识别网点成数

表3-1-2 目测法判断网点成数

网点成数	1	2	3	4	5	6	7	8	9
相邻网点之间可容纳等大网点（或白点）的个数	3	2	$1\frac{1}{2}$	$1\frac{1}{4}$	1	$1\frac{1}{4}$	$1\frac{1}{2}$	2	3

3. 计算机处理图像的特点

（1）图像由许多组成图像的基本单元像素按行和列排列而成，每一个像素都可以具有特定的颜色，因此图像中颜色的变化和层次的变化非常丰富。

（2）组成图像的像素数多少决定了图像中包含信息量的大小，通常用单位长度内包含的像素数来表示图像中信息量的大小，用每英寸的像素数（dpi）或每厘米的像素数（dpc）表示，称为图像的分辨率。对于数字图像来说，图像的分辨率直接关系到图像的清晰度和质量。例如同一幅原稿，分别用150dpi和300dpi的分辨率来扫描，后者的精度要比前者高一倍，即后者提取两个像素前者才提取一个，后者比前者从原稿中提取了更多的信息，所组成的图像就更精细；反过来说，在扫描时前者比后者丢失了更多的信息，采样不精细，因此比后者的图像质量相对要差。

（3）图像中包含的像素越多，在保证相同印刷质量的前提下，所能够印刷的图像尺寸就越大。在相同像素数量的条件下，印刷的尺寸越大，相当于印刷图像的分辨率被降低，因为尺寸变大，像素数没有增加，单位长度内的像素数少了，因此印刷图像的质量就会变差。因为印刷加网线数与图像分辨率有如下关系（正常情况下质量系数=2.0）：

$$图像分辨率（dpi）=印刷的加网线数（lpi）\times 质量系数$$

因此，一旦图像分辨率确定后，不能随意改变图像的尺寸，否则会影响印刷品的质量。

（4）在计算机中进行图像处理时，图像处理软件可以对图像中的每一个像素进行处理，因此计算量非常大。而且图像的尺寸越大、分辨率越高，图像文件就会越大，处理的速度也会越慢。例如分别用150dpi和300dpi分辨率扫描同一幅原稿，后者的图像文件大小是前者的4倍，因而图像处理时的计算量也会大4倍，速度会相应变慢。因此在制作过程中要尽量使用小图像，并且使用组版软件来组合版面元素，避免用图像方式制作整个版面，这样可以加快制作和处理的速度，也有利于提高文字的印刷质量。

（5）图像分为二值图像、灰度图像和彩色图像三种颜色模式，这三种模式可以在图像处理软件中相互转换。二值图像是没有图像层次的线条图（如图3-1-8所示），与图形软件绘制的线条图效果类似，但是由像素点阵形成而不是由曲线形成的，适合制作公司标志、图标等无层次变化的对象。灰度图像是单色有层次变化的图像（如图3-1-9所示），如黑白照片，适合制作单色（但不限于黑白）的图像。彩色图像常用的有RGB和CMYK模式，一般数码相机拍摄的图片、扫描仪扫描的图像都是RGB模式的，在图像处理软件中也应该尽量使用RGB模式图像进行处理，因为RGB图像文件相对CMYK图像文件小，处理速度相对快一些。但RGB图像不能直接输出印刷，输出前必须转换为与印刷油墨颜色相

图3-1-8 黑白线条图像　　　　图3-1-9 灰度图像

对应的CMYK模式。CMYK模式的颜色对应印刷的油墨颜色，其数值代表了印刷的网点百分比。因此所有图像在输出前都要转换为CMYK模式，这个颜色转换操作称为分色。

在描述一幅图像或评价图像质量的时候，我们通常会从图像颜色、层次和清晰度三个方面入手。而在彩色图像的复制过程中，图像的颜色、阶调层次和清晰度的再现和还原也是保证印刷品质量的三大要素。

（三）注意事项

并不是加网线数越高就越好，要取决于印刷材料和方法。加网线数过高，印刷时会出现层次的并级，使图像中的层次丢失，就是印刷中常说的糊版。

二、检查制作、输出底片设备的备用状态

学习目标	了解制作、输出底片的相关设备的性能和使用方法，掌握检查制作、输出底片设备的技能。

（一）操作步骤

（1）检查计算机的状态和相关应用软件的情况。打开计算机，正常情况下可以进入操作系统（Windows或MAC OS），如果出现异常，根据计算机提示分析故障的原因。

（2）如果计算机不能正常启动，分析可能的原因，回忆上一次正常使用的情况和关机时的情况。故障的原因非常复杂，可能的原因有：a.密码错误；b.受计算机病毒的感染，使用杀毒软件杀毒；c.操作系统软件损坏，请系统维护员用维护工具软件修复，或直接重新安装操作系统；d.计算机硬件出现故障，如供电系统造成的断电、计算机硬盘的损坏等。此时需要判断故障的部位，送修理部维修。

（3）检查各应用软件的工作状态，是否能够正常打开，功能是否正常。应用软件工作不正常的原因可能是软件被损坏，也有可能是由于操作系统故障引起。如果重新安装应用软件后仍然不正常，可以判断是由操作系统引起的。

（4）检查各外部设备是否正常，常用的设备有：扫描仪、打印机（激光打印机、喷墨打印机等）、照排机等。各种设备都必须有相应软件的支持，有些故障可能是软件故障，不一定都是设备的硬件故障。因此，一般应该分析故障现象，首先从排除软件故障入手。

（二）相关知识

1. 底片制作、输出设备的类型

底片制作设备包括输入设备、制作设备、输出设备和有关的辅助设备，如网络、移动硬盘等。

（1）输入设备　输入设备包括扫描仪、数码相机等设备，其中扫描仪是目前最主要的输入设备，用于将原稿图像输入到计算机中。扫描仪分为平台式扫描仪和滚筒式扫描仪两类。

① 平台式扫描仪。平台式扫描仪是目前使用最多、最常用的扫描仪类型。虽然从外型上看，平台式扫描仪的整体感觉十分简洁、紧凑，但其内部结构却相当复杂，不仅有复杂的电子线路控制，而且还包含精密的光学成像器件，以及设计精巧的机械传动装置。它们的巧妙结合构成了扫描仪独特的工作方式。

图3-1-10所示为典型的平台式扫描仪的结构示意图，平台式扫描仪主要由上盖、原稿台、光学成像部分、光电转换部分、机械传动部分等组成。与滚筒式扫描仪最大的不同是，平台式扫描仪使用的光电转换器件是电荷耦合器件（CCD）而不是光电倍增管，扫描方式是逐行扫描而不是逐点扫描。

平台式扫描仪对图像画面进行扫描时，扫描光源的光被会聚成一条光带，照亮原稿的一行，产生的反射光（反射稿）或透射光（透射稿）经过光学系统进入线阵CCD。线阵CCD每次接收原稿图像的一行信息，CCD上的每一个光电转换单元对应一行上的一个采样点，形成扫描图像的一个像素。扫描完一行信息以后，机械传动机构在控制电路的控制下，通过步进电机带动驱动皮带，驱动光学系统和CCD扫描装置在传动导轨上与待扫原稿做相对平行移动，移动一个扫描行的距离，进行下一行的扫描。不断重复这个过程，直至将待扫图像原稿一条线一条线的扫入，最终完成全部原稿图像的扫描。

② 滚筒式扫描仪。滚筒式扫描仪是一种高档专业输入设备，主要用于要求精度高的原稿输入。滚筒式扫描仪主要由扫描滚筒、照明系统、光学采集系统、数据转换及计算机接口几部分组成，其外形如图3-1-11所示。

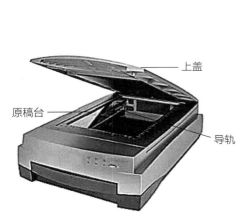

图3-1-10　平台式扫描仪示意图　　　图3-1-11　DC3000系列滚筒式扫描仪外形图

使用滚筒式扫描仪扫描前，原稿必须用胶带固定在扫描滚筒上。扫描时，原稿随滚筒一起高速转动，光学采集系统相对于扫描方向固定不动。照明系统将照明光会聚于原稿上的一点。光学采集系统聚焦于原稿上的照明点，将该点接收的透射光或反射光转换为电信号，传输给计算机。扫描时，滚筒每转一周，光学系统就沿旋转的圆周采集原稿上的一行信息，同时光学系统也必须沿滚筒轴向移动一个扫描行的距离，调整到下一个扫描行的位量，为采集下一行的信息做准备。

滚筒式扫描仪的基本原理如图3-1-12所示，框中是扫描接收头的示意图。滚筒式扫描仪一般由3～4支光电倍增管组成接收器，从原稿上接收的光线由分光镜分解成三路，由红、绿、蓝三种颜色的滤色片分解成红、绿、蓝三个波段的光信号，对应着原稿上的红、绿、蓝信息，分别由三个光电倍增管接收并转换为电信号，这三路电信号就对应着红、绿、蓝三个通道的图像信号。原稿上红色区域接收的光中，红光比较强，分解后接收的红色信号也强。同理，其他不同颜色区域分解的颜色信号会形成不同的红、绿、蓝信号，这样就构成了彩色的图像。

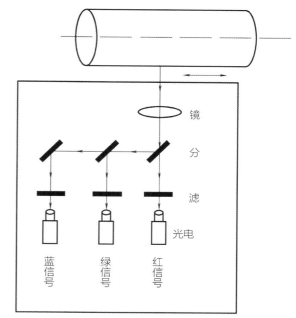

图3-1-12　滚筒式扫描仪的信号转换原理示意图

（2）制作设备　制作设备由计算机硬件和软件组成。印刷行业常用的计算机有苹果计算机和PC机两种机型。苹果计算机是最早支持印刷应用软件的机型，由于其操作简单、人性化设计、性能稳定，深受用户的欢迎，大部分专业的和大型的制版公司及广告公司都主要使用苹果计算机，但苹果计算机的价格略高一些。PC机是目前最流行的机种，普及率高，软件丰富，所有专业制版软件都有PC机版本，硬件价格便宜，很多制版公司都在使用。

印刷行业使用的制版软件主要有Photoshop图像处理软件，Illustrator、Freehand、CorelDRAW图形处理软件，QuarkExpress，InDesign组版软件。有些软件之间的功能有重叠，因此一般都是侧重使用某些软件。

（3）输出设备　输出设备的功能是将计算机中制作的页面记录在纸张和胶片上。输出设备主要有激光打印机、喷墨打印机和照排机。从使用方式上看，无论是打印机还是照排机，都是计算机的输出设备，在计算机上的操作基本相同，只要选择了相应的设备名称和驱动程序，其他的操作就基本一样了。

对于输出设备状态的检查主要包括：

①设备连接是否正确，包括电源和数据线。

②是否有足够的输出介质：墨与墨粉（打印机），纸张或胶片数量。

③输出质量：颜色的准确或墨色浓度（打印机），记录网点的准确性（线性化）和输出实地密度。

2. 底片制作、输出设备的使用方法

根据具体活件的要求不同，各种底片的制作方法和操作步骤也很不相同，这里只能列出一般的操作流程，很多操作都需要大量的实践和练习。

底片制作的流程大致可以分为如下9个步骤：

（1）工艺的制定　在接到一个制作任务后，不要急于下手，应该首先对照生产通知单，

分析一下需要制作的内容、特点、难点、需要使用的输入输出设备、制作的软件等，了解该活件的印刷方式、印刷条件和使用要求，以便确定制作的路线。工艺制定的正确与否，直接关系到活件的制作质量和效率，甚至还会导致废品和返工，所以应该足够重视。工艺的制定与所使用的设备条件、对软件的操作熟练程度和制作经验关系非常大，对于熟练和有经验的制作人员来说，制定工艺路线可能是瞬间完成的工作，并不需要很长时间，但是应该认真对待，养成良好的工作习惯。

（2）原稿的输入 通常制作的第一步为原稿的输入。原稿可能是图像稿，如照片、画稿，也可能是文字稿，此时需要将文字录入。对于文字数量很少的情况，文字的录入可以放到排版步骤中，与排版一同完成。

对于图像原稿，一般要使用扫描仪输入，这就需要按扫描仪的操作步骤进行。首先根据活件的类型确定扫描图的类型，对于线条图和单色的图标，可以使用二值图或灰度图模式，单色印刷采用单色扫描，彩色印刷进行彩色图扫描。接下来进行预扫、对预扫图像进行扫描区域的确定、定标、缩放倍率的计算或成品尺寸的确定、分辨率的设置等，有时还要根据情况进行清晰度强调、去网等设置，然后进行正式扫描。

（3）修图 如果有扫描图，一般来说都需要对扫描图像进行修图操作，对扫描图像进行严格的剪裁、修理原稿中的缺陷或扫描时的缺陷，如果扫描原稿不正，还要进行适当的旋转。将图像修整完毕，要按要求为图像文件命名存盘，将文件移交给制作人员。

（4）图像的制作 有时会需要对图像进行特殊效果的处理，如图片的拼接、合成、阶调和颜色的调整、创意设计等，这一步有时是制版中最复杂和费时的操作。

（5）分色 通常扫描图像都是RGB模式图像，要印刷该图像必须首先将其转换为CMYK图像，这一步骤称为分色。尽管在输出胶片时可以通过栅格处理器（RIP）进行分色，但在图像处理时进行分色可以在显示器上直观地看到分色的效果，要是分色效果不满意，还有修改的机会，而在RIP中分色是看不到的，万一分色不准确也看不到，容易造成错误。因此，目前流行的制作工艺还都要在图像处理软件中进行分色。

（6）绘图与组版 将扫描图像处理完成后，还要进行组版。组版的作用是将页面中的多个图像按位置要求组合在一个页面中，同时在页面中制作需要的文字和其他装饰图形。如果所制作的装饰图形比较复杂，可以事先用图形处理软件绘制，然后再在组版软件中组版。如果所制作的页面中文字不是很多，也可以在图形处理软件中进行组版和文字的输入，这样可能效率更高。如果页面中的文字较多，并且在原稿输入步骤中已经将文字录入成文件，最好使用组版软件进行组版，因为组版软件处理文字的效率更高，用图形处理软件有时不能很好地对文字进行排版，此时就要求将页面中的装饰图形用图形处理软件单独绘制。归纳起来，绘图和组版的情况有以下三种。

① 以文字为主的情况

使用组版软件，如QuarkExpress、InDesign和方正飞腾等软件。文字可以事先录入为一个文本文件，在组版软件中置入。页面中的简单图形可以在组版软件中绘制，如矩形、圆形和典型的多边形。组版软件不能绘制的复杂图形要在图形处理软件中单独绘制，保存为EPS格式后置入到组版软件中。

② 文字很少，需要绘制复杂图形的情况

使用图形处理软件，如Illustrator、Freehand、CorelDRAW和方正飞腾等软件。图形绘制、文字录入和组版工作都可以在图形处理软件中完成。

③ 文字不多，无复杂图形的情况

可以任选组版软件或图形处理软件，效果基本相同，可以根据实际情况和使用习惯决定。

（7）检查和打样　页面制作好以后，必须仔细检查页面的内容，对比版式要求和通知单的要求检查。检查无误后还要进行打样，交客户签字认可。打样的方法可以是传统打样，也可以用数字方式打样。对于丝网印刷来说，传统打样要实际晒版和印刷，这样比较费工费时，而使用数码打样方法必须进行色彩管理才能保证颜色的准确。

如果检查有问题，或者客户提出修改建议，则要根据实际情况返回到前面相应的制作工序进行修改，甚至从头开始返工。

（8）输出　制作完成、检查无误以后就可以输出底片了。底片的输出方法要根据制作内容、精度要求等情况选择。对于彩色版面、网目调图像和精度要求离的版面，要使用照排机输出才能保证输出的质量，如果版面是简单的图形，精度要求不高，则可以考虑使用激光打印机输出硫酸纸或打印胶片。

页面的输出要在最终组版（或图形处理）的软件内进行。页面输出使用打印命令，所有软件的打印命令都在文件菜单中，但不同的软件或使用不同的打印机或照排机，打印界面和设置界面不尽相同，但都有一些相同的内容。输出的基本步骤为：

① 选择打印命令。

② 在打印对话框中选择打印机或照排机型号［图3-1-13（a）］。

③ 在纸张设置对话框中输入纸张或介质的尺寸，对于彩色页面还要选择输出套印标记和裁切标记，以便于版面的套印和裁切。

④ 在颜色设置对话框中选择输出的颜色，如果是彩色页面，要选择分色，并注意所输出的颜色是否正确。

⑤ 设置加网线数和加网角度，选择网点形状［图3-1-13（b）］。

（a）设置打印机　　　　　　　　　　　　　　（b）设置分色输出

图3-1-13　CorelDRAW的分色打印设置

⑥ 设置完成后，要检查一遍，最后点击打印按钮。

（9）检查分色胶片质量　对输出的胶片要进行质量检查，如果不符合质量要求或出现错误，则需要找出原因，进行修正，重新出片。

主要检查内容包括：

① 输出是否正确，是否有丢失页面内容的问题，如缺字、错字、错位、页面中图像或图形元素的尺寸或位置是否正确等。

② 胶片输出尺寸是否正确，分色片数量是否对，裁切线和页面标记是否齐全，注意是否有专色版。

③ 胶片的密度是否达到晒版的要求，梯尺的网点是否准确。

④ 阴、阳图，药膜面是否正确。

将制作底片的操作的基本流程总结如图3-1-14所示。

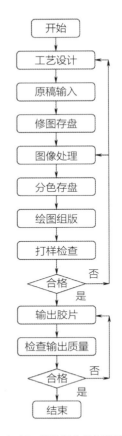

图3-1-14　底片制作的操作流程图

（三）注意事项

计算机和相应的输入输出设备都属于高精度、高复杂度的设备，设备的维护和检修需要有一定的专业知识，一般由专业人员维修。因此，对于疑难的设备故障，如果没有把握，不要轻易拆开机器，应该请专业的技术人员维修。

第二节　制作底片

一、制作多色网目调底片

学习目标　了解感光胶片的性能和使用方法，掌握制作彩色网目调底片的技能。

（一）操作步骤

制作多色网目调底片的步骤：

（1）仔细阅读生产通知单，清楚版面的要求、颜色数和种类，按照上一节介绍的底片制作一般流程方法设计制作工艺。

（2）按照上一节介绍的底片制作一般流程方法按步骤操作。

（3）打样。将制作的页面输出并打样，交客户确认，如果有问题要进行修改。

（4）输出底片。多色网目调底片要使用照排机输出胶片。输出方法同上一节介绍的方法。

（二）相关知识

感光胶片的种类、性能及使用方法。

感光胶片是通过光学方法记录信息的材料，是印刷行业使用广泛的制版材料。根据设备的不同，设备所用光源的不同，所使用的感光材料也有很大的差别。通常，感光材料有银盐感光材料和非银盐感光材料两大类，而印刷制版使用的感光胶片基本都是银盐感光材料，因而在冲洗感光胶片的定影液中含有银离子，可以从用过的定影液中回收银。感光胶片最主要的参数有：

1. 感光的光谱范围

感光的光谱范围决定了曝光光源的光谱范围，也决定了胶片适用的机器类型。

通常，用于照相制版和拷贝的感光胶片多为全色片，即对整个可见光范围的光都敏感，都可以曝光，因而照相制版和拷贝机使用的光源大多是光谱范围很宽的光源，以便于提高曝光效率；用于电分机和激光照排机的激光感光胶片为感光波段比较窄的专用胶片，这类胶片大多是根据所用激光器波长而专门设计的胶片。根据激光器发光波段，这类胶片一般有蓝光胶片（用于氩离子激光器）、红光胶片（用于氦氖激光器和红光半导体激光器）和红外胶片（用于红外半导体激光器）。

在使用不同感光波长的胶片时，必须在不同颜色的安全灯下操作，也就是要在胶片不感光的光源下操作。一般使用全色片要在全暗室或暗红光下操作；使用蓝光胶片可以在红色安全灯下操作；使用红光胶片要在全暗室下操作；红外胶片可以在绿色安全灯下操作。通常，照排胶片都有安全的包装和引导片，在更换胶片时都可以在明室中操作，只有在出现故障时才需要在暗室中操作。

目前照排机用得最多的胶片为红光胶片。因此在购买感光胶片时，必须要了解清楚胶片的感光范围和适用机器类型。

2. 胶片的感光硬度（γ值）

胶片的感光硬度表示的是感光密度与曝光的光强关系，如图3-1-15所示。胶片的感光硬度越高，则胶片感光后的密度随感光量的变化越快，即γ值越大，感光胶片上的密度过渡越快。由于任何一个曝光的单元边缘总有一个光强的过渡，胶片的感光硬度就决定了边缘过渡的性质。如图3-1-16所示，中心的黑点是希望曝光的光点，但由于曝光点边缘的光强有一个强度渐变，使曝光点边缘出现一个光晕。在记录比较小的网点时，这个光晕对曝光质量就会有影响，使网点之间呈现一定的密度值，降低了黑白之间的对比度。感光硬度低的胶片，在曝光点边缘会出现较大的光晕，硬度高的胶片光晕就小。硬度低的胶片适合制作密度渐变均匀的图像，如连续调图像的照相和制版；硬度高的胶片适合制作网目调加网的图像，如照排机使用的感光胶片和拷贝网目调图像的胶片。

除了对胶片的感光硬度有一定要求以外，在使用中还希望胶片感光的密度值随感光量是线性的关系，即图3-1-15中的感光曲线要有一段是接近直线，这样在实际使用中才好控制整个阶调的曝光，得到好的阶调复制曲线。

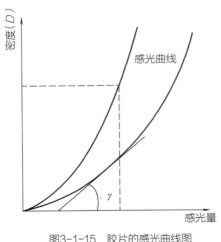

图3-1-15　胶片的感光曲线图

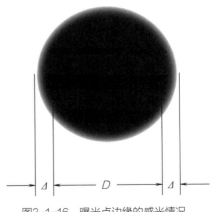

图3-1-16　曝光点边缘的感光情况

3．胶片的感光度

感光度表明胶片对光的敏感程度，决定了曝光量的大小，即决定了曝光光源的发光强度和曝光时间长度。胶片的感光度用所需要的曝光能量来表示，一般照排胶片的感光度为几十微焦耳，拷贝胶片感光度略低一些。

4．胶片的灰雾度和最大密度

胶片的灰雾度表示胶片片基的密度大小，一般希望片基的密度越小越好，实际的片基密度大约为0.1D。

胶片的最大密度指胶片感光层能达到的最大密度值。一般晒版要求胶片的实地黑密度值能够达到3.5D左右，越高越好。但是，最大密度仅仅是对胶片要求的一个方面，还应该具有良好的线性关系，以保证阶调复制的准确性。如果密度值很高，但阶调复制的线性不好，就需要降低最大密度以保证阶调的复制。这对于制作网目调图像非常重要，对照排机进行线性化调整的目的就是要实现这个目的。此外胶片的密度值高，意味着曝光强度要大，需要曝光光源提供更多的能量，这对于节能和设备的使用寿命都有影响。所以，明智的做法是在保证晒版质量要求的密度值下，尽量采用较低的曝光量。

（三）注意事项

（1）并不是加网线数越高就越好，这取决于印刷材料和方法。加网线数过高，印刷时会出现层次的并级，使图像中的层次丢失，就是印刷中常说的糊版。

（2）制作彩色网目调图像时，底片的实地密度至少应该达到3.5D左右才能保证晒版时网点不丢失。

（3）注意各色版的加网角度，如出现龟纹，就需要适当调整加网角度。

（4）拷贝或照排胶片的实地密度不仅仅取决于胶片本身的感光度和曝光量，还取决于显影的条件，是二者综合的结果。因此如果胶片密度不够，要从曝光量和显影条件两方面排查原因。

二、翻拍网目调底片

了解图像加网工艺，掌握翻拍网目调底片的技能。

（一）操作步骤

翻拍网目调底片的步骤：

（1）打开拷贝机，检查拷贝机的状态。打开显影机并预热，检查显影机的温度是否达到冲洗条件，只有达到要求温度后方可使用。

（2）按需要尺寸裁切感光胶片，安放待拷贝的原稿和感光胶片，注意相对的尺寸和位置。

（3）设置曝光光强和曝光时间，如果带有吸气功能，则需要设置抽真空气压和吸气时间。如果不能确定各参数，则需要用测试条进行曝光量的测试。

（4）曝光。

（5）显影。

（6）检查拷贝片的质量，包括实地密度是否足够，网点是否准确，胶片上是否有缺陷，是否需要修版等。

（二）相关知识

采用彩色桌面系统时，印刷图像的加网主要由输出胶片时的栅格图像处理器（RIP）完成，操作人员可干预的内容并不多。但是，在制作中必须要考虑印刷的条件以及与该印刷条件相匹配的阶调复制条件，尤其在图像处理时要进行控制和设置。一般对网目调图像处理应该注意如下问题：

1. 控制图像的阶调范围

不同的印刷方法和条件，能够复制的图像阶调范围不同，所以在印前图像处理时要清楚地知道印刷的条件，如印刷方式、印刷承印物、加网线数、印刷品使用条件等。不同印刷方式和承印物对阶调复制的范围有很大差别，相同印刷方式和承印物、不同加网线数能够复制的阶调范围也有差别。

一般来说，印刷精度越高，承印物的印刷适性越好，就能够印刷出越大的阶调范围，反之则越小。对于网版印刷，受印刷方式和丝网的影响，印刷墨层较厚，印刷时的网点扩大和网点丢失较严重，因此不能复制出很小的网点，暗调部分容易并级，所以高光部分控制在10%～15%，小于这个数值的区域设为绝网；暗调部分控制在85%～90%，高于这个阶调值的区域设为实地。这样设置后可以有效地提高中间调的层次，减少图像层次的丢失。调整的方法是在Photoshop中，选择图像→调整→曲线命令，或选择图像→调整→色阶命令，在曲线调整或色阶对话框中进行高光和暗调的设置，如图3-1-17所示。

图3-1-17（a）是曲线调整对话框，在对话框中显示出调整前的阶调曲线（45°直线），横坐标为输入值（调整前的阶调值），纵坐标为调整后的阶调值。对于CMYK模式、RGB模

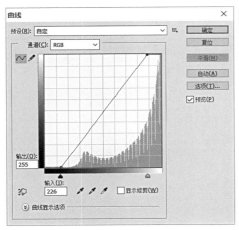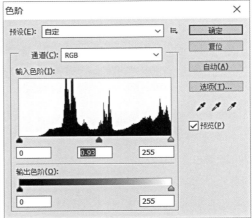

（a）曲线调整　　　　　　　　　　　　　　　（b）色阶调整

图3-1-17　Photoshop的调整功能

式和灰度模式图像，高光暗调对应数值不同，CMYK模式时暗调对应100，RGB和灰度模式暗调对应0。可以点击曲线下灰度条中间的箭头来切换高光暗调的方向。用鼠标拖住左下角的直线端点（高光点）向右移动，观察下面输入和输出数值的变化，直至输入值为10～15（根据需要确定），输出值为0时为止。用同样的方法拖拽右上角的端点（暗调黑点），直至暗调的输入值为85～90（根据需要确定），输出值为100时为止。在调整时可以看到图像的阶调和颜色随着调整而变化，此时如果将鼠标放到图像的某个位置，在信息面板中会显示调整前和调整后的阶调（颜色）数值。如果还需要调整中间调，还可以用鼠标拖拽直线的中间位置，将图像提亮或减暗。调整完毕点击确定键结束。

如果所调整图像的模式是RGB或灰度模式，则高光和暗调的方向与上述方向相反，左面是暗调（RGB数值小为暗调），右边是高光（RGB数值大为亮调），而阶调的变化范围为0～255，因此按上述方法调整时的数值应该乘以2.55，即10%对应25.5，90%对应229.5，其他的调整方法一样。

图3-1-17（b）是色阶调整对话框，在对话框中显示出图像色阶的直方图，即图像像素的颜色或阶调分布图。横坐标为阶调数值，纵坐标为对应该阶调的像素数量。直方图上方是输入值（调整前的阶调值），下方是输出值（调整后的阶调值），阶调值的变化范围为0～255。在各种图像颜色模式下，0都对应于暗调，255对应于高光，如直方图下面的灰梯尺所示。可以用鼠标拖拽暗调的黑三角向右移动，直至输入值从0改变为26～38（根据需要确定），对应10%～15%网点的区域；拖拽右边的白三角向左，直至输入值从255变为217～225（根据需要确定），对应85%～90%网点的区域。也可以直接在上面的高光和暗调输入数值框中输入以上的数值，直方图中的三角滑块也会随着移动，作用相同。在调整的同时，图像的阶调和颜色也会随着改变。还可以拖拽中间的三角滑块，改变图像中间调的层次。调整完毕，点击确定按钮。

经过这样调整后的图像效果如图3-1-18所示，虽然图像中高光和暗调的层次都有所减少，但图像的中间调清晰，对比度高，仅仅是压缩了阶调范围。图3-1-19是未进行定标但

101

由于印刷的网点丢失和网点扩大得到的结果。图像中高光和暗调由于印刷出现了丢失和并级，而由于中间调层次没有被拉开，图像显得很平，高光不亮，暗调层次丢失，中间调层次少，从鹰的脖子和前胸的黑色羽毛可以看出明显的差别。

应该指出的是，在可能的情况下，图像的定标应该尽量在扫描原稿时进行，在Photoshop中尽量少调整，因为过多的调整会造成图像阶调的损失。如果需要调整，阶调的调整应该尽量在RGB模式下进行，在RGB模式下调整阶调，在转换为CMYK时对阶调还可以有所补偿，而在CMYK模式下进行调整所造成的损失就没有补偿的余地了，因此在CMYK和灰度模式下只应该做少量的颜色和阶调调整，不应该做大幅度的定标和阶调调整。

图3-1-18　经过图像定标后的印刷效果

2. 加网线数的确定

加网线数并不一定越高越好，还根据印刷条件和承印物性质决定。尽管加网线数高可以提高图像的精细程度，但加网线数越高，相应的网点越小，印刷越困难，越容易丢失网点，换句话说，就是能够复制的阶调范围越小。如果本来可以复制10%~90%的阶调范围，由于提高了加网线数，结果只能复制18%~82%的阶调范围，仍然得不到好的复制结果。

图3-1-19　图像没有定标的印刷效果

由于丝网印刷的承印物范围非常广泛，各种承印物的印刷适性差别很大，配合各种承印物所使用的油墨也有很大差别，所以加网线数的多少不能一概而论，要根据实际情况而定。一般来说，丝网印刷的加网线数在30~80lpi。

另一方面，加网线数的高低与印刷品的观察距离有关，观察距离越近，越应该使用较高的加网线数，观察距离远，就没有必要使用高线数加网。例如大幅面广告，观察距离都在数米以外，较粗的加网线数也看不到网点的颗粒，就没有必要高线数加网，更重要的是保证图像的层次，有较高的对比度。

3. 在绘图软件和组版软件中设置的图形颜色不能太浅

颜色太浅会由于网点太小而丢失，造成颜色不准。如果必须浅颜色印刷，则可以考虑使用浅颜色的专色，这样可以避免网目调印刷。另外在绘图软件和组版软件中绘制的图形和线条颜色要考虑尽量不叠印，因为丝网印刷的套印精度不高，细线条会由于套印不准而错位，变成了其他颜色。

（三）注意事项

（1）拷贝操作必须在暗室或在安全灯下操作，不如明室操作方便，所以在操作前要计划好操作步骤，要将所有需要的材料和工具准备好，避免因暗室操作看不见而造成操作失误。

（2）拷贝时要注意原稿片的药膜面（乳剂层），要将原稿的药膜面与感光胶片的药膜面相接触。

三、使用投影放大设备制作成套底片

　了解投影放大制作晒版底片的相关知识，掌握用投影设备制作成套底片的技能。

（一）操作步骤

（1）对照生产通知单的要求和活件的具体情况，制定制作工艺。

（2）计算输出膜版胶片的尺寸和加网参数，以及投影放大的倍率。

（3）用计算机和应用软件制作和设计版面的内容，制作方法参看底片制作步骤。与常规制作方法不同的是，在计算机上制作的各项内容都是印版上所有内容缩小相同倍数的大小，因此所有制作的元素都必须事先按放大倍率计算好。可以采用两种方法制作：

① 按照印版尺寸原大制作，在输出胶片时按比例缩小，由计算机在输出时统一计算缩放倍率。用这种方法制作时，唯一需要计算的是底片中图像的分辨率，可以按照缩小后的尺寸或倍率估算。

② 事先按放大倍率计算出所有版面元素的尺寸，输出胶片按1∶1的比例输出。这种制作方法适合于制作版面中元素数量较少、计算不复杂的情况。

（4）输出膜版胶片。

（5）将膜版胶片安放到投影放大机的原稿架上，按投影放大倍率调整投影放大机，将摄影版架调整到合适的位置，放大倍率可以直接从投影放大机的滑轨刻度上读出。

（6）调整投影机焦距，使投影屏上的像清晰。设置曝光量和曝光时间。

（7）在暗室中将感光胶片药膜面面向镜头安装在投影屏上。

（8）开启光源，打开镜头盖，进行曝光。

（9）曝光完毕，盖上镜头盖，关闭光源。

（10）显影胶片。

（11）定影胶片。

（二）相关知识

投影放大制作底片的原理。

1. 投影放大机

为解决大幅面户外广告底片的制作问题，国内已研制出放大底片的投影放大机，可以实现诸如原稿尺寸为32开以下任意大小，投影放大镜头焦矩为360mm，放大倍率为3～10倍，感光材料采用常规制版胶片，最大幅面达1.6m×3.5m等功能。经投影放大的底片已经达到印刷尺寸，经显影冲洗后，就可与网印膜版密合，晒版、显影、干燥后，即可进行手工或半自

动大幅面广告印刷。

不过，采取这种制网版工艺需要大幅面胶片和进行大幅面网版制作的晒版设备，底片费用高，且不好保存。若采用激光照排进行底片制作，即使能分色出2m×3m大幅面底片，成本也不会太低。

投影放大机主要由投影主机和底片架组成，底片架与主机的距离可调，根据底片的放大比例调整投影距离，如图3-1-20所示。投影主机主要由机座、镜头、原稿架、光源、驱动机构和自动控制系统构成。

投影放大设备的原理就如同是幻灯机，小幅面的阳图胶片就相当于幻灯片。

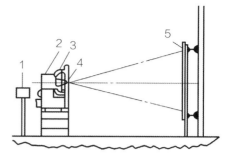

1—控制台；2—灯箱；3—胶片夹；
4—镜头；5—摄影板。
图3-1-20　投影放大机

2．投影放大原理

投影放大是将制作好的小幅面阳图胶片作为原稿，将原稿的图文投影放大到涂有感光胶的大幅面底片上，经适当的曝光和显影后，制成丝网制版用大幅底片。

投影放大机的结构原理也是利用透镜成像原理。

对光的原理按照透镜公式：

$$\frac{1}{f} = \frac{1}{p} + \frac{1}{q}$$

式中　f—透镜的焦距；p—物距，即镜头与原稿的距离；q—像距，即镜头与胶片（感光版）的距离。

变换物距、像距可以得到大小不同的清晰影像，由于原稿尺寸规格不同，对光分为原尺寸对光、放大对光和缩小对光三种。

原尺寸对光：设原稿长为a，影像长为b

则：倍率　　　　　　　　　$$m = \frac{b}{a} = 1$$

根据透镜公式得下列关系：

$$p = q = 2f$$

即可得知：原尺寸对光时物距与像距相等，其数值等于两倍焦距，如图3-1-21所示。

放大或缩小对光：设原稿长为a，影像长为b

则：倍率　　　　$$m = \frac{b}{a} \neq 1$$

按透镜公式及相似三角形各对应边成比例的性质，有下列关系：

$$q = f(1+m)$$

$$p = f\left(1+\frac{1}{m}\right)$$

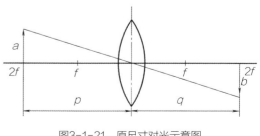

图3-1-21　原尺寸对光示意图

当$m>1$（放大对光）时，则：$q>p$及$q>2f$、$p<2f$

即：像距大于物距，且像距大于两倍焦距，物距小于两倍焦距，如图3-1-22所示。

当$m<1$（缩小对光）时，则：$p>q$及$p>2f$、$q<2f$。

即：物距大于像距，且物距大于两倍焦距，像距小于两倍焦距，如图3-1-23所示。

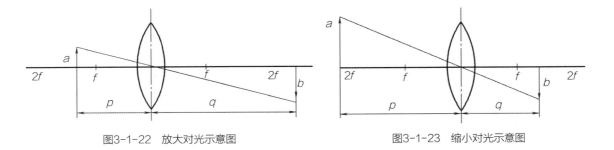

图3-1-22　放大对光示意图　　　　　　　　图3-1-23　缩小对光示意图

（三）注意事项

（1）在计算机上设计制作时一定要注意尺寸的缩放倍率。

（2）因为投影放大机要将膜版胶片的内容放大数倍，因此投影制版的膜版胶片精度一定要高，设计制作的尺寸要准确，任何微小的偏差都会被投影放大数倍乃至数十倍。

（3）由于投影曝光的时间一般较长，因此在曝光期间不能有明显的移动和震动，避免底片的图像模糊。

第二章

膜版的制作

第一节　准备绷网

一、选择多色网目调印刷用丝网和网框

> 学习
> 目标
>
> 学习了解加网线数与丝网目数的关系，掌握选择多色网目调印刷用丝网和网框的技能。

（一）操作步骤

1．选择丝网

（1）计算需要印刷的最小网点，计算公式为：

$$d=1.1284\frac{\sqrt{t}}{L}$$

式中 d—需印的最小网点直径（μm）；t—网点面积百分比；L—加网线数（l/cm）。

例如：需印85l/in（34l/cm）的网点，阶调范围为20%～80%的印品，则

$$d=1.1284\frac{\sqrt{0.2}}{34}$$

经计算得出　　　　　　　　　　　　d=150μm

（2）计算或查表得出能印出最小网点所需的丝网规格，能印的最小网点的直径的计算方法，目前有4种，具体见表3-2-1。

表中的 d_1、d_2、d_3 和 d_4 分别表示4种公式算得的最小网点直径，D 为丝网的丝径，M 为丝网孔径，A_d 为丝网上高光区最小网点的能印面积率。能印面积率是指网点内通孔面积与网点面积的比率，以百分比表示，其值与网点在丝网上的位置有关。

用公式计算有关丝网能印的最小网点直径及其最小能印面积率，并将结果列入表3-2-2中，例如通过对需印的150μm网点直径的比较，可知355S、355T、380S及380T四种丝网都可作为首选对象。

表3-2-1　丝网能印的最小网点的直径公式及举例

计算公式	丝网规格			
	355S 涤纶网		355T 涤纶网	
	$D/\mu m$	$A_d/\%$	$D/\mu m$	$A_d/\%$
$d_1=\sqrt{2}\ (1+DM)\ /M$	146	28	153	22
$d_2=2\ (D+M)$	140	27	140	21
$d_3=2D+M$	102	18	107	13
$d_4=3D$	96	20	111	14

表3-2-2　网目调印刷用丝网的有关参数

目数 / （目 /in ）	孔径 / μm	丝径 / μm	网孔面积率 / %	最小网点直径 / μm	网点最小能印 面积率 /%
305S	40	32	36.6	163	34.4
305T	45	37	30.1	170	28.7
330T	40	37	27.0	161	25.6
355S	38	32	29.5	146	27.4
355T	33	37	22.2	153	22.3
380S	34	32	26.5	140	26.0
380T	30	37	20.1	147	20.8

（3）丝网目数与底片加网线数合理匹配。

丝网目数：底片加网线数常为5∶1～7∶1

（4）将上述所选的丝网与网点部分相叠，观察龟纹情况，选择其中龟纹最少的一种。

（5）采用橙色丝网。

2．选择网框

（1）使用坚固、不变形的金属网框，多采用标准、刚性强的铝制网框。

（2）一套彩色网目调印版的网框尺寸要相同。

建议的网框尺寸如表3-2-3、图3-2-1所示。

表3-2-3　网框尺寸参考

A 幅面 DIN	A 可印刷面积 / mm	B/B1 置墨侧上 / mm	C/C1 网框内 尺寸 /mm	铝截面和壁厚 / mm	不同壁厚的铝 截面 /mm	钢截面和壁厚 / mm
A4	210×300	150/150	510×600			
A3	300×420	150/150	600×720	40/40 2.5～3.0	40/40 2.0～2.5	40/40 1.5
A2	420×590	150/150	720×890			
A1	590×840	160/160	910×1160	40/50 3.0	40/50 3.0～2.0	40/50 2.0
A0	840×1180	180/180	1290×1540	40/60 3.0	40/50 4.5～2.0	

续表

A 幅面 DIN	A 可印刷面积 / mm	B/B1 置墨侧上 / mm	C/C1 网框内尺寸 /mm	铝截面和壁厚 / mm	不同壁厚的铝截面 /mm	钢截面和壁厚 / mm
	1200×1600	200/200	1600×2000		60/40 6.0 ~ 3.0	
	1400×1800	220/220	1840×2240		80/40 6.0 ~ 3.0	
	1600×2100	250/250	2100×2600		100/40 6.4 ~ 3.0	

（二）相关知识

丝网目数与加网线数的关系：

丝网目数、加网线数配比不当会引起龟纹的产生。丝网目数与加网线数之比较高时，龟纹会出现在高光区域，随之比率下降，龟纹将蔓延到各个色调区域。选用5：1目/线匹配，龟纹现象基本不存在。只要比率高于5：1就能获得很好的效果，目前常用比率为5：1～7：1。若低于5：1的应当避免小数点后第一位数为偶数，如5.0、5.2、5.4等，如果能够保证小数点后的十位数和百位数为奇数会更好。比率呈现奇数时可以将纹理分散，使肉眼察觉不到纹理的变化。

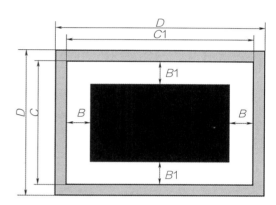

图3-2-1 网框尺寸标示

（三）注意事项

选择丝网的目数较高会影响油墨的通过性。在进行网目调印刷时，在条件允许的情况下应该尽量选择网目数高的丝网，这对提高印刷精度、避免龟纹有利。

二、检验绷网机的性能

> 学习目标　了解网框对网版质量的影响，掌握检验绷网机性能的技能。

（一）操作步骤

检验绷网机性能的步骤：

（1）机械式绷网机，首先检查绷网夹具的形式、杠杆和齿轮齿条运行是否正常。

（2）气动式绷网机，首先检查压缩空气的气源、驱动气缸活塞、网步、推动网夹做纵横方向相对的收缩运动情况，应对丝网产生均匀一致的拉力。

（3）检查组合多夹头、拉网器和必要的配气装置与气源。

（二）相关知识

网框对丝网印版的质量影响：

网框的质量对印版的印刷精度有很大影响。在制版中如果网框质量不好，绷网后表面张力发生变化会引起网框变形，张力不一致。在彩色复制中，丝网的表面张力数据稳定很重要。多色套印叠印，多块印版必须保持张力一致。张力不一致就会套印不准，图文虚混。网框的使用标准要求，绷好网之后网框不变形，在印刷中才能获得高精度的印刷产品。

在通常情况下，印版的表面张力应保持在16～20N/cm。各色印版套印张力允许误差应在0.5N/cm以下。大型印版因有效刮印面积大，选用的网距也相应的要加大。

（三）注意事项

在制作多色网目调网版时，各色版的绷网张力要尽可能一致，这对套印的套准很重要。网目调印刷对套印精度要求很高，各色版张力不一样时，在印刷时会造成由于变形带来的套印误差。

第二节　绷网

一、确定绷网角度

学习目标　通过学习了解绷网角度的选择依据，掌握确定绷网角度的技能。

（一）操作步骤

选择绷网角度的步骤：

（1）将晒版底片置于看版台上面，打开看版台内置灯。

（2）仔细观察底片，有下列情况，必须采用22.5°绷网。

① 有回环的边框线。

② 印刷画面中有多条互相平行的线条。

③ 满版的细小文字。

④ 条形码。

（3）印刷高分辨率的电路板时，由于使用的丝网目数高，绷网角度应选择45°。

（二）相关知识

绷网角度的选择依据：

绷网角度是指丝网的经、纬线（丝）与网框边的夹角。绷网有两种形式，一种是正交绷

网，另一种是斜交绷网。

1. 正交绷网

正交绷网是丝网的经、纬线分别平行和垂直于网框的四个边。即经、纬线与框边呈90°（图3-2-2）。采用正交绷法能够减少丝网浪费。但是，在套色印刷时采用这种形式绷网制版容易出现龟纹。

2. 斜交绷网

采用斜交绷网（图3-2-3）有利于提高印刷质量，所以套色印刷应当采用斜交绷网。对增加透墨量也有一定效果。其不足是丝网浪费较大。

在印刷精度要求比较高的彩色印刷中，有时采用斜交绷网法。绷网角度的选择对印刷质量有直接的影响，绷网角度选择不合适，就会出现龟纹。所以，一般复制品的印刷，常采用的绷网角度是20°～35°。在印刷高分辨力的电路板时，由于使用的丝网目数较高，所以绷网角度选择45°比较合适。当然这种角度的选择要与分色底版的角度相匹配，才能有效地防止龟纹。

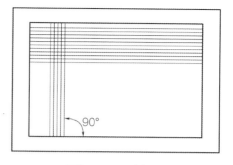

图3-2-2　正交绷网

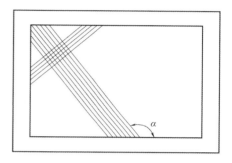

图3-2-3　斜交绷网

（三）注意事项

在绷网中，一般都采用正交绷网，因为斜交绷网浪费网布，高目数精密丝网版才应用斜交绷网。

斜交绷网在分色加网底片的制版中，注意加网角度和绷网角度的关系。两种角度要配合得当，否则会出现龟纹。

二、排除局部张力不匀等故障

学习目标　了解绷网局部张力不匀的原因，掌握排除局部张力不匀等故障的技能。

（一）操作步骤

排除局部张力不匀等故障的步骤：

（1）用张力计检测网版中心和四角的张力值。

（2）发现网版局部张力不匀故障。

（3）分析产生故障的原因（表3-2-4）。

（4）针对产生原因，采取相应措施（表3-2-4）。

表3-2-4　绷网局部张力不匀故障原因及排除

产生原因	排除方法
夹头配置间距不等	调整夹头间距，使其等距离
相对夹头未对正	对边夹头调整对整齐
丝网嵌进绷网夹头不均匀	丝网经纬线与网夹边保持平行
绷网时拉力不均匀	绷网拉力要均匀、平稳
网框有形变	检查网框如有形变需换框

（二）相关知识

1. 绷网局部张力不匀产生的原因和消除的方法

（1）经纬丝线保持垂直　绷好的丝网的经纬丝应尽可能与网框边保持垂直。绷网时一是要正拉，即力向与丝向保持一致。若斜拉会出现类似于图3-2-4那样的丝向不一；二是被网夹夹持着的丝网拉伸时能横向移动，即每根网丝能做垂直于拉力方向的平行移动，见图3-2-5。其中图3-2-5（a）为拉网前的情况，图3-2-5（b）为网夹能横移的拉网，图3-2-5（c）为网夹不能横移的拉网。要保持丝向的完全一致，需要一丝一夹地横移的拉网设备，这在机械上几乎是不可能的事，只能要求丝向变化尽量的小。

（2）网面张力要均匀　整个网版网面上的张力均匀度，即张力在网面上分布的均匀程度，取决于绷网装置和绷网方式，绷网装置的质量水平及丝网丝线性能的均匀程度等。它要求丝网的每根丝线所受的拉力都必须相等，如图3-2-6（a）所示，而且丝网在张力的作用下所发生的拉伸变形都在弹性限度内。要求丝网张力均匀度的最终目的是保证丝网拉伸的均匀性，以保证印版图像的相对稳定性，防止印版图像在印刷时发生形变。如图3-2-6（b），丝网的每根网丝只有具有均匀和一致的性能，才能保证丝网在均匀的张力作用下产生均匀的变形。实际生产中，无论采用什么形式的绷网机，其四角的张力都会大于中央区域。为了使图文部位张力均匀，必须使绷网夹分布的长度短于丝网的边长，这样在四角上就会形成弱力区。在生产中，一次同时绷粘数个网框也可以使绷网张力大体上均匀一致。

（3）防止松弛　绷好的网版，其张力应不变或少变。实际上，人们常会发现时间长久网版会变松或越用越松，存在着张力下降的现象。产生这种现象的原因很多，其中两点与绷网有关，即

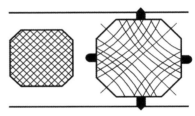

图3-2-4　斜拉网的变形图

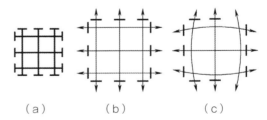

（a）　　　　　（b）　　　　　（c）

图3-2-5　能（否）横移的拉网

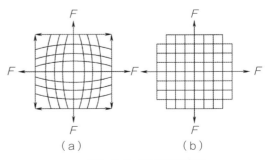

（a）　　　　　　　　（b）

图3-2-6　张力均匀度图

网框变形和丝网的张力松弛。

为减小绷网后的张力衰减，应采取"持续拉网"和"反复拉紧"的绷网方法，使一部分张力松弛于固网前完成。即使是铝制或钢制的网框在绷网拉力下也会产生变形，可以用两种办法避免网框弯曲造成张力的损失。即在绷网的同时，网框预先受力或者绷网之前预先受力。

2. 网框的预应力处理

绷网后由于网框的弯曲变形会对丝网的张力稳定性产生影响，为减小这种影响，可对网框做预应力处理。

（1）根据拱形结构的强度原理，将网框制作成如图3-2-7（a）那样的凸形，其挠度约4mm/m，每个内角略大于90°；或者将已制成的金属框，用特殊工具拉伸成此形，此种预变形处理能抵抗丝网拉力的影响。

（2）在做气动拉网的同时做预应力处理，即拉网器的前端紧顶着框架四周外侧，网框受到顶力的作用而弯曲如图3-2-7（b）所示，而当固定网时，网框受力面虽由外侧移到上面，但受力方向和大小基本一致，因此不再增加弯曲。由于这些优点，气动绷网机成为目前国内外最为流行的绷网设备。

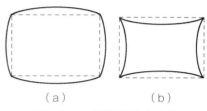

（a）　　　　　　（b）

图3-2-7　网框的预应力处理

（三）注意事项

为获得均匀一致的绷网张力，必须注意以下各点：

（1）网框在拉力为（49~68.6）N时具有稳定不变形的特点。

（2）夹钳数量配置合理，咬口松紧一致，防止丝网拉伸时松动。

（3）张力的设定应根据丝网材料、目数、编织方法及物理特性设定。

（4）绷网时张力的增加不宜过急，要循序渐进分次完成，每次间隔5~10min。

（5）绷好的丝网在使用前，要静置48h，待张力稳定后使用。

第三节　准备涂布感光胶

一、检查自动涂布机的工作状态

| 学习目标 | 学习了解自动涂布机的结构、性能和操作方法。掌握检查自动涂胶机工作状态的技能。 |

（一）操作步骤

（1）检查和调整自动涂布机工作状态。

（2）固定好网框。

（3）刮胶斗注胶。

（4）开机涂布。

（5）检查感光胶厚度均匀性。

（二）相关知识

全自动涂胶机主要由门形机座、网框固定架、双刮胶斗及其升降装置、自动控制装置等部分组成，其外形如图3-2-8所示，自动涂胶机的技术参数如表3-2-5所示。涂胶时，只要将网框固定在网框架上，对齐两面的刮胶斗，设置涂布行程和各面的涂布次数，就可自动进行涂布，而且可以一次自动双面涂布。这种涂胶机的网框固定不动，由刮胶斗上下移动涂胶。全自动涂胶机的特点是涂胶厚度一致，质量稳定，效率高。

图3-2-8 自动涂胶机

表3-2-5 涂布机技术参数列举

网框宽度	1000 ~ 3000mm
涂布速度	500 ~ 650cm/min
电脑程序	双面、单面、涂布次数等
涂布允许误差	1μm
电源	220V，10A，1kW，50/60Hz
压缩空气	6Pa，10L/min
机械尺寸	600mm×2000mm×2000mm

（三）注意事项

铝制上浆器很容易被损坏，电镀钢很短时间，便发生氧化，会破坏感光乳剂伴随而来产生泡沫或结皮。如果感光乳剂在铝制的上浆器放置几小时后也会发生此现象，使感光乳剂不能再次使用。

二、选择直接法、间接法、直/间法制版用感光膜片

学习目标 | 通过学习了解直接法、间接法、直/间制版法的区别，掌握选择用感光膜片的技能。

（一）操作步骤

选择感光膜片的步骤：

（1）了解本次业务技术要求。

（2）确定膜片型号。

① k1。用于0.1 mm以下线条制版。

② k2。用于大于0.1 mm的线条制版。

③ k3。主要用于电路板、标牌的制版。

④ k4。主要用于厚墨层印件制版。

（二）相关知识

1. 网印制版用感光膜的特征

这种膜是感光材料预先被涂布到片基（常用涤纶胶片厚0.06～0.12mm）上，这类胶片叫毛细感光膜片，也叫"胶片"。毛细的意思是其有毛细作用，毛细作用表现在制片过程中，当感光膜遇到湿润的丝网时，被微溶的胶膜与丝网间发生毛细现象，即溶胶与丝网紧密结合，胶液向丝网四周吸附而包住丝网，使胶膜与丝网结合得更加牢固。"毛细感光膜片"就是具有毛细作用的感光膜。需要时，剪下合适的尺寸与阳图底片曝光后显影形成图像，并将之转贴到绷好的丝网上，这种制版方法就是间接法。

感光膜先贴到丝网上，再涂布感光胶，然后与底片密合曝光、显影成像，这种制版方法就是直/间法。

2. 感光膜片的类型

感光胶膜目前国内市场上有三种，类别如下：

（1）无光敏性的胶膜（国内南方生产的胶片膜多属此类）。这种膜片上已经预涂有明胶类高分子成膜物，在使用时需要用重铬酸盐类的光敏剂进行敏化处理后，使其具有感光性，晒版后转贴于丝网版面，此工艺即为间接制版法；或先贴于丝网版，再涂以感光胶，感光胶中的光敏剂渗透入无光敏性胶膜，使其具有感光性，经晒版制成印版，此工艺即为直/间法。

（2）有感光性的胶膜（国外称毛细胶片膜）。此种胶膜在贴膜时用清水转贴即可。不需用敏化剂处理，烘干后，撕掉涤纶片基，就可以晒版曝光，清水显影后即成印版。

（3）有感光性的如同浮雕胶片一样的胶膜。晒版曝光时必须将阳图底片膜面密合于胶膜片的背面（片基面），晒版曝光后，经配制的显影液显影、水洗后，在尚未干燥的情况（湿膜时）转贴，操作难度较大。

3. 感光膜根据不同用途，有不同的规格

（1）K型感光膜有四种规格1#、2#、3#、4#，用途如下所示。

1#：感光膜片厚1～1.4丝（0.010～0.014mm），主要用于精密仪表、表蒙、面板、刻度板等。丝印0.1mm左右精细线条。

2#：感光膜片厚1.8～2.2丝（0.018～0.022mm），主要用于线条0.1mm以上各种面板、标牌、刻度板、字符、阻焊印料等。

3#：感光膜片厚3.5～4丝（0.035～0.04mm），主要用于线路板、阻焊印料及有立体的各种版面、标牌、刻度板等。

4#：感光膜片厚5～6丝（0.05～0.06mm），主要用于元器件加厚的各种印刷件等。

以上四种感光膜片制作工艺相同，仅4#膜片敏化贴膜后，需在丝网背面重刷二次K型敏

化剂，以保证敏化透彻。

表3-2-6所示的是四种不同规格感光膜片的技术性能参数。

表3-2-6　感光膜片技术性能表

类别 规格	分辨率 / （m/m）	耐印力 / 万次	20～25℃ （显影）/min	曝光时间（1000W镝灯 灯距60cm)/min	耐显性 （25℃水分）	耐溶剂性
1#	≤ 0.1	>0.5	2′～2′30″	2′～2′30″	>10	
2#	≤ 0.15	>0.8	2′30″～3′	2′30″～3′	>10	耐香蕉水、汽油、 苯、甲苯、酮类 等有机溶剂
3#	0.15	>1	3′～3′30″	3′～3′30″	>10	
4#	0.25	>1.5	3′30″～4′	3′30″～4′	>10	

（2）新型Capillex CX毛细感光膜片系统。

Autotype国际（亚洲）有限公司最近推出一种新型Capillex CX毛细感光膜片，这是一种可控制印版厚度的创新产品，适用于各种高精度要求的精密工业应用领域，如导电油或抗阻性油墨印刷以及其他对墨层厚度要求十分严格的印刷。与传统的毛细感光膜片不同，Capillex CX不仅可以提供很薄的墨层厚度，而且可以在62～100目/cm丝网上控制稳定的印版厚度。这种很薄的印版厚度以及最佳的R_x值使复制效果达到一个新的水平。即使采用较低目数或中等目数的丝网，特别是使用高堆积量的油墨时，也能获得清晰的边缘效果和良好的印刷分辨率，其优点如下。

① 节省油墨用量。Capillex CX的4μm厚度确保了墨层厚度是由丝网控制，而不是由制版控制。在控制良好的印刷测试中，Capillex CX的银浆墨层厚度比普通网印版降低9.6%。

② 油墨转移效果良好，废品率大大降低。湿压湿的方式涂布感光乳剂，印版的粗糙度（Rz值）就会很高，线条会出现"正向锯齿"，即由于印版与承印物之间接触不良，导致漏墨现象。虽然可以通过在已干燥的乳剂表面再次涂布来解决这一问题，这样做虽然可以降低Rz值，减少正向锯齿，但是由于EOM（丝网上的乳剂层或膜版厚度）增厚，又带来了许多其他问题，常常会见到相反的情况——反向锯齿。因为油墨没有很好地覆盖住图像边缘，如图3-2-9所示。

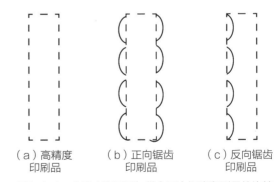

（a）高精度　　（b）正向锯齿　　（c）反向锯齿
印刷品　　　　　印刷品　　　　　印刷品

图3-2-9　高精度印刷品与带有正向锯齿印刷品的比较

图3-2-10是用导电银油墨印刷的两种样品的比较。

图3-2-11表明了产生这一问题的根源所在。原因很简单，使用的刮板和覆墨板不能很好地填充大面积的丝网版，因此导致油墨不能很干净地转移到承印物上。这种问题通常发生在丝网版上图像的横向处，图像边缘出现"老

（a）使用低EOM模版　　（b）使用高EOM模版印刷
印刷的样品　　　　　　的带有反向锯齿的印刷品

图3-2-10　导电银油墨印刷样品

鼠咬过"的现象。在四色印刷中，这一问题往往被忽略。

反向锯齿往往仅作用于与刮板运行方向平行的图像上边缘。

图3-2-11　反向锯齿

可以计算出用边缘很厚的印版印刷出的导电图形的导电性以及是否有反向锯齿。Autotype Line Edge Demonstrator进行了这样的计算。图3-2-12为所得到的测试值。

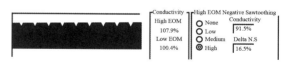

图3-2-12　厚边缘及反向锯齿对导电性的影响

该界面表明使用高EOM印版，理想的平滑线条的导电性一般可达到107.9%，如果出现严重的锯齿现象，导电性将下降16.5%，达到91.4%，这就意味着生产中横向线条与纵向线条的电阻差别可达16.5%，反向锯齿

图3-2-13　不同模版印刷效果的比较

程度将随着油墨黏度、刮板压力、角度、速度而变化。

③ Capillex CX可以提供4μm的可控膜版厚度，在62～100l/cm的丝网版上印刷，R_z值为7μm。这样印刷工人就可得到完美结合的印刷，即用丝网控制墨层厚度，用膜版控制边缘清晰度和分辨率。图3-2-13是不同膜版印刷效果的比较。

④ 因为Capillex CX具有柔韧性、耐溶剂性和耐腐蚀性，所以薄而平的膜版仍能承受最恶劣的生产环境，异常坚固。

4. 直接法、间接法、直/间制版法的区别

网印版感光制版法从使用感光材料角度分类可分为三种：

（1）直接法　用感光胶涂布制版。

（2）间接法　用胶片膜制版。

（3）直/间法（混合法）　用感光胶加胶片膜制版。

（三）注意事项

注意根据所印活件的精度要求、墨层厚度，合理选择感光膜片的规格和型号。

第四节　贴感光膜片

一、在网版上贴实间接感光膜片

学习目标　通过学习了解贴间接膜片的方法，掌握在网版上贴实间接感光膜片的技能。

（一）操作步骤

（1）将曝光显影好的感光膜膜层向上放在垫有吸水纸的玻璃上。

（2）将前处理好的网版用清水冲洗润湿。

（3）将丝网印刷面覆盖于感光膜片上。

（4）在丝网刮墨面铺上4~5张吸水纸。

（5）用软胶辊来回轻轻滚压、吸水，使感光胶膜贴实网面。

（二）相关知识

间接膜片的贴附方法：

在已经处理好的丝网上，转贴前再用水冲洗一次，使丝网的表面有足够的水膜，将胶片乳剂面与丝网贴合，放置时尽量不要出现气泡。对于大张的胶片，可将网框斜立着，将胶片从下向上固定好。如果要想进行多色套印需在丝网指定位置放置胶片，也可事先在网框的四周固定好规矩。如果在台上放上平整的纸，进行转贴时，可以吸收胶片贴合时挤出的水分，效果也是较好的。

（三）注意事项

贴膜时，要注意膜的平整，要从网版中间向四周将膜刮平，并注意将膜下的气泡赶出。

二、控制烘版温度和时间

学习目标	了解感光胶的微弱热固效应的原理，掌握控制烘版温度和时间的技能。

（一）操作步骤

（1）揭去网面上的吸水纸。

（2）控制好干燥环节。

① 吸水后的网版，最好竖起来自然干燥。

② 若用电风扇或电吹风吹干版面，不宜离版太近，否则会导致干燥不均匀。

③ 可在恒温下（40℃）干燥10min左右。

温度不可过高，时间不可过长，不然会造成感光膜边缘卷曲、脆化和缺乏黏结力。

（二）相关知识

感光胶的微弱热固效应的原理。

在晒版中有时曝光之后显影困难，版面出现灰雾、显不出影像来。原因是烘版时间过长或烘版温度过高，造成曝光过度，显影困难。这是由于感光胶层的微弱热固效应引起的。

常用的感光胶为重氮感光胶，它是由成膜剂改性的聚乙烯醇、光敏剂（感光剂）重氮树

脂和助剂三部分组成。感光剂在光的作用下，能起光化学反应，导致成膜剂聚乙烯醇聚合光交联的化合物。感光剂的多少决定着感光胶的光感度、分辨率及图文的清晰度。虽然在感光胶中加入助剂，热稳定性较好，但在长时间烘版或高温下烘版，在未曝光之前胶层就微量的产生暗反应（自交联），胶膜失去了亲水性所以显影困难。这是由于烘版中感光层受热感光剂的游离基引发剂在较高温度下，引发自由基形成活性分子与聚乙烯醇进行微交联而失去亲水性造成的。

（三）注意事项

不同的感光胶和感光膜片对烘干的温度要求也不完全相同，在烘干时要参照感光胶的参数说明，必要时要进行一些试验，找出最适合的烘干温度。

第三章

印版制作

第一节 准备晒版

一、调整网目调各色版底片与膜版的角度

学习目标｜了解底片和膜版的角度与产生龟纹的关系，掌握调整网目调各色版底片与膜版角度的技能。

（一）操作步骤

调整晒版角度的步骤：

（1）将制作好的感光膜版印刷面朝上，放到修版台上。

（2）开启修版台内置灯。

（3）陆续重叠分色胶片，旋转角度。

（4）直至在网目线和丝网线之间找到没有"龟纹"效果的角度即为晒版角度。

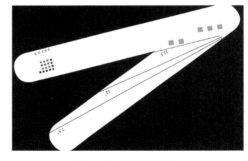

图3-3-1 斜晒版活动尺

（5）把斜晒尺平行地放在感光版下方底部，设置斜晒角度。

斜晒版活动尺，设定四个斜晒版数据：7.5°、12°、22.5°、45°（图3-3-1）。

（6）再将底片图文膜面朝下放到斜晒尺上，用透明胶带将底片固定好进行曝光。

（二）相关知识

底片和膜版的角度与产生龟纹的关系。

实践表明，当加网分色正片的网点分布与网孔排列之间有整倍数关系时易产生龟纹，即正片网点排列与丝网的经纬线"十"字交叉点反复重合时，在印刷中有的网点油墨通过，有的网点油墨却受阻，这时就容易出现莫尔条纹，为了避免这种情况，在制版加网时应使用43线或51线这样的质数线数。

高精细网目调印刷的目/线匹配要求在5：1~7：1。斜晒版是解决目/线不匹配、网版目

数低的补救方法。

（三）注意事项

在晒版中，为了防止龟纹的产生，在原稿的加网线数和网版的网布目数配比达不到
1∶5～1∶7的倍率时，可以采用斜交绷网或斜晒版的方法，目的是防止龟纹的产生。

二、检查晒版机的工作状态

> **学习目标** 了解光源的光谱、光强度和照度的概念，掌握检验晒版机工作状态的技能。

（一）操作步骤

检验晒版机工作状态的步骤：

1. 检查晒版玻璃是否洁净。
2. 检查橡皮布是否漏气。
3. 检查光源照度是否均匀。
4. 使用照度计检查版面中心和周围部位曝光光源照度是否一致。

（二）相关知识

1. 光源的光谱、光强度和照度的概念

（1）光源的光谱　光源光谱中各波长的辐射能量是不一样的，若光源光谱能量的分布是连续的，称为连续光谱；若能量分布由一些密集线构成，称为线状光谱；由连续光谱和线状光谱合成的能量分析叫混合光谱。在照相制版中，为了与感光材料的光谱灵敏度相适应，分色光源应具有连续或混合光谱，而晒版光源则是采用线状光谱光源，光谱中含有较强的300～400nm的蓝紫、紫外光。

（2）光强度　光是由辐射体向四周空间辐射时不断发生的辐射能。将在单位时间内通过某一面积的辐射能量的大小称为通过该面积的辐射通量，将可见光的辐射通量称为光通量，单位为流［明］（lm）。

点光源的发光强度是指在单位立体角中发生的光通量，单位为坎［德拉］（cd）；面光源的发光强度用面发光强度描述单位面积发出的光通量，单位为勒［克斯］（lx），对同一种光源，功率越大，发光强度也越大。

（3）照度　指被照物体单位面积上接受的光通量，单位为lx。

2. 照度与发光强度、灯距的关系

$$照度（E_0）= \frac{l_x}{r^2}（lx）$$

式中E_0—物体表面的照度；r—物体与灯光的距离；l_x—光源发光强度。

由此可知，灯光距离与晒版幅面照度的关系是：光源距离越近，曝光时间越短，工作效率就越高，但是，光源垂直照射的部分与其周围部分的光量差就增大，版面的中心部分曝光过度，周围部分曝光不足，如图3-3-2所示。

感光版的合理照度包括以下几点。

① 要曝光的面积越大，需要的光源就越强。

② 从曝光灯到晒版架之间的距离（图3-3-3中 h_1）至少应该与要曝光面积的对角线（图3-3-3中 h_2）同样长，或者至少是要曝光图像面积的对角线的1.5倍。在任何情况下，光锥体的角度不应超过60°（图3-3-4）。

③ 增加曝光灯到曝光面之间的距离（图3-3-4中 h_2-h_1）。

光的照射强度与增加的距离成平方比例减小。因此，要保持稳定一致的曝光，曝光时间也必须与增加的距离成平方比例增加（图3-3-4）。

计算公式如下：

$$新曝光时间 = \left(\frac{新距离}{原距离}\right)^2 \times 原曝光时间$$

例如：

新距离=150cm

原距离=100 cm

原曝光时间=1min（60s）

新曝光时间=（150/100）^{2}×60s=1.5^2×60s=2.25×60s=135s

（三）注意事项

染色丝网需要比白色丝网曝光时间长。

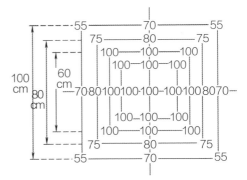

图3-3-2　晒版的中心部分与周围部分的照度比

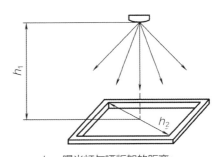

h_1—曝光灯与晒版架的距离；
h_2—曝光面积对角线的距离。

图3-3-3　曝光灯与晒版架的距离

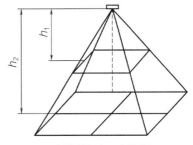

h_1—原灯距；h_2—新灯距。

图3-3-4　光照强度与增加灯距成平方比例减小

三、鉴定底片质量是否符合晒版要求

学习目标　了解网印晒版底片的质量要求，掌握鉴定质量是否符合晒版要求的技能。

（一）操作步骤

检验底片质量的步骤：

（1）把处理干净的底片正面朝上，平放在看版台上。

（2）打开看版台内置灯。

（3）目测或用放大镜（10~15倍）检查底片。

① 对照付印样检查底版的图像有无下列现象。

a. 说明文字有无错写。

b. 有无丢漏说明文字。

c. 说明文字搞错。

d. 移动位置有错。

e. 翻白、套合文字不好。

f. 调子修正不完善。

g. 图像套合不准。

h. 双联版面的调子套印不好。

i. 胶片底版未拼贴好。

j. 其他不合格现象。

② 检查套合是否准确　在检查彩色版的各分色版间相互套合时，以品红版或青版中某一版作为套合基准，把它固定在拼版台上，然后覆盖上扩散片（通过扩散片使各套版之间呈现密度差，从而容易看出套合），再把要检查套合的底版（以品红版为基准时，按青、黄、黑顺序）依次覆叠在扩散片上，以检查与下面的标准版是否套准。

在检查套合时，要弄清图像中的重点部分，并对其有重点地进行检查。例如嵌入商标等标记时，要注意这些部分的套准。

③ 检查底版调子　在晒版操作中出现的问题，往往是由于过多的减薄而使密度不足的底版。检查方法，以通过观察拼版台上底版的网点是否变成茶色或灰色而定。

④ 对使用胶带拼贴的胶片，要检查胶带是否过于靠近图像（特别是亮调部分）。如果过于靠近，会由于密合不好而使网点晒虚，因此胶带和图像的间距应在7mm以上。假如只能贴得很近时，最好使用双面胶带或黏合剂（图3-3-5）。

（4）用透射密度计检查底片密度是否符合制版要求。

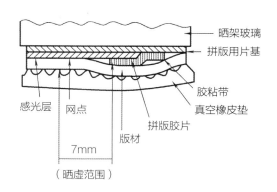

图3-3-5　因胶带粘带而产生晒虚

（二）相关知识

1. 网版印刷用阳图片的质量要求

（1）阳片图像的光学密度值要高，应不小于2.5，并且图像的反差要大，便于印版的晒制。

（2）阳图上的图像边缘清晰、无砂眼、无划痕并且牢固，保证制版和保存时不脱落。

（3）线条粗细对网印制版能力有很大影响，一般小于0.15mm的细线画，制版较困难。

（4）要确保阳片的平整度及洁净，不要因拼版，用过多的胶粘带，影响晒版效果。

（5）各种规矩线都应制作在阳片上，并且要求准确。

2．梯尺

梯尺是衡量阶调的必备之物。有反射与透射之分，各用于对应的原稿。它是由10～21级面积大小一致、不同强弱等级的密度，并列在一起的一条从深到浅或从黑到白的灰色色带（图3-3-6、图3-3-7）。

图3-3-6　10级灰色梯尺

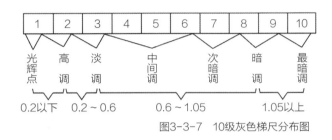

图3-3-7　10级灰色梯尺分布图

反射梯尺的制作可用照相纸作感光纸，依次运用不同强弱的曝光量制成不同的密度梯级。也可用亚铅粉以喷笔制作。反射密度一般最高为2.0，最低为0.07。测量反射密度值时要减去纸张密度值。

透射梯尺的制作是以感光胶片为片基，同样运用不同的曝光量，以达到从0.1～3.0基本上等差的密度梯尺，但30级等差梯尺制作不易。透射原稿尺寸较小，梯尺面积相应要求也较小，常用为10～21级，密度为0.05～3.05。为简化计，也常用A（0.4）M（1.3）B（2.4）三块密度作为控制格。

梯尺是感光测定的调光工具，又是照相制版工艺衡量阶调的工具。在包括蒙片、分色、加网、晒版、打样乃至印刷的阶调传递过程中，各工序的阶调是否符合要求，以及各工序间是否互相适应，只有依靠梯尺来检验，才能获得正确的结论。

梯尺要用来作为原稿的代表，而原稿密度域又各不相同，因此，同一梯尺用于不同的原稿，就要找出与各种原稿相同的密度域。方法是先测量出原稿的最高与最低的密度值，以此在梯尺上找出相应或近似的高、中、低三点作为定标值，借以控制阶调之用，也可以叫做控制点，使原稿反差与梯尺的控制点求得基本一致，才能正确控制。梯尺有利于判断蒙片阶调的长短、密度的高低对原稿阶调的影响和鉴定晒制的蒙片是否正确。它在分色加网时可作为三原色版平衡的依据，观察梯尺高调密度一端，梯级如有合并，说明曝光过度；如果低调一端梯级不全，则表明曝光不足或所用感光片性能太硬，暗调层次不能还原，这样就可以进行调整，以达到要求。还可根据它控制底色去除曝光、主曝光、闪光曝光、高光曝光的比例，借以检查显影条件的前后是否一致及反差是否适宜。通过对感光片中梯尺的密度测定，标出参数就能绘出示性曲线，有利于分析操作过程是否合乎规范。最后在印刷品上可根据梯尺检

验油墨的等效中性灰度是否适宜。

3. 透射密度计的结构与使用方法

目前，国外制造的密度计种类、型号很多，就其型号的编制规律来说，一般前面的字母是表示密度计性质、特点的英文单词的第一个字母，例如：T（Transmission）代表透射；R（Reflection）代表反射；DM（Density Meter）代表密度计，有时只用D表示；D（Dot Meter）代表网点面积测量仪。如此，则TR代表透、反射两用，DT代表网点面积透射测量，TD代表透射密度计，RD代表反射密度计。一般后面的阿拉伯数字表示该密度计的产品序号等。

目前国内外较普遍采用的是透射式密度计，如图3-3-8所示，它能测量单色和彩色透明原稿（阴片或阳片），还可以测量单色和彩色透明原稿的网点百分比，测量值于数字显示器上显示，需要时可用印字装置打印输出。量测光学密度的范围在0～4.00数值（最小读数0.01）。量测孔面积的直径分别是1mm、2mm和3mm。

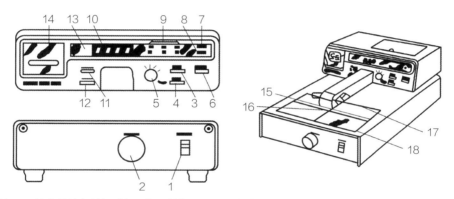

1—电源开关；2—滤色片选择旋钮（红、绿和蓝）；3—量测密度开关；4—量测网点百分比开关；5—网点通道选择开关；6—调零开关；7—密度测量指示灯；8—网点百分比测量指示灯；9—滤色片指示灯；10—数字显示器；11—印字开关；12—进纸开关；13—印字指示灯；14—印字装置；15—检测头其上装有受光元件，压检测柄（17）时，检测头与底片接触；16—光圈（可选用直径为1mm，2mm，3mm中任一种）；17—检测柄；18—照明板。

图3-3-8　彩色透射式光学密度计

（1）密度的校准。首先按下"密度开关"，选择W滤色片；无被测物时，按下测量杆及零位设定开关，此时应显示"0.00"。将"测量梯尺"置于照明板上进行检查，观察显示的数值是否与"梯尺"上原来标定的相同，如果不同，调节"旋转调整片"使之一致。

按照上述相同的方法，校准其他颜色的滤色片"测量梯尺"的数值是否正确。例如，选择R（红）滤色片，先按下密度开关，在无被测物的情况下，按下测量杆和零点设定开关，此时应显示"0.00"。将"测量梯尺"置于照明板上进行检查，视其显示的数值是否与"梯尺"上原来标定的相同，若不同，调节"旋转调整片"使之一致，如图3-3-9所示。当调整时，R、G、B、A_1和A_2均产生相同的变化。

（2）校正完毕，即可进入底片测试。

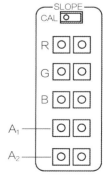

图3-3-9　密度校正部件示意图

（三）注意事项

底片保管必须注意以下事项：

（1）保管胶片底版不能卷曲，要平着放。若用胶带粘贴的胶片一旦被卷曲，拼贴部分就会错动造成套合不准。

（2）最好在干燥又恒温环境下保存。若在30℃以上的高温或60%以上的高湿下长期保存，胶片底版会变形。

（3）在有可能被水沾湿的地方，不要放胶片原版。因为胶片一碰到水，就会相互粘连，甚至损坏。

（4）从底版袋里抽出或放入底版时要留意，要充分注意拼贴在底版上的剥膜片不要剥落，也不得使胶片折着放进去。

（5）在胶片底版上标注文字、数字和记号时，应使用油性的彩笔，因为水溶性油墨干固后难以擦去。

（6）把胶片放进底版袋之前，用浸蘸了胶片清洗剂的软布（纱布）等，除去附着在胶片正反面上的灰尘或污垢，在药膜面与药膜面之间夹放衬纸，叠好后放入袋里。

四、根据底片确定曝光时间

学习目标	了解曝光时间与底片密度的关系，掌握根据底片确定曝光时间的技能。

（一）操作步骤

确定曝光时间的步骤：

（1）将底片置洁净的平台面。

（2）测量底片密度。使用透射密度计测量底片上高密度和低密度部位。

（3）进行曝光试验确定晒版的曝光时间。

采用晒版梯尺，进行曝光试验，确定曝光时间的方法。即采用一条透射宽度梯尺和一透明细线条底版把两张底片结合在一起同时曝光，显影以后，测定曝光时间是否正确。

① 选用一条10级梯尺，其级差是0.15（密度值），如表3-3-1所示。

表3-3-1　晒版梯尺级差

梯度	1	2	3	4	5	6	7	8	9	10
密度值	0.25	0.39	0.54	0.70	0.82	0.95	1.06	1.16	1.25	1.36

10级梯尺就是10个不同密度值的方块（梯级），其级差要求为0.15。由于制作梯级的条件限制，其级差不容易做到都是0.15，而往往出现表中的密度数值。

② 再选用一张制有细线条的阳图底片，其线条宽度为0.2mm，作为检测的依据，即以检验最细宽度为0.2mm的线条在丝网上的显影质量为标准。

③ 试验条件的确定　在多次试验中，除了曝光时间可变以外，其他条件必须固定，例如：光源、晒版距离、底版、感光材料的类型、胶层厚度等。

④ 选择曝光时间　一般可以根据操作者的经验来选定一个时间，用梯尺和细线条阳图片在晒版机上进行曝光，经显影后进行分析和判断。

将首次试验晒版的丝网版放到能透射光的玻璃台上，其细微部分可用10倍放大镜观察，并根据丝网版上胶膜硬化程度判断曝光时间是否正确。如果10级梯尺上的4号梯级以下的胶膜全部硬化（表现在丝网上是封孔的胶层光滑并硬化），而5号梯级以上的胶膜全部被显影液溶去（表现在丝网上是通透的网孔），而且0.2mm细线条模糊不清，即可判断：首次的曝光时间还欠充足。

在首次试验的基础上再做曝光试验，时间可以根据前一次的情况酌量增减。如上例判断为曝光不足，二次试验就要增加曝光时间。再经显影后，若观察结果是细线条边缘清晰，而梯尺上的情形是6号梯级以下丝网表现为封孔，7号梯级以上丝网表现为通孔，可以认为二次曝光时间合适。对照第6号梯级密度是0.95，第7号梯级密度是1.06，可以认为底片密度达到1.06就可以晒版应用。为了保证质量，要求底片密度达到1.05以上。

（二）相关知识

底片密度与曝光时间的关系：

一般来讲，高密度底片的曝光时间要长，低密度底片曝光时间要短。可是网版印刷的晒版中，还要考虑感光膜的厚度，如低目数丝网版膜厚曝光时间要长，高目数丝网版膜薄，曝光时间要短。白网布曝光时间要短，带色的网布曝光时间要长。光源距离短的曝光时间短，光源距离长的曝光时间长。

（三）注意事项

熟练的掌握制版的各项工艺技术，了解感光胶的硬化交联原理。

第二节　晒版

一、排除制版设备故障和气路故障

学习目标 | 学习了解晒版机抽气装置的类型、结构及工作原理，掌握排除制版设备故障和气路故障的技能。

（一）操作步骤

排除制版设备机械故障及气路故障的步骤：

1．机械故障

（1）晒版机在装置光源时，灯线接头要紧紧地固定在接线柱上。

（2）要保持紧密接触，倘若接触不良，该部位就会发热，成为故障的原因。

（3）光源灯光有时不亮，是属于激发器电源接触不好。但金属卤素灯和水银灯，一旦关灯以后，即使再开灯，灯也不亮。重新开灯时至发出稳定光亮为止，需要一段时间。所以要连续晒版时，灯可一直开着，把光源罩住，曝光时拉开罩，曝光后把罩遮上。晒版结束才关灯。

2．气路故障

晒版中有时抽气不紧，有以下原因：

（1）橡皮布漏气，检查橡皮布四角橡皮垫和吸管是否漏气。

（2）检查修理真空泵。

（3）定期换油。

（二）相关知识

抽气装置的类型、结构及工作原理：

真空晒版机从抽气装置类型上分为两种。一种是全包式抽气装置，一种是内吸式抽气装置。

1．全包式抽气装置

晒版时首先把涂布了乳剂的丝网版同阳图底版一起放在玻璃板上，上面罩上橡皮布，紧固两个框，用真空泵把内部的空气抽出，使之密合（图3-3-10）。

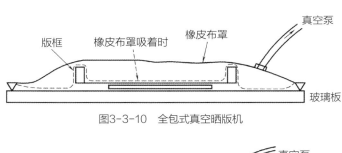

图3-3-10　全包式真空晒版机

其优点是：无须考虑版框的大小，小的版框也可进行晒版。缺点是：占地面积大；版框的尖角容易损坏橡皮布罩；抽真空时间长；橡皮布罩随着抽真空密合而拉伸，容易损伤橡皮布。

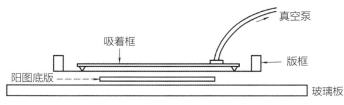

图3-3-11　内吸型真空晒版机

2．内吸式抽气装置

为使晒版框本身小型化，不再使用以往的真空晒版框被橡皮布罩包住的办法，而是只把制版框内部的图案部分吸真空密合，一般称为内吸型晒版机（图3-3-11）。这种型式可使真空晒版框体积变小，另外上射的光能进入晒版框内部，因此光不向外部扩散。然而如果版框和晒版吸附框的大小不符合时，就不能进行吸真空密合。

其优点是：占地面积小；橡皮布可以长久使用；抽真空时间短；晒版数量多时有很高的效率；因光源设置在晒版框内部，光线不会外泄。缺点是：橡皮布在版框的大小有变化时，要相应地进行更换；多个小框同时晒版困难。

（三）注意事项

晒版灯开启会放出大量紫外线，作业中要避免直视灯光，要穿好安全工作服和戴好防护眼镜。

二、用间接法和直/间法制作印版

学习目标｜通过学习了解间接制版法和直/间法制版的特点，掌握用间接法和直/间法制作印版的技能。

（一）操作步骤

1. 间接法（用胶片膜制版）制版工艺操作步骤

（1）感光胶片膜先贴后晒工艺（常用）操作步骤

① 将感光性膜片药膜面向上放置于洁净的平板玻璃上；

② 将绷好的丝网版印刷面朝下，放置于感光膜片上；

③ 用喷枪充分水淋；

④ 用柔软的橡皮刮板轻轻刮压除去多余水分；

⑤ 温热风干燥（30℃左右）；

⑥ 揭除片基；

⑦ 密合阳图底片；

⑧ 晒版、显影、修整相同于直接法。

（2）无感光性胶片膜先贴后晒工艺（南方常用）操作步骤

首先要敏化胶片膜，使其具有感光性。

① 按配方比例配制敏化液（一般为4%～5%重铬酸铵液）；

② 将无感光性胶片片浸入敏化液后，立即贴于丝网版上，去掉多余的水分；

③ 干燥。

以下步骤与上面预涂感光胶片膜片工艺完全相同。

（3）感光胶片膜先晒后贴（由于操作宽容度小、难度大、国内很少用）工艺操作步骤

① 感光膜晒像。感光膜晒像采用背面曝光法，感光膜的片基与图文底片的药膜面密合（图3-3-12），受光部分吸收光量，膜层交联。离片基较远的部位吸收光量小，膜层软而有黏性，粘网力强，从而提高耐印力。

② 活化处理（硬膜处理）。活化处理在曝光后10～15min内将感光膜浸入双氧水（H_2O_2）浴液中1min进行活化处理。激发交联剂与成膜剂发生交联，变为不溶于水的硬化胶层。

活化液浓度控制在1.2%左右，浓度低会使胶层脱胶，浓度太高会使胶层变

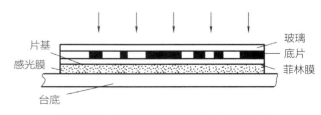

图3-3-12　先晒后贴间接法胶片膜晒像示意图

硬，影响粘网牢度。液温不可超过20℃。

③ 显影。将感光膜乳剂面朝上泡在25℃温水盆中显影，然后用冷水冲洗，不能用加压水枪显影。

④ 贴膜。感光膜显影后，不等干燥立即上网贴膜，以便利用湿膜黏性，贴合效果好。

将感光膜乳剂面朝上放在一块毛玻璃上，让湿网版印刷面与膜片接触，使膜片自己吸附到丝网上，用白报纸吸除刮墨面上的水，如图3-3-13（a）所示。

⑤ 干燥。取走吸水纸，用冷风或热风吹干版面。

⑥ 揭除片基。待网版完全干燥后，将片基从感光膜上轻轻地揭下来，如图3-3-13（b）所示。

⑦ 封孔。在剥掉胶片片基之后，在印刷面一侧，用刮斗涂布封孔剂，注意封孔剂不要涂进图像中去，封孔剂涂抹薄薄一层即可。

2．直/间法（用感光胶加胶片膜制版）制版工艺操作步骤

根据使用的胶片膜片类型不同，直/间法工艺也分为两种：

（1）使用光敏性胶片膜的直/间法制版步骤

① 用软毛刷蘸涂贴膜剂于丝网两面直至湿润。

② 放膜片。将感光膜面向上置于玻璃平台上，将丝网面由30°倾角自一端开始徐徐与感光膜贴平（图3-3-14）直至全部贴紧，如图3-3-15（a）所示。

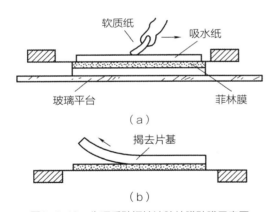

图3-3-13　先晒后贴间接法胶片膜贴膜示意图

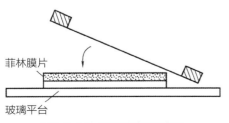

图3-3-14　胶片膜贴附示意图

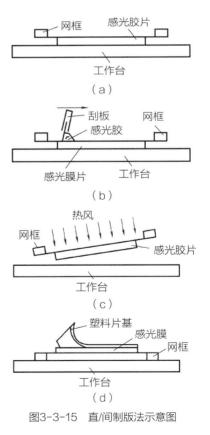

图3-3-15　直/间制版法示意图

③ 涂感光胶。在网框内倾倒感光胶，并用软质刮板加压涂布，使感光膜与丝网贴合，如图3-3-15（b）所示。

④ 干燥：吹风干燥10~15min，如图3-3-15（c）所示。

⑤ 揭除片基，如图3-3-15（d）所示。

⑥ 回烘：为了防止膜层沾污底片，再将网版回烘干燥1~2min。

⑦ 密合阳图底片。

⑧ 曝光、显影、干燥同直接法。

（2）使用无光敏胶片膜的直/间法制版步骤

① 放膜片：将无光敏胶片膜片膜面向上平放在工作台上。

② 放网版：将绷好的网版平放在膜面上。

③ 涂感光胶：在网框内倾倒感光胶，并用软质刮板加压涂布，使无光敏胶片膜片与丝网贴合。

④ 静放置10~15min，使感光胶所含的重氮光敏剂渗透到无感光性胶片膜片内，使其具有感光性。

⑤ 干燥：热风干燥（30℃左右）。

⑥ 揭除片基。

⑦ 回烘。

⑧ 密合阳图底片。

⑨ 曝光、显影、干燥同直接法。

（二）相关知识

直接法、间接法、直/间法制版的特点。

1. 直接法制版的特点

直接制版法主要工序是先涂布感光胶后晒制，由于涂布采用手工反复涂布，操作比较简单，膜厚可以通过涂布次数来调节，但是涂布比较费时间。采用直接制版法制作的丝网印版，胶膜与丝网结合比较牢固，耐印力较高。相对分辨率差些，图像边缘容易出现锯齿状现象，网膜较厚时，细线清晰度容易受影响。

2. 间接法制版的特点

间接制版法由于使用感光膜片制版，膜版厚度均匀、稳定，制作的丝网印版，分辨率比较高，图文线条光洁，但不如直接制版法制出的膜版耐印力高。其中先晒后贴工艺难度大，例如曝光不足就不好贴，双氧水处理时间过长图文会变形，所以除要求极高的印品外，一般不采用此种方法。

3. 直/间法制版的特点

由于直/间制版法主要采用的是在丝网上用感光胶贴合感光膜，然后进行晒制的工艺，所以操作比较简单，制版时间短，膜厚可以固定，也可随意增厚。采用直/间制版法制作的丝网印版，分辨力和耐印力都比较高。

三种制版方法的比较，如表3-3-2所示。

表3-3-2 三种制版方法的比较

印刷项目	直接法	间接法	直/间法
工序	先涂后晒	先晒后贴	先贴后晒
显影	常温清水	双氧水处理后，温水显影	常温清水
感光材料	感光胶	感光膜	感光膜
操作	反复涂胶，较费时间	操作复杂	以贴代涂，操作简便
膜层厚度	可以调节	厚度固定	一般固定，也可增厚
印版质量	胶、网结合牢固耐印，易出现锯齿现象，涂层过厚则细线条不易清晰	线条光洁，但膜层不够牢固，耐印力低	介于直接、间接两种方法之间
适用范围	费用较低，用途最广	费用较高，适用于要求较高的少量印品印刷	费用较高，转印膜版有一定技术难度
印刷次数	20000～30000次	3000～5000次	5000～20000次

（三）注意事项

（1）贴膜操作要轻，不可损伤胶膜。

（2）印刷过程中因故停机擦网时，要将网版放平，下垫洁净的旧纸，在框内用软布蘸溶剂轻擦，以保护胶膜。

第四章

制版质量的检验与控制

第一节　检验网目调底片质量

一、借助放大镜判断多色网目调底片的网点质量

学习 目标	通过学习了解网目调底片的质量要求，掌握判断多色网目调底片网点质量的技能。

（一）操作步骤

网目调底片网点质量的放大检测。

（1）利用10～15倍放大镜对印版网点放大，目测网点面积与空白面积的比例。

（2）观察印版上网点成数。

（3）鉴定网点的复制精度。

（二）相关知识

网目调底片的质量要求：

（1）网点黑度要高（密度高于3）并均匀。

（2）网点边缘要光洁。

（3）根据网版印刷小点子易丢失、大点子易糊死的特点，应对网点进行补偿。

（4）无脏点、划痕。

（三）注意事项

（1）检测网点质量，要选用10～15倍放大镜，倍数低了测试不出效果。检查透明度数可用3～5倍放大镜。

（2）放大检测，凸透镜定位一般在4～10cm，使眼睛对物体的视角放大，准确目测网点成数和网点的光洁度。

（3）制版放大镜要保存好透镜，不能擦毛，否则会影响观察的清晰度。

二、使用密度计测量多色网点面积

学习目标　通过学习了解透射式光学密度计测试网目调底片网点面积的方法，掌握测量多色网目调底片网点面积的技能。

（一）操作步骤

用密度计测量网点面积的步骤：

1. 网点百分比值校准（图3-4-1）

（1）按下"网点开关"，并选择网点频道开关之一。

（2）选择W滤色片。

（3）按下零开关，仪器显示"0.00"。

（4）将网点测量梯尺置于照明板上进行检查。

（5）当梯尺的10%对准光孔时，按下测量杆并观察显示的数值。

（6）若不是10%，则旋转相应的数字开关调整，使之显示正确。

（7）将梯尺的50%、90%置于光孔部位，以同样的方法检查校正，直至显示出50%、90%值为止。

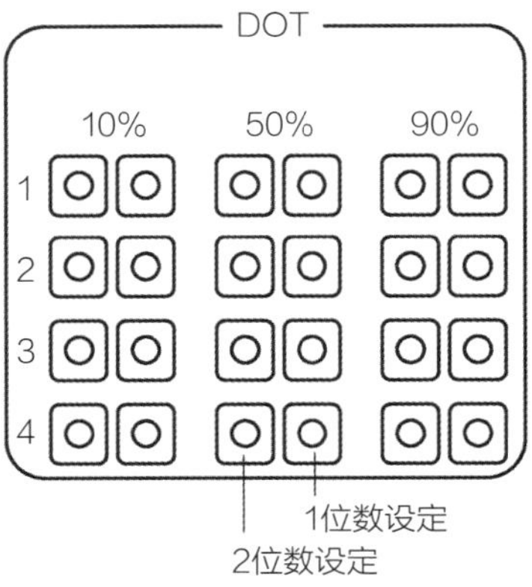

图3-4-1　网点校准部件示意图

2. 相关参数测定

校准完毕即可进入测试样相关参数的测定。

（二）相关知识

密度计的使用方法：

各种密度计的操作校正方法大同小异，现以国内用得最多的日本产DM-500密度计为例说明，以供参考。

1. 操作步骤

（1）未接通电源之前，必须检查所使用的电源电压与仪器要求的电源电压是否一致。

（2）接通电源。合上电源开关，使机器预热5min。

（3）选择密度"DEN"或网点"DOT"测量。

（4）选择滤色片。

（5）调零。

① DEN转动滤色轮，按下测试头，同时按ZERO键，应显示"0.00"，对每一滤色片做一次调零。

② DOT选择通道，放入片基，按下测试头，同时按ZERO键。

（6）若需要记录测量值时，按下Print开关（灯亮即正确）。

2．仪器校准

为使仪器保持在最佳状态，购买后要定期用提供的梯尺进行校准。校准程序如下。

（1）校准（CAL）。

① 按下DEN开关，选择W滤色片。

② 按下测试头，同时按下ZERO键，使显示为"0.00"。

③ 测量梯尺，观察梯尺上的数值与测量值是否相符。若不相符，调整CAL旋钮到相符为止。

④ 按下测试头，同时按下ZERO键，观察是否显示出"0.00"。

（2）[R、G、B、A_1、A_2]校准。仪器使用一段时间，滤色片的滤色曲线可能发生变化，需要校准。校准时需用提供的梯尺并按下列程序进行。

① 按下DEN开关，选择所需滤色片。

② 在无试样时按下测试头，同时按下ZERO键，此时应显示"0.00"。

③ 测量参考梯尺。如3.00D观察显示值是否与3.00相符，若不一致，校准CAL使之相符。

④ 按下ZERO键，再次校正，看显示值是否为"0.00"。

⑤ 重复上述步骤，对其余滤色片进行校正。

注意：R、G、B、A1、A2的调节方法相同。

（3）[DOT]网点测量的校准。对网点值的校准可用提供的网点梯尺并按下列程序进行。

① 按下DOT开关，在通道1、2、3、4中选择所希望的通道。

② 选择W滤色片，也可用A1、A2，但不能用R、G、B中的任何一种。

③ 准备三种网点胶片如10%、50%、90%。

④ 测量10%的网点胶片，若测量值与梯尺提供的标准值不一致，可适当调整数字开关使之一致。

⑤ 用同样方法测50%和90%网点胶片看是否一致，若不一致，按上法调整。

（4）[更换光孔]。该仪器备有三种不同大小的光孔$\phi1$、$\phi2$、$\phi3$（mm），可根据需要选择其中之一，更换方法如下。

① 先取下乳白色的漫射板。

② 按逆时针方向旋转光孔，便可移出。

③ 将所需要的光孔按顺时针旋转装入。

（三）注意事项

（1）密度计使用前，每次都需要作校准调整。通常要作两点调整（调零、校准调整）。

（2）按照各密度计的使用说明书，定期检查其刻度的线性并加以调整，使用现成的校准密度梯尺来校正。

第二节　检验印版质量

学习目标　了解测控条的原理和使用方法，掌握检验多色网目调印版质量的技能。

（一）操作步骤

检验多色网目调印版质量的步骤：

（1）按施工单和制版底片，对网目调印版进行质量检验。根据C、M、Y、K的顺序对分色印版进行检验。

（2）分色印版的数目：C、M、Y、K。

（3）制版方式：例如是否直接制版。

（4）印刷版尺寸大小。

（5）套印规矩线的套印精度。

（6）根据制版底片对照检查网印版图文网目调各要素的精度。

（二）相关知识

测控条的原理及使用方法。

测控条是由网点、实地、线条等已知特定面积的各种几何图形测标组成的，用以判断和控制晒版、打样和印刷时信息转移的一种工具。配合仪器测量与视觉判断来监控晒版、打样和印刷过程中图文信息的转换或转移，进而达到测控产品质量的目的。

胶印已广泛应用测控条几十年，品种繁多，性能基本相同。一般由以下几个部分组成：实地区、叠印区、印版曝光控制区、重影与变形、网目调区、灰平衡区。

在使用测控条时其使用条件要与晒版、打样和印刷的条件一致，并且应使用长条测试条放置在印张的末端，与印刷机滚筒轴向平行，以便检测图像着墨的均匀性。

目前国际上正研制网版印刷专用测试条。

列举FOGRA DKL-SI控制条。

（1）检测内容　FOGRA DKI-SI控制条是为网目调网版印刷专门开发的，可用于下述各项的直观监控和密度的检测：膜版生产；色调值变化；色彩等级；彩色平衡；模糊效应。

（2）网目调区域　这一区域由5%～95%遮盖率的网点组成，加网线数为24线/cm（见图3-4-2）。这便于对印刷中的色调值转移进行直观检验和（最好）用密度计检测。

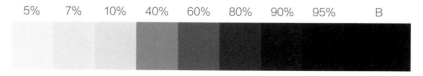

图3-4-2　网目调全色调区域

（3）全色调区域　进一步的检测是测定印刷的油墨密度，这在加网印刷中是极为重要的。用一反射密度计测定全色调范围内4个颜色的油墨密度。要达到良好的灰度平衡，所有的三原色都必须在高精度的容差范围内。

全色调测定实例

颜色	要求密度	容差
青	1.45	± 0.10
黄	1.00	± 0.05
黄47B	1.40	± 0.10
品红	1.40	± 0.10
黑	1.85	± 0.15
测定仪器	密度计	
印刷材料	印刷铜版纸	

（4）叠印区域M/Y、C/M、C/Y、C/M/Y　这一区域使之能够用直观检验和仪器测定来鉴定颜色是否可以接受。重要的是，打样印刷和生产印刷都应采用相同的印刷色序。

（5）环形区域（图3-4-3）　这一区域使之能够监控印刷过程中由模糊效果可能造成的转移误差。

（6）平衡区域（图3-4-4）　在平衡区域，3个颜色的印刷组合应该是一个中性灰，其色调值大约相当于网目调区域40%。这是对印刷作业中色平衡偏移的很灵敏的指示器。

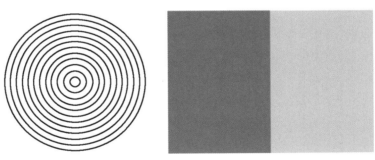

图3-4-3　环形区域　　　　　　　　　　图3-4-4　平衡区域

（三）注意事项

（1）使用测控条，要选用标准梯尺，当曝光操作有所改变或新换感光材料时，都要重新测试标准的曝光时间。借助测试规的数据来确定正确的曝光量。

（2）测试注意掌握暗调密度。如果暗调密度低于实际的暗调密度，则印刷品呈现硬调。反之，高于实际密度，则印刷品呈现软调，若使整体调子产生变化，除对层次控制以外，还要注意通过改变暗调设定方法来实现正确的暗调密度。

网版制版

（技师）

第一章

制版

第一节 底片制作

一、制作底片准备

学习 目标	了解各色版的加网角度、线数和网点形状的选择，掌握设定特殊印刷效果底片制作参数的技能。

（一）操作步骤

1. 将原稿置于看版台上。

2. 分析特殊效果的特点。

3. 使用应用软件按制作方案制作版面，设定特殊印刷效果的底片制作参数。

（1）油画网印复制技术特点　美术网印主要是用于仿制精美的美术作品，再现其作品的风格和特点，如复制名贵国画、油画、版画等。由于网印具有墨层厚实等特点，因此，印刷出的美术作品色泽鲜艳、墨层厚实、画面立体感强，是其他印刷方式无法企及的。尤其适合表现油画颜料厚的特点，只要稍加修饰，在画面高光部位用手绘堆积油墨使其呈现凸形，就可以达到以假乱真的效果。

（2）油画分色胶片参数的设定　油画复制应以三原色为主，三原色版要做长、做全，采用短调骨架黑版的工艺方法，按网印特点给出阶调范围（一般在10%～90%）。网点形状以椭圆形或菱形为宜，也可以用圆形，选择40～60 lpi的网屏线数。确定网屏角度时，因为人物画以暖色调为主，可用Y90°、M45°、C75°（15°）、K15°（75°）；风景以冷色调为主，可用Y90°、M15°（75°）、C45°、K75°（15°），即将最主要原色为45°网角。

（二）相关知识

各色版的加网角度、线数和网点形状的选择。

1. 加网角度的选择

网点角度直接影响四色叠印后图像的质量。多种角度的网点交叠形成的细微结构对视觉

造成的干扰性图案，可以按干扰性强弱分为两种：一种是难以接受的"龟纹"，其干扰性条纹出现周期大到足以让人眼可分辨的程度，但又小于印刷品图像的幅面；另一种是可以接受的"环状玫瑰花斑"，其出现周期很小。

当网线数一定的情况下，网点套印龟纹的大小只与网点之间夹角有关。两个网点之间的夹角越大，龟纹越小；反之则大。因此，网点间的角度差应尽量取大，但用四色对称网点（黄、品红、青、黑四块版）时，只允许在90°内分配4个色版，若采用均等度差22.5°，则会产生较明显的龟纹，有损阶调再现。权宜之计是采用不等度差，即弱色与强色之间的角度差为15°及强色与强色之间的角度差为30°。网点角度的具体设置如表4-1-1所示。

表4-1-1　网点角度的设置

色数	色版类型	网点角度	
		90°内	180°内
四色	弱色（黄色）	0°	0°
	强色	15°	15°
	主色	45°	135°
	强色	75°	75°
三色	次色	15°	15°
	主色	45°	135°
	次色	75°	75°
二色	主色	45°	135°
	次色	75°	75°
单色		45°	45°

龟纹必然存在，只能尽量减小它对图像质量的影响。通常避免醒目龟纹的方法是加大各色周期网点间的网线角度以减少莫尔条纹间距。实践证明，如果四色印刷中网线夹角不小于22.5°，可以有效控制龟纹对图像质量的影响。在分配四色网点角度时，尽可能把重色放在45°，也可以减小龟纹的可见性。所以，多色印刷一般采用如下网点角度分配：

单色为45°，双色印刷时，主色为45°（135°），次色为75°，三色印刷可采用Y15°、M75°、C45°，四色印刷可选择Y0°、M15°、C75°、K45°，或者选择Y7.5°、M22.5°（45°）、C67.5°（45°）K45°。

四色印刷常用的加网角度是0°（90°）、15°（105°）、45°（135°）、75°（165°），分别用于黄、品红、黑、青四种颜色油墨。网版印刷的加网角度会受到丝网经纬线的影响，直接使用上述加网角度有可能不好。可以有三种解决方法：一是采用斜绷网方法，是加网角度与丝网经纬线方向错开一个角度；二是正绷网，但在晒版时让胶片统一旋转一个角度，与丝网经纬线错开；三是采用其他的加网角度，与丝网经纬线错开，如使用7.5°、22.5°、45°和67.5°分别用于黄、品红、黑、青四种颜色油墨。单色印刷品一般采用45°加网，因为从视觉角度看，45°的网点图像舒适美观，表现稳定，人眼对网点存在的敏感度最低。

2．加网线数的选择

网版印刷加网线数的选择与下列因素有关：

（1）承印材料的表面性质（平滑度、粗糙度、纹理结构、吸收性、不吸收性）粗糙、起伏表面，分辨率低，则对应的网点要粗，即加网线数低；反之则对应的网点可细，加网线数高。非吸收性表面，网点扩大少，则对应的网点可细，可设置较高的加网线数；吸收性表面，网点扩大多，所以对应的网点要粗，所设置的加网线数应低些。

（2）印品的尺寸及观察距离　一定的观察距离下，观察印刷品的网点间距所构成的人眼张角应等于或小于0.02°，因此可以得出加网线数与印刷品的尺寸、观察距离之间的关系如表4-1-2所示。

表4-1-2　加网线数与印刷品的尺寸、观察距离之间的关系

印刷品尺寸	观察距离 /m	加网线数 / lpi	印刷品尺寸	观察距离 /m	加网线数 / lpi
小于16开	小于0.5	90 ~ 120	对开	2 ~ 5	12 ~ 18
16开	约0.5	60 ~ 90	全开	3 ~ 10	12 ~ 15
8开	0.5 ~ 1	45 ~ 60	大于全开	3 ~ 20	30
4开	1 ~ 3	38 ~ 50			

表4-1-2数据表明：观察距离越大，网点可粗些，所设置的加网线数可低些；反之则网点可细些，所设置的加网线数应高些。若在观察距离很大的情况下，采用较高的加网线数，则对应的网点很小，不仅复制困难，而且远看效果反而变差，即反差不足，阶调平淡。

（3）色饱和度与色调控制　如果要求印刷品中的大部分色调都能看得出来，就应该采用较低的加网线数来制作分色片。因为分色片与印刷品之间的网点尺寸发生任何变化，都会导致色调失控，颜色和色强度偏移。加网线数越高，网点越小，就越难保持这些方面的质量。如果印刷品中的网点直径比制版原稿增大0.03 mm，则当用20lpi的加网线数时，网点增大5%，而当用60lpi的加网线数时，网点增大13%。从某种程度上说，每平方厘米的网点密度表明了控制这些质量的难易程度。我们一方面希望原稿中的层次尽可能多，但又想能够控制色强度和阶调，细微层次要求网点要小，而颜色和色调控制却要求网点要粗，这是一对矛盾。当采用的加网线数为85lpi时，每平方英寸的网点数比加网线数为65lpi时多71%，这样，这一相同的面积上，前者所含有的网点数几乎是后者的2倍，因此应该选择能够处理和控制的加网线数。

3．印刷系统的条件

加网线数应与丝网、油墨及印刷等条件相适应。采用胶印时我们能印150 ~ 200lpi，但目前丝印一般只能印100lpi以下，用UV油墨最多也只能印120lpi。

网点形状的选择，不同的网点形状对油墨传输的干扰反应不同。例如：在印刷中，正方形网点在50%阶调值处首先显现出不理想的色调值跳跃；圆形网点在65% ~ 75%阶调值处显现出不理想的阶调跳跃；椭圆形网点则在35%（纵轴）和65%（横轴）阶调值处显现出不理想的阶调跳跃（比方形和圆形要好些）。因此在数字加网技术中，往往将不同形式的网点组

合起来，这样，一方面阶调值跳跃的影响减轻，另一方面在高光区和暗调区也可获得好的图像。采用的网点组合形式可以为：在遮盖面积45%以下的区域为圆形；遮盖面积45%～60%的区域为椭圆形；遮盖面积60%以上的区域为正方形。如果不可能将不同形式的网点组合，那么应该采用椭圆形网点。另外，应该避免网点形状与丝网网孔的形状相同。

（三）注意事项

往往一个效果可以使用不同的方法实现，取决于对各种方法的掌握程度，要对各种效果的制作方法进行仔细研究。

二、多色网目调图像电子文件制作

学习目标	了解计算机彩色图像处理系统的应用及相关软件的功能，掌握制作多色网目调图像电子文件的技能。

（一）操作步骤

制作多色网目调图像电子文件的步骤。

（1）分析版面的内容，制订制作方案。

（2）原稿输入，包括图像原稿和文字原稿。

（3）修图。对扫描的图尺寸进行精确剪裁，对原稿缺陷及扫描缺陷进行修版，用图章工具修补图中的不要部分。修图结束要将图像保存，保存格式一般为TIF格式。

（4）进行图像处理，进行必要的创意。如图像的合成、拼接、绘制、变形等，达到特殊的视觉效果。

（5）阶调调整、分色、颜色调整和最终文件格式存盘。目前的制作工艺一般都是在图像处理软件中进行分色，用于组版的图像文件都是CMYK颜色模式文件，这样可以直观地在显示器上看到分色后的效果，也便于检查图像关键点的颜色是否正确。一般来说，图像的阶调调整和定标最好在图像扫描环节完成，在图像处理软件（如Photoshop）中只应该进行少量的微调，大幅度调整会造成图像层次的损失。在图像处理软件中调整图像阶调最好在RGB模式下调整，这样的调整损失较小，在分色时还可以得到补偿，而在CMYK模式下调整的阶调损失是永久的。

同样，大范围的颜色调整和整体偏色校正也应该尽量在扫描图像时完成，在图像软件中进行微调，避免因调整而产生损失。小幅度的颜色调整可以在CMYK模式下进行，这样的颜色调整是最终的，不会由于分色的计算而改变。

在图像处理过程中，要经常将处理的中间结果进行保存，以免信息丢失。中间过程文件的保存，原则上可以使用任意无损失的格式，但最好使用本软件特有的格式，如使用Photoshop时可保存为PSD格式，这种格式可以保留制作过程的所有信息，如图层、通道等，便于以后的修改。但在处理结束和分色完成后，必须将通道删除、图层合并，将图像文件保

存为通用的格式，用于下一步的组版。用于组版的文件格式最好是TIF或EPS格式，因为这两个格式是最通用的格式，各种图形处理软件和组版软件都可以支持，在输出时不会出现错误。

（6）绘图和组版。将页面中的各个图像文件按尺寸和位置要求组合成版面，按设计版式要求绘制必要的装饰图形，设置底色。如果所绘制的图形比较复杂，可以单独绘制，保存为单独的文件，在组版时导入页面。

（7）检查和打样。对做好的页面进行核对检查，对照任务通知单和版式检查是否全部完成，是否有丢项，文字是否有丢字、错字、错位等现象。初步检查后进行打印检查和打样检查，确实无误后才能输出。

（8）输出。将文件传给输出中心或发送到照排机输出胶片。

（9）检查胶片质量。对输出的胶片要进行质量检查，如果不符合质量要求或出现错误，则需要找出原因，进行修正，重新出片。主要检查内容包括：

① 输出是否正确，是否有丢失页面内容的问题，如缺字、错字、错位、页面中图像或图形元素的尺寸或位置是否正确等。

② 胶片输出尺寸是否正确，分色片数量是否对，裁切线和页面标记是否齐全，注意是否有专色版。

③ 胶片的密度是否达到晒版的要求，梯尺的网点是否准确。

④ 阴、阳图药膜面是否正确。

印前制作流程图如图4-1-1所示。

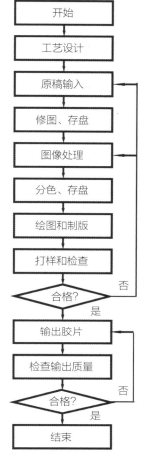

图4-1-1　印前制作流程图

（二）相关知识

彩色图像处理系统的应用及相关软件的功能。

针对图形的处理和图像的处理，出现了各种功能非常强大的软件。我们可以将各种软件根据主要的功能划分为图像处理、绘图和组版三类，其中后两类软件都是采用图形处理方式的软件。但这三类并不是截然划分的，很多软件的功能互相有重叠。尤其是现在的软件功能越来越强，这种重叠还在不断增加，但有的软件虽然有这种功能，但功能比较弱，使用不方便，还是应该做哪类工作就使用哪类功能最强的软件。

1. 图像处理软件

这类软件以Adobe Photoshop为典型代表，它的功能非常强大，几乎所有的印前制版图像处理都使用这个软件。Photoshop的主要作用是编辑图像。在实际使用中，可以将它的编辑图像功能分为两大类：基本功能和高级功能。

基本功能包括图像的打开、保存、剪裁、修改尺寸和分辨率、修理缺陷（修版）、阶调调整、颜色调整、分色、改变图像格式等。80%以上的日常图像处理工作都是使用这些基本功能。基本功能的掌握和操作并不难，但在日常工作中要大量反复地使用，因此要特别熟练

地操作，要有较快的操作速度。对于图像阶调调整和颜色调整工作则要有一定的工作经验，要对图像有一定的理解，掌握印前处理与印刷之间的关系。

Photoshop还可以直接与扫描仪连接，使扫描得到的图像直接进入Photoshop，并对扫描图像进行必要的编辑修改，以提高工作效率。

高级功能主要是图像特技的处理，包括图像的合成拼接、融合、图像的创意等特殊效果的操作。这些操作通常要使用Photoshop中路径、通道、图层、滤镜等高级功能，甚至还要使用第三方软件，需要很强的技巧和一定的美工功底，不仅要下功夫学习，还要通过大量的练习和实践才能掌握。通常这种设计创意的工作由广告公司或设计人员完成，有时也由客户提出要求，由印前操作人员完成。

在图像处理软件中也可以使用文字，但所有输入图像中的文字都被按照图像来处理，也就是说，要把文字转换为与当前图像分辨率一样的图像，如300dpi，这样就降低了文字的精度，如果要输出比较小的文字，就有可能由于分辨率太低而造成丢失笔画或笔画边缘出现锯齿。因此，在图像处理软件中仅适合做一些字号大的标题字，而且是有一些特殊效果的字体，如金属字、立体字、变形字等，不适合编排文章等大篇幅的文字。在情况允许的条件下，文字的编排都应该尽可能在组版软件和绘图软件中进行。

2．绘图软件

绘图软件的主要功能是画出非常漂亮和逼真的图画，往往用来制作插图。与图像处理软件最大的区别在于，绘图软件使用图形技术画图，无论多么复杂的图案，都是由简单的线条和形状组成的，每个这样的基本线条和形状都可用几何的方法描述，在计算机内部进行计算和描述，而不像图像处理软件那样用每一个像素点的颜色来描述图像。

绘图软件的最基本功能是画线、画几何图形和填充颜色，所填充的颜色既可以是实色，也可以是渐变色，还可以是其他图案的填充。任何复杂的图形都是由许多基本图形组成的，尤其适合绘制一些有规律，或者重复排列的图形。但在大部分的情况下，使用绘图软件都是绘制一些简单的、装饰性的图案，如一些花边、几何图案等。有些文字不多，但又需要绘图的版面也可以用绘图软件来进行组版，这样可以免去更换组版软件的麻烦，有利于提高工作效率。

在绘图软件中还可以使用文字，而且在这里使用的文字都按照图形处理，可以将字体转换为曲线，像处理其他图形那样对字体进行编辑，如改变形状或填充特殊的颜色等。在这里所处理字体的精度只取决于输出设备的精度，因此可以保证很高的字形输出质量。

但是，绘图软件的主要功能还不是处理文字，它处理大篇幅文字的功能还不强，尤其是一些排版功能较少，文字的定位对齐等功能都较弱，所以只能处理少量的文字，如制作书的封面，制作一些招贴广告等以创意设计为主的活件。

最常用的绘图软件有Illustrator、CorelDraw、方正飞翔等。

3．组版软件

组版软件的作用是把图像、图形、文字等各个页面元素组合到一起，形成需要的版面。因此，尽管这类软件也是基于图形处理技术工作的，但这种软件与前两类软件相比，处理和制作的功能相对较弱，而排版、组版的功能非常强大，文字处理功能完善，使用简单，适

合将别的软件处理好的内容组合到一起，实现图文的混排。组版是印前处理的最后阶段，组好的版面就要进行输出，所以组版软件又是用来连接制作和输出的，它的输出功能也比较强。

组版软件尽管也有很多功能，但相比之下是这三类软件中使用最简单、最容易掌握的一类。组版软件的特点是，适合制作以文字为主的版面，适合制作多页的文件，可以自动生成页眉、页脚和页码等固定的元素，自动按版式排版，以提高排版效率。但它的制作功能比较薄弱，没有图像处理功能，只能调入制作好的图像，绘图功能也不很强，只能绘制比较简单的图形，如线条、方形和椭圆形等几种简单或有规则的图形。

典型的组版软件有PageMaker、QuarkXPress、InDesign、方正书版、方正飞翔等。PageMaker与InDesign软件都是Adobe公司的产品，但PageMaker软件到6.5版本后不再升级更高的版本，而是由Indesign软件取代。从软件功能上看，InDesign和方正飞翔两个软件综合了绘图软件和组版软件的功能，既有完善的组版功能，又有很强的绘图功能，使用起来更加方便，制作的效率更高。

了解了这三类软件的特点和功能后，在使用过程中就应该合理地选用不同的软件，在开始制作之前就应该首先设计制作的路线和制作的顺序，设计在每一个制作环节应该使用哪个软件的制作效率最高，制作效果最好。有的时候，同一个效果可以由不同的软件用不同的方法来实现，但实现的效果和实现的难易程度以及对后工序的影响都不同，需要仔细考虑。例如，要为书的封面设计一个渐变色的底色，可以有两个设计方案，一是在Photoshop中制作一个与书封面同尺寸的渐变色，另一个方案是在绘图软件中填充一个渐变色。尽管两种方法的制作难度基本一样，但效果却不一样。用Photoshop制作的渐变色是图像，制作好的文件比较大，因此制作速度和文件的传送速度都较慢；而用绘图软件制作的渐变色占用空间非常小，制作速度也非常快。如果在该封面中还有比较大的图像，而且标题字也要用图像方法制作，就可以考虑在Photoshop中将图像与渐变色叠合在一起，作为同一个图像文件，这时不会使最终的文件增加很多；但如果封面中的图像很小，标题字也不需要使用图像，则使用绘图软件排版就非常方便快捷。因此，制作前的工艺路线设计对提高制作效率和效果有着非常重要的作用，值得重视。应该说，能够熟练掌握各种软件配合使用的技巧，是印前制作的最高境界。

（三）注意事项

（1）用于组版的图像文件，一定要保存为TIF或EPS格式，并且合并图中的图层，删除额外的通道，只保留CMYK四个通道。一般组版软件不能使用Photoshop的PSD格式文件，当图像文件中有图层和额外通道时，在输出时经常会出错。

（2）尽管目前很多RIP支持色彩管理，可以用RGB图像文件直接分色输出，但因为在图像处理软件中分色可以直接看到效果，有问题还可以进行调整，所以通常要输出CMYK图像文件。输出CMYK图像文件和RGB图像文件的RIP设置是不同的，如果设置是CMYK模式输出，而页面中有RGB图像，则RGB图像的输出肯定会出错。

三、底片输出

学习目标　了解电子加网分辨率与输出分辨率的关系，激光照排机和喷绘机的工作原理，掌握使用激光照排机和喷绘机输出底片的技能。

（一）操作步骤

1．使用激光照排机输出底片的步骤

（1）打开照排机，检查照排机的工作状态，检查胶片的规格和数量，是否够完成本次输出的数量。打开显影机并预热，使显影温度达到工作温度才可使用。

（2）检查电子文件是否齐全，文件是什么格式，是PS、PDF格式还是组版文件格式，如果是组版文件格式，检查页面中使用的图像文件是否齐全，图像文件是RGB颜色模式还是CMYK颜色模式，考虑是否对RGB颜色模式图像进行处理。

（3）在栅格图像处理器（RIP）中设置合适的参数，如输出分辨率、加网线数、色彩管理文件、字体等。解释页面文件，在预视窗口察看解释的结果，检查页面内容是否正确，各色版是否齐全，各色版的加网是否正确，字体是否有错误和错位等，检查页面中是否有太细的线条或太小的字体，对照印刷条件，确认是否能够用丝网印刷出来。尽量仔细检查，避免输出胶片后造成废品。

（4）确定文件解释无误后，送照排机输出。显影胶片。

（5）检查胶片是否有问题，色版数量是否齐全，胶片的实地密度是否满足晒版要求，网点是否准确，阶调是否满足网印要求。

2．使用喷绘机直接制版的步骤

（1）打开喷绘机，检查工作状态是否正常，尤其是墨头的情况，不能有堵塞，必要时打印一个测试样。

（2）检查电子文件是否齐全，文件是什么格式，是PS、PDF格式还是组版文件格式，如果是组版文件格式，检查页面中使用的图像文件是否齐全，图像文件是RGB颜色模式还是CMYK颜色模式，考虑是否对RGB颜色模式图像进行处理。

（3）在栅格图像处理器（RIP）中设置合适的参数，如输出分辨率、加网线数、色彩管理文件、字体等。解释页面文件，在预视窗口察看解释的结果，检查页面内容是否正确，各色版是否齐全，各色版的加网是否正确，字体是否有错误和错位等，检查页面中是否有太细的线条或太小的字体，对照印刷条件，确认是否能够用丝网印刷出来。尽量仔细检查，避免输出胶片后造成废品。

（4）确定文件解释无误后，送喷绘机打印输出。

（5）打印时注意观察打印过程，随时注意可能发生的问题。打印结束后检查打印结果。检查是否所有内容都被正确打印，尤其是较细线条和细小文字是被打印出来，检查网点是否准确，阶调是否满足网印要求。

（二）相关知识

1. 电子加网分辨率与输出分辨率的关系

图像的分辨率和页面的输出分辨率不仅代表了图像的精度，还表示图像的信息量大小。图像的分辨率越高，包含的信息量就越大，能够复制的细节就越多。但是，图像的分辨率越大，构成的图像文件也越大，处理起来也越耗时。因此，在实际应用中总是采用一种折中的做法，在保证使用条件下，尽量减小图像的分辨率，以提高制作和输出的速度。

在将连续调图像输出时，要对连续调图像进行加网来实现阶调和颜色（用灰度级来表示）的变化，加网会造成页面连续调图像信息的丢失，使图像层次和颜色的变化变得不连续。事实上，人眼对图像阶调和颜色的分辨能力是有限的，还与观察的条件有关。只要能够满足眼睛的分辨要求，感觉就是连续的图像。

图4-1-2　网点的灰度等级

加网图像能够复制的图像阶调多少，取决于组成网点的记录像素数量，构成网点的像素数越多，通过像素的"黑"与"白"改变（即有墨与无墨）能够实现的灰度级变化越多，如图4-1-2所示为一个网点微观结构的放大图。每个像素的"黑"与"白"改变就构成一个不同大小的网点面积，形成一个灰度级。若1个10×10网格的网点可表现101级灰度等级。因此，根据这种原理，输出分辨率与能够形成的灰度级在理论上满足：

$$灰度级=\left[输出分辨率（dpi）/加网线数（lpi）\right]^2$$

例如，输出分辨率为2400dpi时，如果加网线数为150lpi，则由公式计算得到的理论灰度级为256级，正好是8位二进制能够表示的数值。

在实际应用中，眼睛并不能分辨出这么多灰度级，而且由于印刷的损失，也不能完全复制实现这么多灰度级，因此经常是低于理论灰度级，比如用2400dpi输出175lpi甚至200lpi的加网线数。但对于颜色渐变效果要求高的情况，使用大于理论灰度级的输出分辨率对提高渐变的均匀性有帮助。

2. 激光照排机和喷绘机的工作原理

（1）激光照排机的工作原理

① 绞盘式激光照排机。绞盘式照排机的工作原理如图4-1-3所示，照排胶片是连续的，由几个摩擦传动辊传送，通常有三辊和五辊结构，图示为三辊式结构。由计算机将页面信息转换为激光束的开关信号，有图文的地方被激光曝光，空白部分不曝光，激光束经转镜反射到胶片上，由转镜将激光束反射到一行的特定位置上，每转一次记录一行的信息，记录一行信息后胶片向前走一行，然后继续记录下一行，直至整个页面记录完毕。

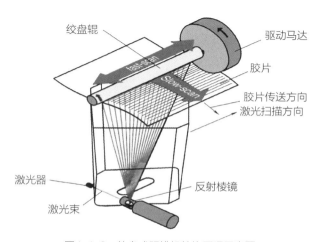

图4-1-3　绞盘式照排机结构原理示意图

绞盘式照排机具有结构简单、价格便宜、记录长度不受限制的特点，但也有记录精度相对较低、记录幅面不能太宽（通常不大于4开幅面）的缺点，因此属于中档照排机。

② 外鼓式激光照排机。结构如图4-1-4所示。外鼓式照排机的结构相对最为简单，激光光路短、精度高，适合记录大幅面胶片。工作时，记录胶片包裹在记录滚筒的外面，随滚筒一起转动，因此称为外鼓式。由计算机根据页面图文信息控制激光的开关，图文部分由激光曝光，空白部分无曝光。滚筒每转一周，激光束就在胶片上记录一行的信息，同时激光器由丝杠带动横向位移一行，因此激光束在胶片上扫描出一条螺旋线。通常的外鼓式激光照排机为了提高记录速度都采用多光束记录，如8束、16束甚至更多。这样，滚筒每转一周就可以记录多行的信息，可以成倍提高照排速度。

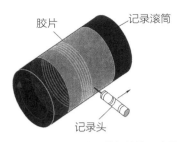

图4-1-4　外鼓式照排机结构示意图

外鼓式激光照排机分为全自动和手工上片两种。全自动上片照排机将胶片保存在避光的上片盒中，可以在明室中工作，感光胶片被完全密封在机器内；而手工上片的照排机需要在暗室中工作，每当上片或下片时需要打开机器盖，由操作员手工更换胶片。

③ 内鼓式激光照排机。内鼓式结构的照排机是精度最高的照排机，同时也具有操作简便、自动化程度高等优点，属于高档的照排机。所谓内鼓式结构是指照排胶片被吸附在记录鼓的内侧曝光，在曝光时鼓和胶片都是静止不动的，如图4-1-5所示。激光沿记录鼓的轴向照射，经位于记录鼓圆心的转镜反射到记录胶片上。转镜每转一周就记录一行信息，然后转镜由丝杠带动平移一行的距离记录下一行。

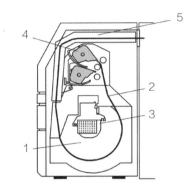

1—内鼓；2—胶片；3—激光组件；
4—供片盒；5—片路。

图4-1-5　内鼓式照排机结构示意图

内鼓式结构精度高的原因在于，在记录时胶片固定不动，没有机械位移的误差，激光经圆心的转镜记录，激光束到圆周各点的距离都相同，没有光学成像的误差。由于记录速度完全取决于转镜的转速，因此通常的转镜转速非常高，高达10000r/min以上，制造的技术难度很大。

（2）照排机的技术指标　照排机是一种高精度的记录设备，在使用中要满足一些高精度的技术指标和实际使用的要求，其中主要有以下要求。

① 记录精度。照排机的记录精度用照排机的记录分辨率来表示，即单位长度内能够记录的点数来表示，通常以每英寸记录（曝光）的点数来表示，记为dpi。照排机的记录分辨率越高，说明能够记录的点子越小（即每一个曝光点的尺寸越小），所记录的加网图像的灰度级可以达到越多。一般照排机的分辨率有几档可选，如1200、1800、2400、3000、3600dpi，甚至更高，在使用时可根据输出的要求选择。为满足一般彩色网目调图像的印刷要求，要求照排机的分辨率至少达到2400dpi。

② 套准精度。套准精度与记录精度虽然都是照排机的精度指标，但两者的意义不同。套准精度是指输出分色胶片时，第一色的胶片尺寸与最后一色胶片尺寸的准确性，也就是在

进行彩色印刷时不同色版套印能够达到的准确度。不同照排机的结构，可以达到的套准精度略有差别。一般内鼓式和外鼓式的套准精度最高，可达到5μm以内，而绞盘式的套准精度低一些，可达到10～15μm。这与照排机的记录方式和走片的方式有关。

③ 记录幅面。记录幅面关系到后工序的拼版，如果记录幅面足够大，可以免去手工拼版，在计算机的组版软件或折手软件中拼版，有利于提高制作的精度和速度。最常用的照排机记录幅面为4开和对开（2开），也有全开和8开的。其中不同厂家或型号的照排机还分为大度和正度的，在选择购买时要充分考虑所需要制作的活件尺寸。如果幅面小，大幅面的活件不能做，但幅面大，制作的幅面小，就意味着要浪费胶片，造成成本的增加。

④ 记录速度。记录速度决定了照排机的生产效率。对于大规模的企业，生产量大就要购买速度快的照排机。通常照排机的速度以1200dpi记录精度时每分钟记录的胶片长度来表示。

⑤ 光源波长。照排机的记录光源为激光器。激光器属于单色光源，所发光的波长范围极窄，因此要使用与其波长相匹配的胶片，否则不能感光。目前使用最多的是氦氖激光器和半导体激光器，相应的发光波长为633nm和780nm，可使用红光胶片记录。

（3）喷绘机的工作原理　数字式喷绘机属于非接触式印刷，它应用电子计算机储存信息，而不必将图文信息存储于印版上。用电子计算机控制高速微细墨滴，喷射到承印物表面上制成图像，工艺过程如图4-1-6所示。

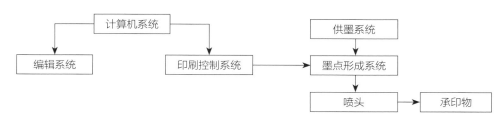

图4-1-6　数字式喷绘机工艺流程

喷绘机的成像装置由喷墨头组成。为了提高喷绘的速度，通常喷墨头由几十个甚至上百个或更多个组成，一次可以喷出一定宽度的范围。印刷图像时直接由计算机控制墨头，在需要的地方将墨水喷到承印物上，形成图文区。喷绘机按机械结构和承印材料形式可以分为平台式和滚筒式，前者适合印刷各种平面形状的承印物，包括硬质的材料如玻璃、金属、木材等，网版直接制版机就属于这类；后者适合印刷柔软的纸质或薄膜材料，是使用最多、最常用的类型。按喷墨的原理有连续喷墨和按需喷墨两种，按喷墨机制划分主要有压电式和气泡式喷墨两类，还可以按照颜色数量分为四色、六色、八色或更多颜色的喷墨打印机。

目前喷墨打印机的打印工作方式大部分为压电喷墨和热气泡喷墨两大类型，这两种类型都属于按需喷墨方式，即只有在图文区域才喷打墨水的方式。

压电喷墨技术是将许多小的压电陶瓷放置到喷墨打印机的打印头喷嘴附近，利用它在电压作用下会发生形变的原理，挤压墨腔中的墨水，使喷嘴中的墨汁以非常小的墨滴喷出，用墨滴在输出介质表面拼成图案。为提高打印速度，通常都是使用多个喷头组成列阵，同时打印多个点。图4-1-7为单个压电喷墨头的放大图，当压电管通电变形后，挤压导管，使其变形，迫使喷墨导管中的墨水喷出。用压电喷墨技术制作的喷墨打印头成本比较高，所以为了降低用户的使

用成本，一般都将打印喷头和墨盒做成分离的结构，更换墨水时不必更换打印头。它对墨滴的控制力强，容易实现高精度的打印。缺点是喷头堵塞的更换成本非常昂贵。目前EPSON公司产的喷墨打印机都采用这种喷墨原理。

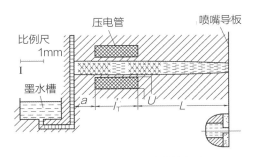

图4-1-7　压电喷墨头的放大图

热气泡喷墨技术的工作原理是通过喷墨打印头（喷墨室的硅基底）上的电加热元件（通常是热电阻），在3μs内急速加热到300℃，使喷嘴底部的液态油墨汽化并形成气泡，该蒸气膜将墨水和加热元件隔离，避免将喷嘴内全部墨水加热，如图4-1-8所示。加热信号消失后，加热陶瓷表面开始降温，但残留余热仍促使气泡在8μs内迅速膨胀到最大，由此产生的压力压迫一定量的墨滴克服表面

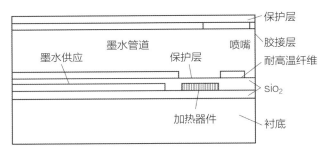

图4-1-8　佳能公司BJ系列喷墨打印机结构及供墨管道

张力快速挤压出喷嘴。随着温度继续下降，气泡开始呈收缩状态。喷嘴前端的墨滴因挤压而喷出，后端因墨水的收缩使墨滴开始分离，气泡消失后墨水滴与喷嘴内的墨水就完全分开，从而完成一个喷墨的过程。目前，惠普公司、佳能公司的喷墨打印机都使用这种方式打印。

喷墨打印机的价格相对便宜，呈色范围宽广，打印质量较高，打印幅面可以很大，可以使用多种承印材料，如纸张、织物及特种材料等，因此应用非常广泛，是目前印刷行业使用非常多的数字打样设备。使用喷墨打印机进行网版的直接制版是一种非常巧妙的方法，可以用很低廉的成本制作网版，提高了网版制版的数字化程度。

（三）注意事项

（1）在使用喷绘机制版时需要注意检查喷墨头是否有堵塞的情况，尤其是间断一段时间没有使用后，往往墨头会堵塞，按喷绘机规定的方法清理墨头。

（2）用喷绘机制版时要注意墨量是否足够打印整个版面，一定不能在打印过程中停机换墨。

第二节　膜版制作

一、选择丝网

学习目标　通过学习了解高精度印刷对丝网性能的要求，掌握选择高精度印刷用丝网的技能。

（一）操作步骤

高精度印刷对丝网的选择步骤：

（1）了解高精细印刷产品需要。

（2）根据产品精度要求和特点选用适用丝网。

① 不锈钢丝网。平面稳定性极好，制作图形尺寸稳定，适用于印刷高精度的线路板等产品。

② 高结合力丝网。高结合力丝网属于高目数单股聚酯丝网。丝网在涂布各种感光剂之前都需要进行彻底的表面处理，随时都可以使用，绷好网张力稳定后，直接涂感光胶，无须使用除脂化学剂或其他附着促进剂进行处理。这种丝网在网版生产的时间和网版的附着牢度方面具有独到的特性，用它制得的网版具有很高的耐印力。

曝光不足对网版的抗化学性能和抗机械性能有不利影响，但有些时候，为了使网版的最精细层次都能够分辨出来，曝光不足是不可避免的。例如：要产生高密度网目调和高分辨率的高光网点，使用高结合力丝网曝光不足反而是比较安全的。使用纯感光聚合物和毛细感光膜片，曝光时间可以减少50%，而网版的附着牢度没有任何损失。

③ 超高张力丝网。超高张力丝网是用高目数聚酯单股丝精密纺织的丝网，它对气候条件变化几乎没有任何反应，而且具有延伸率低的标准特性，是多色印刷和精密印刷的较佳选择。

④ 电路板专用丝网。

⑤ 复合丝网。由两种以上不同材料共同构成丝的丝网，例如PC丝网的内芯为高强度涤纶丝，保证高张力、提高印刷精度，外芯为软性特殊涤纶材料，提高耐印力及油墨良好的透过性质。

（二）相关知识

1．高精度（细）印刷的概念

所谓高精细印刷，是相对于普通网版印刷的精度而言，如果在1mm宽度范围能印刷四对以上黑白相间的线条（每根线宽125μm以下），我们把能达到这种精度的网版印刷方法，叫做精细印刷。

加网线数150lpi以上或者阶调控制范围不小于10%～90%的网目调印刷也称为精细网印。

2．高精度印刷对丝网性能的要求

高精度丝网印刷，要求丝网高强度、过墨性好、脆性小、拉伸率小，对潮湿的环境"冷流延伸"不敏感，印刷尺寸比较稳定，套印准确，成本较低。

（三）注意事项

有些高精细丝网印刷产品可以选用不同的丝网类型来满足使用要求，但对不同类型丝网的成本不同。因此，正确选用丝网除了要考虑技术的要求以外，还应该对丝网的成本有所了解，实现在满足精度要求的前提下节约成本。

二、用高强度、低拉伸率的丝网制作网版

| 学习
目标 | 通过学习，能制作高精度网版。了解高精度印刷网版的技术要求，掌握用高强度、低拉伸率丝网制作网版的技能。 |

（一）操作步骤

用高强度、低拉伸率的丝网制作网版的步骤。

（1）选用高质量丝网。经纬线平行一致，丝线均匀一致、光洁、平整。

（2）选择目数较高的丝网。

① 细线条图形。应选用270～320目/in，丝径为31μm的丝网。

② 阻焊图形。应选用180～200目/in，丝径为34μm的丝网。

③ 字符图形。应选用250～270目/in，丝径为34μm的丝网。

④ 网目调图形。应选用355～390目/in，丝径为29μm的丝网。

（3）选用牢固且稳定的铝合金网框。

（二）相关知识

1．选择目数较高、品质较好的丝网

丝网的使用除了与目数、孔径等参数有关外，丝网的表现特性、编织状况也对丝网的使用有较大影响，因此在选择丝网时，还要注意以下几方面：

（1）丝网的丝线要均匀一致，才能保证网孔大小均匀，印刷时墨量也才均匀。

（2）丝网的经、纬线要求平行一致，否则必然导致下墨不均匀。

（3）丝网表面光洁、平整、无疵点，否则会影响印刷墨色的均匀。

2．金属框牢固而稳定

制作高目数精细网版普遍采用铝合金材料，铝合金框质量轻、坚固耐用、稳定性好、耐水、耐溶剂性好。

选用金属框时应注意：

（1）框边、框角应加工成圆弧状，以防丝网在绷网时被撕破、在晒版时钩损晒版机橡皮布。

（2）焊接处要光滑、无空隙，防止印刷作业中溶剂浸入框管内产生腐蚀。

3．绷网要求

绷网要求张力应在22～26 N/cm，绷网后在室内放置1～3天后使用。

4．感光膜涂布

感光膜涂布最好采用涂布机，以保证均匀平整的涂胶面。细线条膜厚控制在5～8μm；制阻焊图膜厚控制在10～15μm；制字符图膜厚控制在8～10μm；网目调膜厚控制在4～6μm。

间接制版法、直/间制版法更适合精细印刷制版。

5．显影

用水喷枪显影，将水喷至各个部位消除死角或冲不干净的情况。

其他要求同一般制版。

（三）注意事项

高精度丝网印刷网版的质量除与丝网类型、网框性能有关外，还与制作的工艺有很大关系，必须严格控制制作的工艺条件和操作方法。

三、绷制高精度印刷的网版

| 学习目标 | 了解各种绷网机的特点及性能比较，掌握绷制高精度印刷用网版的技能。 |

（一）操作步骤

（1）选用丝网和网框、检查绷网机状态。

使用材料为涤纶丝网或镀镍涤纶网。

（2）预先设定张力要求。

电路板及计算尺等高精度网印版额定张力为22～24N/cm。

（3）丝网装入条形夹钳、校正丝网，使网纱及绷网装置与条形夹具边缘平行。

（4）丝网进行预拉伸。

通常的拉伸强度为丝网最大拉伸限度的60%～70%，静置几分钟。

（5）减压。

（6）增压，静置几分钟。

（7）反复减压、增压2～3次进行松弛。

（8）增压拉伸至预定的张力数据，静置15min，测定网纱张力。

（9）当达到张力要求后，用粘网胶黏结。

（二）相关知识

1．绷制高精度印刷用网版的张力控制

网版印刷精度与丝网印版的精度有关，而丝网张力是影响网印质量的重要因素之一。

最合适的网版张力应该是丝网在刮板运行过后，立即与承印物表面相脱离，同时丝网与承印物表面的距离应该使丝网延伸至网印图形的伸长保持在允许误差范围之内。

绷好的网要既不失弹性，又有好的抗伸长性，以保证小网距、高精度的印刷要求。符合这种条件的绷网张力，称为额定（最佳）张力。表4-1-3列出不同印刷任务时的额定张力，供参考。

绷网的张力也可以用丝网的拉伸量来控制，表4-1-4为SST丝网的弹性极限和印刷时丝

表4-1-3 不同印刷任务时的额定张力

丝网类型	印刷任务类型	额定张力／（N/cm）	丝网类型	印刷任务类型	额定张力／（N/cm）
涤纶丝网或镀镍涤纶网	电路板及计算标尺等高精度网印	22～24	尼龙丝网	平整物体	22～24
	多色网印	20～24		弧面或异形物体	4～6
	手工网印	18～20			

表4-1-4 SST丝网的额定伸长值

丝网／（目/cm）	丝网类型		
	涤纶丝网	尼龙丝网	镀镍涤纶网
10～20	1.0%～1.5%	2.0%～3.0%	0.5%～1.0%
20～49	1.5%～2.0%	3.0%～4.0%	
49～100	2.0%～2.5%	4.0%～5.0%	0.5%～1.0%
100～200	2.5%～3.0%	5.0%～6.0%	

网的伸长极限。

整个网版版面的张力要求保持均匀一致，各测量点的张力误差要控制在一定的误差范围之内。因为张力不均匀会使油墨的剪切应力不断变化，墨层厚度难以控制，使同一图形印制版内一个部位与另一部位的墨层厚度以及每次印制版之间墨层厚度均匀性难以达到一致，从而会导致印刷图形和尺寸产生不规则的变化，妨碍印刷图形的定位与套准。

在网印操作中经常碰到这样的事，因为网纱张力不足，使丝网的回弹性不佳而造成油墨的离网性能不好。可以通过改变离网距离、油墨黏度、刮板硬度以及刮板压力等工艺参数的方法予以解决，如增加离网距离、采用低黏度油墨以及较大的刮板压力可以补偿丝网张力的不足，尤其是离网距离的增加效果似乎更好。但其实采用这些方法时，只会加大已经存在的难题，因为当定位及套印第二色时，因离网距离的增大，丝网张力亦受改变，刮板压力亦需增大，而使对位更加不准确造成图形印刷处的跑位即套印不准。

印刷图形质量与绷网、张力之间的关系是很密切的，实际的操作经验以及许多资料都证明了这一点，表4-1-5说明图形质量与绷网之间的关系。

表4-1-5 绷网与图形质量的关系

图形质量	绷网考虑的因素			
	绷网均匀	网纱方向一致	防撕裂和网角撕裂	网纱预先受力
尺寸准确度	张力不均匀导致尺寸和图形变化，边缘不平直	无影响		
定位与套准	张力不均匀妨碍图形定位和套准的再现性	无影响		

续表

图形质量	绷网考虑的因素			
	绷网均匀	网纱方向一致	防撕裂和网角撕裂	网纱预先受力
印料涂层厚度控制和均匀性	印刷料涂层沉积不均匀的直接原因是丝网张力不均匀，由于印料的剪切应力不断变化，印料涂层厚度和均匀性控制几乎不可能	不规则网纱（云纹成角度等）将使网孔不规则，产生相应的印料沉积不均匀的问题	丝网撕裂将使张力不均匀，产生与之相应的问题	网框预先不受力，在初期生产阶段张力将急剧下降，产生与张力有关的所有问题
印刷图形边缘质量	张力不均匀或很差，将引起图像边缘的固定部位蹭脏，由网版与承印物分离不好所致	网纱方向不规则出现不理想的边缘（锯齿形或边缘有网点和缺口）和其他形式的不完善印刷		
龟纹图形和网孔痕迹	丝网的任何一种因素不规则（张力、纱线方向、网孔尺寸等）都将在网点印刷中出现龟纹图形，此外张力差——不管因何种原因造成都将妨碍网版与承印物的适当分离，在印料上留下网纹痕迹			网框对龟纹图形没有直接影响，但由于网框所造成张力损失可能会产生套准问题，此问题可产生龟纹图形

2．各种绷网机的特点及性能比较

绷网机主要分为机械式和气动式两种机型。

（1）机械式绷网机　机械式绷网是指丝网的夹持和拉伸均由机械实施。机械式绷网机根据动力来源可分为手动式和电动式。其主要由绷网夹头、工作台（长方形平台）、机械传动系统、丝网安置架、控制器等组成。绷网夹头安装在工作台的四边。由四边夹头将丝网夹紧，然后通过机械传动系统带动夹头将丝网向四个方向拉紧，直至达到张力要求。手动式与电动式基本结构相同，只是手动式是通过手工摇动螺旋拉杆来张紧丝网，而电动式则

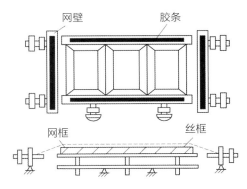

图4-1-9　机械式绷网机结构示意图

是利用电动机带动机械传动系统而将丝网拉紧，图4-1-9为机械式绷网机结构示意图。

机械式绷网机的特点是噪声小、绷网速度快、易于操作；但其拉伸的均匀性比气动式绷网机要差，绷网张力也不如气动绷网机易于控制。

（2）气动式绷网机　气动式绷网主要由空气压缩机、气动系统、气动控网器（网夹、气缸）等组成。绷网时通过气压传动而带动拉网器，将丝网张紧。

① 由于所有气缸的气路彼此相通并与空气压缩机相连，从而保证每个拉网器拉力相等，这能较好保证丝网张力的均匀和丝向的一致。绷网张力由气压表控制，所以张力十分稳定，对于多版重复绷网，其张力可保持一致性，从而可满足高精度多色套版印刷。

② 通过气动绷网机反复拉伸丝网，使张力松弛在粘网前减小到最低点。绷紧的网版过一段时间会变形，这除了网本身的变形外，还有丝网的张力松弛，通过反复拉伸丝网，可使绷紧的丝网版张力更稳定。

由于气动绷网机拉力强度大、拉伸平衡、拉力均匀，绷网质量高，已成为目前国内外最

常用的绷网设备，缺点是工作时有较大的噪声。

（三）注意事项

绷网张力大小设置除与印刷活件精度要求有关以外，还与丝网性能和允许张力范围、网框性能和允许张力范围、绷网设备条件等因素有关，在选择网版材料时要综合考虑。

四、涂布感光胶

> **学习目标**　通过学习了解厚膜版的特点及应用，掌握确定厚膜版胶膜厚度和涂胶次数的技能。

（一）操作步骤

制作厚膜版（30μm）的步骤。

（1）了解本产品要求达到的墨层厚度。

（2）确定网版涂胶厚度。

网版涂胶厚度=油墨厚度×（1+25%）（因为油墨厚度为网印版厚度的70%～75%）。

（3）在网版印刷面重复快速涂胶、烘干。

（4）用膜厚计测量网版厚度达到需要厚度。

（二）相关知识

厚膜版的特点及其应用。

近年来在网印行业中，出现了新的厚版（30μm以上）网印工艺。厚版印刷用途很广，越来越受到行业和客户的青睐。尤其在电子部件的生产中，将取代铸型、喷射式模加工等工艺，也很适用于纺织品，主要是文化衫、服装、装饰、工艺品等印花，具有图文色彩鲜艳，立体感强，层次丰富，牢度好，耐洗力强等优点。

以织物三维印花工艺为例。

一些油墨乳剂制造商和纺织品研究、印花公司推出了一种新型T恤网印工艺，墨层厚度可达60μm，甚至更厚，同时可以有效地控制墨层的凸起。据报道，在着墨性能良好的平面及无孔承印材料上的墨层厚度可达250μm左右。

然而墨层厚度并不是服装三维印刷最显著的特点，最引人注目的是它的高分辨率和清晰度。三维印刷可使墨层的边缘十分清晰，看上去好似经过模切或激光雕刻的一般。三维印刷的墨膜不像高遮盖力油墨的印刷和塑胶油墨的印刷那样，图像边缘往往很薄，无论膜版有多清晰，印出的图像很容易被蹭脏；也不像发泡油墨那样，尽管能印出很厚的墨层，但固化后边缘不规则。而三维印刷品则清晰，看上去几乎像机械雕刻的一般。有的将三维印刷叫作"高密度印刷"，其实三维印刷的墨膜并没有特别高的密度，只是比常规固化的发泡油墨的密度高一些，但是没有高遮盖力白色塑胶油墨的密度高。

印刷三维图像绝不仅仅是使用一种不同的油墨或乳剂，成功的三维印刷需要掌握与普通印刷不同的操作工艺，三维印刷才能产生特殊效果。

1. 丝网

三维印刷使用60目/in（24目/cm）的丝网，绷在可重复绷网的网框上，张力至少为25 N/cm。这种丝网目前有五种线径，其范围为120～145μm，建议使用线径最细的丝网，如有可能最好使用染色丝网。原因是细线径的丝网可以使网版的开孔处填充尽可能多的油墨；选用染色丝网是因为三维印刷工艺使用的乳剂需要较长的曝光时间，而染色丝网可降低光散射性能。

2. 膜版涂布工艺

膜版厚度是影响墨膜厚度的主要因素，直接关系到固化后的墨膜厚度。试验表明，如果保证每一道涂布操作工序都很正确，固化后的墨膜可达到膜版厚度的90%。在三维印刷中，通常使用200μm的膜版。

每一种涂布方法所选用的乳剂类型稍有不同，但都必须采用快速曝光来补偿超厚的乳剂层。快速曝光型感光乳剂或纯感光树脂乳剂（液体或膜片）最好选用重氮或双固化类型。目前大部分膜版制作商都出售这样的液体乳剂和毛细感光膜片。

最基本的方法是用液体乳剂在丝网上反复涂布，需要在丝网的印刷面边涂布边干燥达15～20遍，使膜版达到所需要的厚度，其操作程序如下：

（1）将第一层乳剂涂布在丝网的印刷面，然后彻底干燥。

（2）涂完第一层乳剂并干燥后，再涂第二层。

（3）涂布第二层乳剂，干燥后再涂第三层。

（4）重复第（2）（3）步骤，直到达到所需要的膜版厚度。

这种方法的优点是可以用熟悉的技术进行操作，而且使用的材料手边都有。缺点是所花费的制版时间太长，同时乳剂层的厚度不好控制。最终的困难是由于这种涂布方法不规则，对涂的涂层总量很难控制而发生漏计的情况。

3. 毛细感光膜片工艺

一种快速制作超厚膜版的方法是把毛细感光膜片粘贴到丝网上，最理想的材料是一种最厚的纯感光树脂毛细膜片。目前150μm的直接毛细感光膜片已在市场上出售，200～250μm厚的膜片也面世。粘贴毛细感光膜片的程序如下：

（1）准备一块平板玻璃，边缘和四角要圆滑，并要保证丝网与膜片之间完全接触。

（2）在平板上放一张毛细感光膜片，乳剂面朝下。

（3）将丝网放到毛细感光膜片上，印刷面朝下。

（4）顺着毛细感光膜片的一边将一薄层液体乳剂倒在丝网上。

（5）将液体乳剂分散在整个丝网上，与毛细感光膜片接触，将膜片粘贴好。

（6）干燥乳剂层。等毛细感光膜片、直接乳剂层干燥后，从膜片上撕掉聚酯底基，在上面继续粘贴另一层毛细感光膜片，以增加膜版厚度。干燥这层膜片，然后撕掉聚酯底膜。重复第（3）～（5）步骤，不断增加乳剂层，直到达到所需要的乳剂厚度。

此种方法的优点是可按需要增加膜版的厚度，膜版表面平滑，而且很好控制乳剂层。缺点是操作程序较慢，当然不像液体乳剂涂布那样慢。

4. 网版曝光

无论采用哪种涂布方法，曝光时间往往都会走向极端，或过长或过短，很容易出现曝光不足的现象。有条件可准备一台曝光校准装置。

乳剂类型、厚度、涂布技术和曝光设备都会影响曝光时间，可以遵循下面的曝光规则：假如曝光光源是500kW的金属卤素灯，距离膜版1m，膜版涂布厚度为700μm，曝光时间则应该为7.5～8 min。

5. 清洗

曝光后，将网版的两面都浸湿，让乳剂浸泡几分钟，然后再漂洗。清洗过程不能急，要浸泡、漂洗一直到全部图像显现出来为止。如果使用的阳图片非常清晰而且密度较高，显影后的细微层次将会令人吃惊地清楚。网版的清洗时间比普通网版的要长，因此必须要有极大的耐心。

（三）注意事项

使用感光膜片制作厚膜网版时要参考膜片的使用说明，保证网版的耐印力。

第三节　印版制作

一、根据厚膜版质量判断和修正晒版工艺参数

学习目标　通过学习了解厚膜版的质量要求。掌握根据厚膜版质量判断和修正晒版工艺参数的技能。

（一）操作步骤

根据厚膜版质量判断和修正晒版工艺参数的步骤。

按照厚膜的质量要求和墨层厚度来设定制版的各项参数。

（1）根据印件的墨层厚度来设定厚膜版的胶层厚度。胶层的厚度又决定于原版的刮胶次数，刮胶次数多版膜就厚。

（2）设定曝光时间。根据感光厚膜版的胶层厚度来确定曝光时间，因为厚版胶层厚只能选用点光源，金属卤素灯，3000～5000W，灯距1～1.2m。还要根据丝网特性如厚度、颜色设定正确的曝光时间。

（3）选用水显影型。用常温水显影。

（4）封修后设定第二次曝光参数，第二次曝光时间为第一次曝光时间的3倍，增加网版强度，可使网版耐印力增加1倍。

（二）相关知识

厚膜版的质量要求。

现在的厚膜版制作方法有几种。先涂感光胶，刮涂到一定厚度，再贴胶片膜，采用胶膜结合的方法制作厚膜版。有的利用免晒厚版胶进行，印刷复制厚膜版。目前，采用最多的是用新型直接感光厚膜型或超厚膜型感光胶晒制厚膜版。

厚膜版晒版应注意版面的照度影响。感光层中的高分子化合物与感光树脂的折射差，以及界面上漫射问题，产生大量的折光现象，版面上难以得到良好的硬化效果。在厚膜版的曝光中，除了光的漫射外，折光原因是光源问题和光源角度设置问题。因为波长不同，光的折射也不同，感光剂的分光感度有一定幅度。

晒版中主要解决光源匹配问题。考虑因分散产生的光路差及重新晒版引起跑光的可能性，所以要采用大功率的点光源，金属卤素灯3000～5000W，灯距1～1.2m。

在膜版制作中，注意感光胶要刮涂均匀，不能有气泡，刮胶烘干交替进行，烘版温度控制在40～50℃，烘版时间1h左右，彻底烘干为止。

显影水洗显影要彻底，因为胶层膜厚要把余胶冲净，烘干温度控制在45℃左右彻底干燥。

第二次曝光要充分，它决定于版面牢度的增强，第二次曝光时间为第一次曝光时间的3倍，网版耐印力可增加1倍。

（三）注意事项

MSP-1000T感光胶，长期放置后，会呈现稠块状态，使用时将包装容器放入40℃温水中加温一段时间，再经搅拌，就可恢复原状。

二、直接投影晒版设备及工艺方法

学习目标 了解直接投影晒版设备及工艺方法，掌握设定直接投影晒版工艺参数的技能。

（一）操作步骤

设定直接投影晒版工艺参数的操作步骤。

1. 曝光量存储（图4-1-10、图4-1-11）

（1）装上透明阳图底片，按吸真空开关ON吸着阳图底片。

（2）MODE= AUTO OFSET，VARIABLE 100输入摄影倍率600%，输入600。

（3）镜头选择开关"确认"（f=480mm）。

（4）AF按开关钮，自动对焦结束。

（5）MODE=JOG，使用摇控盘① UV ON，② Y↑Y↓对焦，③ U/D L/R↓↑←→，将图像移到屏幕中央。

（6）MODE=AUTO，按倍率演算/定时键选择定时，在VARIABLE 500输入60（60）、

–120（120）、–180（180）、–240（240）s顺序曝光，对大的丝网印版可分开曝光。

（7）按曝光开始键曝光图版影像。

（8）对显影完的丝网印版要记录曝光数据，确认再现网点的质量和大小等。

（9）将确认的结果最好的曝光时间输入到VARIABLE 501中存储到曝光存储1中，随着摄影倍率的变化可自动演算出曝光量。

（10）根据阳图底片的种类、感光胶的种类、膜厚等计算出的曝光时间输入到VARIABLE502.503中存储到曝光存储2.3中，随着摄影倍率的变化可自动演算出曝光量。

（11）操作曝光演算的有关按键。

① 倍率演算／定时。交换开关选择倍率演算和定时，定时时输入到VARIABLE 500，倍率演算时输入到VARIABLE 501.502.503。

② 曝光存储。有3个波道，可选择使用。其中VARIABLE 501是波道1，VARIABLE 502是波道2，VARIABJE 503是波道3。

根据100%的基本数据，对倍率变化可自动演算曝光量。

③ 曝光开始。按曝光开始钮开始曝光。

2．照相摄影（曝光晒版）操作顺序

照相摄影（曝光晒版）操作顺序如图4-1-10、图4-1-11所示。

（1）电源ON、CNC及UV光源电源输入，为了保证运作准确约按开关1s。

确认镜头架位置，接近原点时，MODE=JOG，按↑键，从原点向"十"字方向移50cm以上。

（2）DE=2RN原点复位。

① 按镜头架↓键开关，一直到绿灯亮为止。

② 按原稿架↓键开关，一直到绿灯

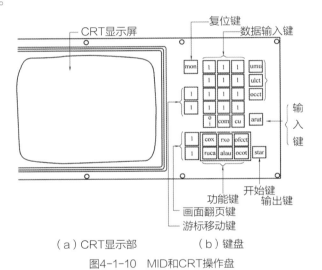

（a）CRT显示部　　（b）键盘

图4-1-10　MID和CRT操作盘

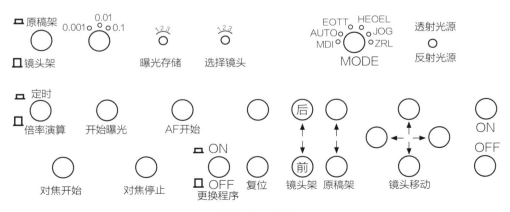

图4-1-11　控制盘

亮为止。

2个绿灯亮灯后，原点复位结束。

（3）MODE=AUTO，画面出现VARIABLE，No.100画面操作顺序。

① 按功能键OFSET。

② 按几次PAGE↓键，选择VARIABLE No.100。

（4）将摄影倍率（%）输入No.100。

① 确认游标在No.100处，游标不在No.00处时，按COUSOL↓键，移到No.100处。

② 用数据输入键输入倍率（%）。例：600%时，输入600，再输入600000。

（5）确认镜头选择开关1。

（6）MODE=AUTO，按AF START钮。

X=镜头架、Y=原稿架，开始移动时，显示移动中红色灯灭后自动对焦结束。

（7）通过摇控操作盘可进行焦距微调，画面位置的修整。

① MODE=JOG，遥控UV ON点灯。

② 按遥控Y1–Y1钮，对焦距。

③ 图像的位置移到屏幕的中央。

按U/D键一次为止，再按一次是下降，可通过←/↑、→/↓选择，将图像的位置移到屏幕中央。

（8）DE=AUTO。

① 光存储波道开始曝光。

② 储有3个波道，根据感光膜的厚度，透光度不同的阳图底片密度及其他特性，可选择3种类型使用。

③ 0%的摄影数据为基准的倍率。

lh= VARIABLE 501

2h= VARIABLE 502

3h= VARIABLE 503

*VARIABKLE 500可作为定时使用。

④ 光存储波道，按倍率演算键，曝光开始键曝光（自动定时）。

（二）相关知识

直接投影晒版的设备及其工艺方法。

1. 光翻版法

随着网印技术的发展，它已不断推广应用到许多新的领域，大幅面网印业务日益增多，直接放大晒版工艺应运而生，并且越来越受到欢迎。如图4-1-12，为直接放大晒版示意图。它由主机和感光网版架两大部分组成，网版连同网框垂直固定在感光网版架上，与主机迎面竖立，感光网版架必须平稳屹立，经固定位置，不能摇摆移动，主机在两条固定于地面的平行轨道上，可以前后移动，以调节镜头和感光网版架之间的距离，但调准之后，也必须与轨道牢牢锁定不动。主机由机座、镜头架、阳图底片架、光源、能伸缩暗箱、驱动机构

及自动曝光控制系统组成。镜头架和原稿架间的距离，可手动也可自动调节。透射阳图底片被真空吸附在稿架上，可沿垂直面上、下、左、右调节。镜头可手动也可自动调焦，还可遥控微调。光源曝光量根据输入倍率的变化，自行演算控制，曝光时间自控。放大倍率3~10倍、最大网框2000mm×4000mm。

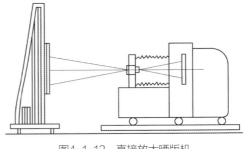

图4-1-12　直接放大晒版机

投影曝光制版的工艺步骤是：制原稿底片；用通常的方法制分色片；由分色阴图片加网制作成阳图片；或用电脑分色系统直接制作阳图片；由加网阳图片通过投影机放大投影到丝网膜版上曝光，然后冲洗制成丝网印版。

投影方法一般用于制作大幅面印版，如户外大型广告、招贴画等，省时省力，并节省了制作大型膜版需要1:1的大幅胶片的费用。比如制一块图像面积为125cm×175cm的丝网印版，若采用投影曝光方法，只需用一张12.5cm×17.5cm的阳图片放大制作网印版，与用大尺寸阳图片接触晒版方法相比，可节省99%的胶片费用。制一块丝网印版便可节省如此之多的胶片费用，而对于一个最终尺寸为2m×4m的大型户外广告来说，其节省的胶片费用就可想而知了。采用投影曝光法，不仅节省了胶片的费用，而且取消了大型胶片的曝光和冲洗，进而也节省了冲洗胶片用的化学材料的费用。此外，由于取消了胶片的曝光和冲洗，也就消除了各胶片由于冲洗和曝光不一致所产生的任何偏差，这样，在多幅拼接的大型广告中，不存在两个相邻印张之间墨色不一致而拼接困难等问题，从而提高了网版印刷品的质量。

由于投影曝光的方法无须制备多套大型尺寸的分色片，而用分色阳图片直接投影曝光，这不仅简化了制版工序，而且节省了制版时间。当投影制版机的辐射强度为$10\mu W/cm^2$时，曝光能量要求为$0.5mJ/cm^2$的乳剂，只需要曝光5s。一般根据乳剂层的厚度，曝光时间可为0.5~4min，大大提高了制版速度。

一般丝网制版工艺与直接投影制版工艺比较如图4-1-13所示。

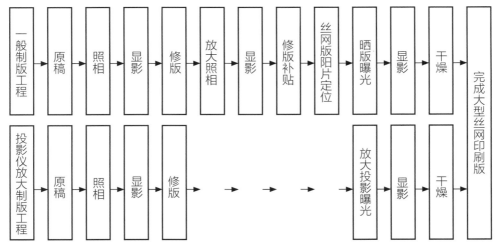

图4-1-13　直接投影膜版工艺与一般制版工艺比较

大型网印直接投影膜版制版机的应用范围非常广，主要适用于大幅面广告网印、纺织品印花、美术作品网印复制、玻璃装饰材料彩色网印、室内壁画网印等各类大型网印领域，是网印制作大型广告最理想、最经济的方法。

当然，用投影方法制作的网印版，其图像网点的精细度会受到限制。一个300线/cm的阶调网点，经过放大10倍后，精细度下降至30线/cm，为此要想使户外广告的加网线达到30lpi时，在出阳图片时，需加网至300lpi。然而对于大幅面户外广告来说，大都在25in处或更远的距离上观看，这样的精细度在视觉效果上仍然是很理想的。

大幅面彩色网印直接投影膜版曝光制版机是理想的大型户外广告制版机。该机是将小张底片放大投影到涂有感光膜的大型膜版上，经曝光和显影后制得丝网版。由于投影到膜版感光膜上的紫外光变弱，这就要求投影机具有较强的紫外光源和高效通过紫外光的优良光学镜头。同时，还需要配合使用一种感光度高、解像力好的感光胶。因此，大型彩色网印膜版直接投影曝光制版需要SBQ（单液型）高感度的感光胶，这是成为投影感光制版的两个关键性配套条件。

2. 投影放大曝光制版设备和操作功能键设置

阳图底片吸附装置：真空方式

最大尺寸：300mm×400mm

位置固定方式：5Φ，2定位、定位销方式

镜头及倍率：UV特定镜头f=480 mm，备品：3X～10X、12X

图像位置修正：阳图胶片，上下左右移动±50mm

光源：无电极金属卤素灯，空风冷式

自动对焦：–O–MATE屏幕显示，MC转换键最小倍率单位在0.001%

曝光控制：曝光存储3ch根据倍率的变化自动演算

驱动：是通过球形螺杆，AC伺服马达遥控微调驱动马达驱动

机械尺寸主体：宽1300mm、长1800mm、高1800mm

床：宽750mm、长5200mm、高175mm

网框台：长3500mm、宽450mm、高2750mm

电源：AC200V、3Φ、7.5kW

手动按钮开关：选择JOG功能才有效，镜头架原稿

高速按钮：向方向箭头方向移动，但是不进行原点复位是无效的

镜头选择：选择要用的镜头

曝光存储：VARIABLE 501、NO.1，502、NO.2，503、NO.3分别输入数据可自动演算出倍率的曝光量

曝光开始：曝光开始后进行曝光

倍率演算/定时：通过倍率演算，根据上面的倍率可自动演算出曝光量，按曝光开始钮后进行曝光定时，后输入VARIABLE 500，可使用单独定时

对焦开始：定用反射光源时，灯、快门都是联动的，在对焦时使用，扳到透过光源时，荧光灯亮，只有快门打开

停止：按停止钮后停止

转盘部分：用转盘移动，每次只能选择一挡的移动量，例0.0.1

软盘X/Y：选择X轴、Y轴（X=镜头架，Y=原稿架）

镜头移位按钮：用↑↓←→按钮移动图像

反射／透过光源切换SW：开到透过侧时荧光灯亮，开到反射侧时荧光灯灭，反射光源亮灯

存储变换："ON"时可进行程序输入

复位：终止自动运转，以后不进行移动，解除警报状态，回到程序开始

（1）MDI和CRT操作盘（参照图4-1-10）。

对本机主要部分的说明。

数字输入键：主要使用数字

功能键：要选择显示的区域时使用有6种功能，分别由复数页数组成，要看的页数，按页数键就会显示在画面上

POS：表示X、Y轴现在值

OFSET：表示胶印及度数其中内变数（VARIABLE）100页为数字输入部

PARAM：显示机械转动所必需的数据

ALARM：控制中出现异常时表示故障内容

INPUT：数据在游标位置输入时使用

（2）控制部操作盘（参照图4-1-11）。

电源开关：电源全部用ON-OFF开关

MODE：要做什么在机器和控制部上来选择

JOG：平动驱动马达

ZRN：进行原点复归

HANDLE：马达由手动（转盘）驱动

MDI：进行手动数据输入

进行参数数量的输入

AUTO：根据程序进行自动运转

EDIT：进行程序的制作、修改、记录等编辑

开始：程序开始自动运转，选择AUTO

（三）注意事项

放大投影制版，要注意底片的放大倍率，有些原稿底片不能放大，否则失真。彩色反转片可放大十几倍，彩色正片可放大4～7倍，印刷原稿只能等大复制，否则失真。

三、晒制厚膜印版

学习目标　　了解制版光化学相关知识，掌握晒制厚膜印版的技能。

（一）操作步骤

晒制厚膜印版的步骤：

（1）调控室内温湿度。温度20～25℃，湿度50%。

（2）晒版光源。金属卤素灯3000W，光源距离100 cm。

（3）调控晒版时间8～10min。

（4）水洗显影。曝过光的网版放入25～30℃温水显影槽中浸泡20～60min。用冲水喷枪显影要注意喷枪的压力和网版的距离，因为图文胶膜松软，冲水压力不能超过1.96×10^5Pa。

（5）烘版。加厚膜版印刷面朝下，放置40℃烘干箱中温热风干燥。

（6）修版。修补砂眼可用感光胶修涂。

（7）二次曝光。在刮墨面进行二次曝光，曝光时间为第一次曝光时间的3倍，可使印版的耐印力提高1倍以上。

（二）相关知识

晒版是用接触曝光的方法把阴图或阳图底片的图像信息转移到印版或其他感光材料上的过程，也是一种光化学反应过程。由光（光是由具有能量的光子所组成）所引起的化学反应称为光化学反应。光化学定律表明，只有被感光物质吸收光，才能导致感光物质的光化学反应。初级相互作用是一个分子和一个光子间的相互作用，可以用下列通式表示：

$$AB+hv \rightarrow AB'$$

式中：AB—分子，hv—光子，AB'—处于"激发态"的分子。

正如反应式所指出的，受激分子是具有额外能量hv的分子，正是这一额外能量及其所赋予分子的特殊性质引起化学过程。

激发一个电子所需要的能量可用爱因斯坦–博勒定律表示，根据这个定律，基态E_1和激发态E_2的能量差与频率成正比。

$$E_2 - E_1 = hv$$

根据方程式$E=hv$计算，500nm波长的可见光的能量相当于57.2kcal/mol，而300nm的紫外光照射能量则相当于95.3kcal/mol。而有机化合物中的大多数键能为50～95kcal/mol。由此可知，这一波长的紫外线和更小一些波长的紫外线（能量大于95kcal/mol），都能使化合物中几乎所有类型的单键均裂，但发生光化学反应的前提条件是，这个照射一定要被分子吸收。

感光树脂又名感光性高分子或光敏树脂，一般是指在光的作用下，能在很短的时间内发生物理和化学变化的高分子物质，但通常是指在光的作用下，能在短时间内分子结构发生化学变化，从而引起在溶剂中的溶解能力、着色、硬化和黏附等物理性质改变的高分子物质。

感光树脂的光化反应主要包括光分解、光交联和光聚合等。在实用的感光树脂体系中，往往同时发生着两种变化。

（三）注意事项

（1）制版中，要控制拷版温度和曝光时间，拷版温度过高和拷版时间过长，版面膜层会产生自射硬化，显影困难。反之，降低耐印力及掉版。

（2）烘版时，膜版放置印刷面朝下平放在烘版架上，使印刷膜面平整，印刷中降低网点扩大值，提高印刷精度。

四、晒制圆网印版

学习目标　通过学习了解感光胶膜的结构和光化学原理，掌握晒制圆网印版的技能。

（一）操作步骤

晒制圆网印版的步骤：

1. 准备圆网

（1）圆网的拆包检查　圆网制造厂为了缩小在运输中的体积，将圆网在专用工具上压扁成腰子形，20只圆网套在一起成为一箱，圆网之间用泡沫塑料作填衬材料，以防止在运输过程中震动损坏。因此，当圆网拆包抽出时，将填充材料去尽，并将圆网放在装有灯光的检查架上，仔细观察圆网网孔。要求透光均匀，亮度强弱一致，网孔六角形正直，整个网壁厚薄一致；用手触摸圆网表面无损伤折痕，小洞，无表面不光、杂物堵塞网孔成"网孔瞎子"等情况，必要时用高压水枪冲洗。

（2）圆网复网　拆包后的圆网均成椭圆形，因此，必须在圆网的两端内壁支衬张力环，经过热烘，使其恢复成圆形。复原的条件是：温度150℃，时间2小时；如果储存的时间较长，则圆网复原需要提高温度和延长热烘时间，但温度最高不得超过180℃，否则会使圆网发生脆损。

（3）圆网清洁去油　洗涤剂SCR-41，该产品系有机溶剂。将圆网浸渍在溶剂中转动2分钟，取出后用冷水冲洗至中性。

2. 准备圆网感光胶

圆网感光胶涂布于金属镍网的表面，在印刷过程中，圆网受到印刷刮刀的压力而产生变形时，感光胶膜也随着圆网而反复弯曲，产生疲劳现象，因此圆网感光胶必须对金属具有很强的黏结力和良好的抗疲劳性能，在印刷过程中不致因胶膜穿孔而产生色浆渗透现象。所以圆网感光胶体系一般由感光体系和胶黏剂体系通过油/水乳化而成稳定的乳液。

例如：SCR-51为100g、水为10g，重铬酸铵（20%）为4～6g，乙醇为3g。

荷兰Stork感光胶SCR-51经剖析，是由环氧树脂和聚乙烯醇组成，比例约为3.4∶1，并含有少量氟元素。

3. 上胶

上胶操作分手工和机械自动两种。

（1）手工上胶　将经清洗干燥的圆网安放在刮胶机上，圆网的两端套装两个套筒，将清洁无水渍的橡皮刮环套在下端的套筒上，放上圆网，然后倒200～300g感光胶于橡皮刮环上。用双手平握刮环的外圆，以等速度由下而上刮一次（图4-1-14），其上刮速度约为25cm/s。

手工刮胶环的技术数据应为（用于Φ204mm圆网）：橡胶硬度（邵氏）70，橡胶刮环内径197mm，橡胶厚度2.8～3.0mm，橡胶刮环外径325mm。

为了提高线条和轮廓的光洁度，可提高胶层的厚度；在手工上胶时，则通过反复多次上胶来达到要求。

（2）自动刮胶　自动刮胶是在机械上进行，自动刮板自上而下，下移速度为10～12cm/min，被上胶的圆网必须保温（40～45℃），使上胶后的胶液中溶剂挥发而固着。

列举荷兰Stork SCR-75自动上胶机的操作程序，如图4-1-15所示。

① 调节气体减压阀"I"，使压缩空气气压控制在0.6MPa，并检查润滑器的油位。

② 将电源开关"A"拨到"I"位置上（待铃响后，将按钮"G"关闭，此时指示灯发亮）。

③ 将机架上垂直可移动的导轨主柱根据圆网的长度固定在准确位置上，或分别固定在适应最大印刷幅度的位置上，用锁紧螺丝将其固定。用锥形体架上的手柄使锥体架悬架在导轨支柱的凹口处，即起始位置。

④ 把预热的锥形体（在涂刮第一只圆网时需预热）置于下面的固定锥形架上。此时，用手将感光胶储槽架的锁定支座钳少许拉开一点，要求锥形体垂直，并且准确同心在支座钳上。

⑤ 将活动的感光胶储槽，通过预热锥形体准确地同心放入到感光液储槽架中，然后把已配制好的感光胶液加入到储槽内，并控制液位高度在30cm左右。

⑥ 沿着锥形体移动感光胶储槽架和感光胶储槽，转动开关"C"至"个"位置上，使闭合的支座钳向上。

⑦ 当向上移动时，将锥形体放置在固定的锥形架上。

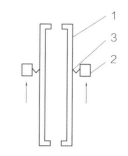

1—印版滚筒；2—滑环料箱；
3—感光液流入。

图4-1-14　手工上胶

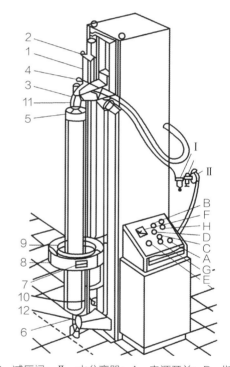

I—减压阀；II—水分离器；A—电源开关；B—指示灯；C—开关；D—指示灯；E—可调变压器；F—电压表；G—按钮；H—紧急停机开关；1—导轨支柱；2—固定螺丝；3—锥形体架；4—手柄；5—锥形体；6—锥形体架；7—支座钳；8—感光胶储槽架；9—感光胶储槽；10—锥形体；11—安全保险器；12—锥形体。

图4-1-15　Stork SCR-75自动上胶机

⑧ 当感光胶储槽架与锥形体架相接触时，手柄从凹口脱出，锥形体架也向上移动。

⑨ 锥形体架上升到接触微动限位开关时，即停止向上移动。

⑩ 两锥形体已被气动系统固定在托架上后，支座钳自动启开，指示灯"B"熄灭，"D"亮。此时，感光胶储槽上升下降速度自动进行调节，即上升速度为108cm/s，下降速度为12cm/min。

⑪ 圆网定位的顶部应包12mm宽的胶带，竖在底部锥形体的同心位置上。此时，切不可

允许任何污物沾染圆网。

⑫ 当旋动开关"C"至"↓"位置上时，感光胶储槽架与感光胶储槽向下移动。与此同时，锥形体架和锥形体也向下移动，直至圆网被固定在两个锥形体的位置中间；然后，感光胶储槽架从锥形体架上松开，微动开关接触，导致气动开关关闭电流回路。通过这一动作，圆网的加热装置接通电源。

⑬ 调节变压器"E"达到所需功率后（温度自动控制器进行自控），感光胶液和锥形体开始被加热，但必须注意这时圆网最高允许加热温度为40℃。

⑭ 当感光胶储槽下降时碰撞机架底部微动开关后，下滑即自动停止，圆网加热也同时停止，电源回路自动切断，支座钳夹住锥形体，两面夹钳松开，使感光胶储槽由下向上升滑。此时铃响，指示灯"D"熄火，"B"亮，按钮开关"G"切断电源。

⑮ 用手柄把锥形体架与锥形体悬挂到导轨支柱中，先将锥形体从圆网上拆卸，然后从锥形体上取出圆网，并将其放置在低温烘箱内进行干燥。

连续刮胶时应检查感光胶液储槽中胶液的液位，用量不足时加以补充。如果长时间连续作用或放置时间超过15min时，必须观察感光胶液的稠厚度，并及时更换新的感光胶液。

⑯ 为了更换感光胶液，应将感光胶储槽和锥形体一起从感光胶储槽架上拆下，并在加入新的感光胶液之前，将感光胶储槽和橡胶密封环清洗干净，在室温条件下揩干。

4. 曝光

以在荷兰SCR-70S型曝光机（分单光源卤灯和多光源14只高压水银灯）和上海印染机械修配厂生产的曝光机（高压汞灯）上进行曝光为例。曝光时把已涂布感光胶的圆网套在橡胶圆筒气袋上，橡胶气袋经充分膨胀，使圆网张紧并与黑白稿底版胶片紧密吻合。

圆网以水平位置进行曝光，光源沿着圆网平移。SCR-70S型曝光机可以用于全幅和部分的透明黑白稿片，光源在两个可调节的限位器间往复运动，由于装有自动计数系统、有槽滑块/记号系统和用充气管施加可调节的恒定压力，因此SCR-70S型曝光机保证有高曝光精度和良好的重现性，操作也很方便。在圆网曝光前，应先将所有曝光光源开启，经5min后使其光源稳定，方可用于曝光。

用滑石粉将充气橡胶气袋的表面抹涂均匀，并用挡板将光源遮尽，把圆网套在橡胶气袋上，同时将两端套在张力环上，使两端撑紧，然后充气至0.03MPa。抹涂滑石粉的主要作用是防止圆网内壁与橡胶气袋粘连，以免橡皮气袋中压缩空气泄放时引起圆网吸瘪。

在圆网表面也必须涂覆滑石粉，以防止圆网与黑白稿片粘连，这样当曝光完毕、黑白稿底版胶片移开时，也不致引起圆网上的感光胶层损坏。

根据圆网印花织物幅宽的不同，圆网的长度也有不同，因而圆网曝光时的切割长度（圆网印刷幅宽加胶粘圆网闷头长度）也随之不同，如表4-1-6所示。

表4-1-6　圆网曝光时的切割长度

单位：mm

圆网印刷机机幅	1280	1620	1850	2400	2800	3200
圆网长度	1410	1750	1980	2530	2930	3430

续表

切割长度	1398.5	1738.5	1968.5	2518	2918.5	3418.5
印刷幅宽	1280	1620	1850	2400	2800	3200

将中间有槽滑块向左或右做出切割长度一半的标记，固定这些槽块，如图4-1-16所示。

圆网上画好横向中心线，并按花型单元画好十字规格线，然后对准十字线，将黑白稿片基上涂有药膜或描绘的一面覆盖到圆网上，在覆盖时，必须注意黑白稿片和圆网的十字规格线要彼此准确地重合，接着用透明胶带纸把黑白稿片的端边黏合，如图4-1-17所示。

当采用分开多次曝光时，必须将暂不进行曝光的部位用黑色遮光纸把圆网感光膜层覆盖好，以免影响正常显影。然后将橡胶气袋的压力加大到0.06MPa，并再次复核黑白稿片的十字规格线是否与圆网上的十字准确重合。接下来即可开始曝光工序。

5. 显影和着色

（1）显影 圆网经曝光后，直接进行显影。显影方法有两种，一种是浸渍法，另一种是显影机喷射法。

① 浸渍法。为了去除未曝光部分的胶层，可在卧式显影槽内，在30℃左右的温水中浸渍去胶，浸渍时间约为10min。在浸渍过程中，未曝光的胶层先行膨化，使似云片状的物质一层层扩散溶落，此后每隔1～2min，将圆网旋转一下，以加速其脱胶。也可用泡沫塑料轻轻地在圆网表面来回拖揩几下，这对细茎、细点等图案的脱胶更为有利。最后，用冷水或温水由里向外喷，开始喷时有乳白状物质冲出，此为圆网内层未曝光的胶膜，必须充分去净，直到喷出的水变清为止。

1—定位滑块；2—定位过程中的备用滑块；
3—滑块定位标尺；4—圆网。

图4-1-16 切割圆网长度定位示意图

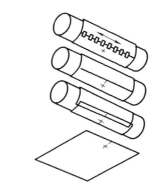

图4-1-17 黑白稿片包覆示意图

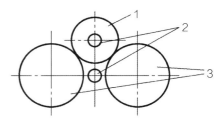

1—圆网；2—喷射管；3—丝绒滚筒。

图4-1-18 显影机喷淋示意图

② 显影机喷淋法。斯托克SCR-90显影机是一种喷淋装置设备，将经过曝光后的圆网放在一对外包丝绒的滚筒上慢速转动，圆网内部和圆网下面均有一根喷水管，从内至外向圆网喷淋，喷洗效率高，显影5min即可完成，尤其适宜于精细花型的喷淋。其喷淋示意如图4-1-18所示。

（2）着色 为了便于检查修版，将圆网在甲基紫溶液中浸滚一下或用泡沫塑料涂覆，最后用清水冲净浮色。

6. 检查、修整

检查圆网感光部位有无砂眼、多花、漏花等制版疵点，用感光胶填补。

7. 焙烘

将圆网放在烘箱内在180℃恒温下焙烘2～2.5h，使胶层充分固化。

8. 胶接闷头

将圆网套在套架上，用剪刀按在曝光时预先画好的长度整齐剪下，由于圆网与闷头衔接幅度只有1cm，因此圆网两端必须剪齐，不可歪斜。剪好的圆网，用细砂皮擦净两端内壁，再用丙酮或氯仿揩净，然后刮上粘接胶。

粘接圆网闷头胶为环氧树脂，可用国产634环氧树脂与650固化剂1：（0.8～1）混合使用。

在胶接闷头机上，将圆网按对花记号与闷头标记线对准，然后由上向下压，并开启两端电热盘香管，保持温度在60～70℃；经0.5h，环氧树脂因加热而均匀地融化，并开始固着。由于树脂尚未完全融化，因此已上好闷头的圆网要轻拿轻放，此时特别要注意防止闷头的移动或碰歪，以免影响圆网在印刷机上运转时产生扭曲。闷头粘结约需12h后方可使用。

9. 检查

上印刷机生产之前，应作最后检查。将圆网套在检查架上，用下灯光检查砂眼，并将分色黑白稿片包覆在圆网上核对花型，检查有无多花、漏光和不必要的重叠等，并用快干喷漆进行修补。也可以采用打样检查。根据原样的套色配制色浆，在专用的圆网打样机上对花刮印，检查印制效果，核对原样等。

（二）相关知识

感光胶膜的结构和光化学原理。

目前，制作网印版大多采用感光法。所用感光材料为成膜物质与光敏材料配制成的光聚合型感光胶（或感光膜）。涂布（贴附）于丝网版面，与阳图底片密合后用蓝紫光源进行曝光，阳图底片上透明部位透过光线到达感光膜层相应部位（空白部位），使之产生光化学硬化反应而失去原水溶性，水洗显影时保留在网版面；而阳图底片上高密度部位透不过光线，对应图文部位胶膜保留原水溶性，在水洗显影时被溶解冲去，干燥后，制成网印版。

（三）注意事项

圆网晒版工艺比较复杂，操作中按操作规程作业。为了提高耐印力，圆网清洁除油要彻底。涂布感光胶，为了提高线条和轮廓的光洁度，可以提高膜层厚度。在手工涂布中可以反复多次上胶，达到膜厚要求。

用手工上胶操作时，必须注意双手用力和提升的速度一致，防止刮环偏于一方而使刮胶不均匀。特别是在刮第一次胶时，应严加注意，以防感光胶液流入圆网内壁。感光胶液流入圆网内壁，不仅会增加感光显影难度，而且由于感光胶液流入内壁后，形成曝光不足，经显影浸洗后，会膨化脱落，使整个图案被破坏。如流入网孔内壁的感光液经充分曝光，在显影过程中，硬化的胶层吸水膨胀，形成圆网内壁有许多突出的"胶舌"物，原先光洁的圆网内壁变得凹凸不平，影响印刷时刮浆刀的动作，进而使"胶舌"脱落，色浆渗出，致使在图案上出现多花疵病。因此，操作时若发生感光液内流的情况，应无条件地把整个胶层洗除，重新刮胶。

五、计算机直接制网版

通过学习了解网版计算机直接制版的工艺流程和原理，掌握计算直接制作网印版的技能。

（一）操作步骤

网版计算机直接制版简称CTS：computer-to-screen，主要是利用网版计算机直接制版设备加上计算机控制软件来完成，分为以下几个步骤，以昆山富士的CTS1210数码直接制版机为例：

1. 开机操作

① 打开设备外接空气开关。

② 打开设备后部的电源总开关。

③ 将设备前面的钥匙开关转至右侧。

④ 等待设备启动按钮指示灯亮，按下设备启动按钮。

⑤ 主机启动后，打开设备软件。

⑥ 等待设备初始化完成。

2. 曝光操作

① 在软件中选择要进行曝光的文件。

② 在参数里选择网版参数、感光胶标定参数以及曝光参数等，单击曝光按钮。

③ 等待平台移动至上版位置。

④ 放置网版。

⑤ 单击开始曝光按钮，开始曝光。

⑥ 等待曝光完成。

⑦ 取下网版，结束曝光流程。

3. 关机操作

① 单击软件主操作界面的关机按钮。

② 等待软件执行关机流程，直至主机关机。

③ 将设备前面的启动钥匙开关转至左侧。

④ 关闭设备后部的总电源开关。

⑤ 主机启动后，打开设备软件。

⑥ 关闭所有设备外部电源开关。

（二）相关知识

1. CTS介绍

CTS计算机直接到网版，是一种数字化网版成像过程。它是建立在当今电子印前系统的数字化、网络化及开放性的基础上的。

CTS系统将已编辑好的文字、图像经RIP转换为数字点阵图像数据，然后把点阵图像数据由计算机控制光学引擎对网框上涂覆的感光胶直接曝光成像，通过清水把曝光后的网版显影，干燥后即可生成可上机印刷的网版。CTS完全解决了使用胶片及其衍生的成本和处理问题，使得整个生产流程及成本得以降低，另外，套版精度也是CTS的一个显著特点，全流程均由计算机操控，消除了手工拼版的缺点、误差及成本。

2．CTS发展历史和现有技术种类

由于网版印刷所使用感光胶的多样性、网版尺寸的差异性以及应用领域的复杂性，造成CTS技术的复杂性和难度更高，相较于平版印刷CTP设备，CTS在网版印刷业的应用滞后整整10年。FESPA 2003慕尼黑展览会上，Lüscher公司生产的WaxJetScreen喷蜡系统是市场上出现的第一台CTS设备。之后各种类型的CTS技术不断涌现。

现有技术种类主要有：

（1）喷蜡、喷墨系统　2002年德国Lüscher公司率先推出，利用喷印头上微小喷嘴将热熔的黑蜡喷涂在感光胶涂层上凝固后形成图案，然后再进行晒版、冲洗显影后形成网版。2004年德国Lüscher公司利用液态的墨水代替热熔型的固态黑蜡，研究出喷墨CTS技术。喷蜡、喷墨CTS系统的好处是不需要抽真空晒版，可以利用传统网印制版的感光胶及曝光设备；喷蜡、喷墨CTS系统虽然不需要分色底片晒版，但还是需要其他耗材（如蜡或墨），未能做到零耗材；另外，喷蜡、喷墨系统的输出精度较低，网版成品率较低，漏白较多，需频繁修版，属于将被淘汰的网版制造工艺；但针对大幅面、低精度网印的需求还有一定的吸引力及优势。

（2）DMD系统　2005年瑞士Signtronic公司、德国CST公司首创。该系统利用了德克萨斯仪器公司（TI）的数字微镜器件（DMD，Digital Micromirror Device），其光学引擎类似一个高精度的微型投影仪，将UV光投射在感光胶涂层上，机械扫描运动与投影图像同步，构成所谓的数据卷轴（Data Scroll），从而对整幅网版进行快速曝光。DMD系统价格昂贵，优点在于输出精度高。受光源效率和光学系统的限制，其适应的感光胶种类较少，对网版平整度要求高，且无法用于厚膜。较适合PCB、液晶等高精度应用领域。

（3）紫激光系统　2011年德国KAMMANN公司、瑞士Sefar公司生产，该系统是利用在激光照排机中得到普遍应用的光纤密排成像技术与先进的405nm紫激光半导体器件结合在一起，在光学自动聚焦控制下，对网版感光胶涂层扫描曝光。现有的紫激光系统的分辨率较低，输出功率较低，光波长单一，可适应的感光胶种类较少，厚膜较薄。但其具有一定的价格优势。应用于大幅面印染等行业。

（4）线性准紫外系统（Distributed Quasi UV）　2015年国内先地图像专利产品。该系统的输出精度较高，采用集群激光组合，具有较高的输出功率和较宽的波长范围，可适应各种普通感光胶，感光胶厚膜可达1500μm，并对网框的平整度无特殊要求，该系统的操作尺寸即图像的曝光尺寸，而非网框外部尺寸，因此在大幅面CTS系统方面有其独特优势。该系统与国外同类产品相比较，其价格具有优势，与国内计算机直接制网版设备相比较，其性能稳定性和体积小具有优势。可以说，基于此技术开发的直接制版设备具有较高的性价比。

（5）CTS技术比较（相对分值越高越有优势），如表4-1-7所示。

表4-1-7　CTS技术比较

设备工艺参数	分色底片	喷蜡、喷墨	DMD	紫激光	线性准紫外
制版精度	4	1	4	3	4
套印精度	2	3	5	4	5
最小窗口	3	1	5	3	5
最细线条	3	1	5	3	5
加网线数	4	2	4	2	4
输出速度		3	4	3	3
感光胶种类	5	5	3	3	5
感光胶膜厚	5	4	2	2	4
光功率范围	5	4	2	2	4
光波长范围	5	5	3	2	4
工艺流程	1	2	3	3	4
修版频度	3	2	5	4	5
二次曝光	5	5	4	3	5
光源寿命	2	2	3	4	5
污染排放	1	3	4	4	4
耗材	1	2	4	4	4
能耗	2	2	4	4	5

3．CTS工艺流程与传统工艺流程

（1）传统丝网印刷制版工艺　传统丝网印刷制版工艺包括图文底片照排输出和网版制备晒版2个工艺流程。

底片输出是用专用RIP软件对已设计好的图文稿进行分色、挂网、解析，然后用激光照排机输出胶片底片。通过显影、定影等冲洗工序得到可用于晒版的底片。

网版制备晒版包括：绷网洗版、感光胶涂布烘干、网版曝光晒版、显影冲洗、检版修补等工序。

这2个工艺流程在工厂中通常分属不同部门，甚至不同厂家，在传统工艺流程中，网版曝光晒版环节2个流程合二为一。晒版是丝网制版过程中最为关键，要求精度最高的工序，它不仅要充分体现图文原稿的精细环节，如网点、文字、线条，而且要保证多个颜色的网版对位准确。然而传统的网版晒制工作有赖于经验和感觉，特别是一些高精度网版，对晒版人员的经验和素质都有很高的要求。

（2）CTS丝网印刷直接制版工艺　以先地CTS系统为例介绍一下丝网印刷直接制版工艺。

先地CTS丝网印刷直接制版工艺减少了图文底片照排输出流程，不再需要胶片底片来对网框晒版，而是由CTS设备的激光束直接对网版曝光形成网版。直接制版在前期网版制备和曝光后显影冲洗过程与传统工艺相同，只是改进了晒版环节，而这一改变却带来了非常大的优势和效益。其不仅体现在底片等物料成本的节省，更将传统的手工底片晒版对位改变为计算机上图文自动对位。

先地CTS设备操作主要由计算机控制软件来完成，分为以下几个步骤。

① 感光胶标定，丝网印刷所使用感光胶种类繁杂，感光胶涂覆厚度也不尽相同，虽然出厂时候设备库里面已经有常见的感光胶曝光参数，但还是建议用户在第一次使用的时候，在实际输出前进行标定，以获取最佳的曝光参数，并将其存入感光参数库内以备下次调用，如图4-1-19所示。

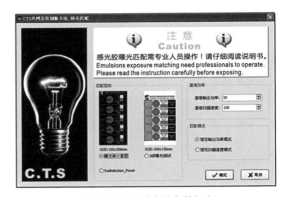

图4-1-19　感光胶参数标定

② 文件转换，如图4-1-20所示，先地CTS使用传统的图像处理软件，如Photoshop、Coreldraw软件来对图文排版。再由控制软件自带的或第三方RIP软件进行光栅化处理。先地CTS可用于输出的文件格式为：PS、EPS、PDF、TIFF和BMP格式，基本涵盖业内通用的输出格式。

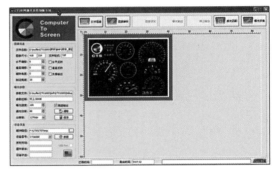

图4-1-20　文件转换

③ 图案套位，如图4-1-21所示，由于丝网印刷机种类不同，其网框的定位装置多种多样。先地CTS机器的四周预留有扩展导轨，使用者可根据自己的情况安装定位附件。CTS的输出重复精度很高，只需在排版软件中固定图文位置，便可精确完成多个色板的图案套位。

④ 网框安装，先地CTS丝网印刷直接制版机的结构就像一台大型复印机，只需将网框放置在光学玻璃的上方即可进行曝光输出，无需真空吸附。

图4-1-21　图案套位

⑤ 曝光输出，使用先地CTS控制软件可以控制两类参数，这些参数均可存储于感光胶库内，使用时可直接调用。

a. 像参数。输出位置、旋转、镜像、正负等；

b. 光参数。输出功率、曝光速度、分辨率等。

⑥ 冲洗显影。

4. CTS系统的优势

CTS系统制网版速度的提高及设备价格逐步趋于合理水平，使传统网版印刷企业有理由来进行传统生产工艺改进，从而减少成本，提高效率，增强企业竞争力。

CTS系统有如下优点。

（1）减少制版工序，缩减了工艺步骤，达到快速制版的目的。

（2）节省分色底片，由于无需底片晒版，从而防止底片磨损及对位不准所产生的质量问题，也不需要底片显影、定影所需的冲洗化学药剂，无需专门的库房来保存日益增多的分色底片。

（3）多色网印时能自动进行网版定位，提高工作效率。

（4）环保及节能减排，无需暗室、照排机、冲洗机、晒版机，在国家对环保日趋严格的要求下，这点对企业非常有意义。

（5）除部分CTS系统外，通常用的感光胶都能适用。

（6）适应各种材料、目数的丝网版。

（7）适应铝合金、木框等各种网框。

（8）CTS晒版工作无需在真空环境下进行，能使分色的图文与感光胶涂层充分接触，提高了网版图文边缘清晰度，使线条和网点更精细。

5．CTS国内应用领域及未来发展前景

网版印刷被称为万能印刷，它能在各种承印材料上进行印刷，如对各种塑料、纺织品、金属、玻璃、陶瓷等材料的网版印刷，可广泛应用于商业、广告业、装潢业、美术业、建筑业、出版业、印染业、电子工业等。总之，任何的物体，不论形状、大小、厚薄、软硬，也不论曲面、平面都可进行印刷，所以，从20世纪70年代起网版印刷在全球范围内得以发展。据统计，中国大约有2.5万家以上的网印企业，全国网版印刷企业创造的年产值大约可达500亿元。

我国网印企业使用CTS直接制版的应用目前还在初步阶段，影响和制约这一进程的主要原因如下。

（1）CTS设备昂贵　动辄100多万元的设备价格，使得大部分网印企业对采用CTS改造传统的制版工艺心存疑虑。投资回报周期过长，是阻碍CTS快速发展的主要原因之一。在2015届的FESPA展会上，我们欣喜地看到，国产优质的CTS系统，价格已经大大低于进口设备的价格了，相信CTS在不远的将来，能很快进入一个快速增长期。

（2）数字化工作流程的逐步普及　采用CTS直接制版技术就必须使工作流程数字化，而网印企业的工作流程数字化是一个逐步渐进的过程，目前，已经有越来越多的企业开始了这一进程，可以说，CTS会率先在这些企业有快速突破。

（3）要实现CTS快速推进，需要供需双方一起冲破传统束缚　引进CTS技术及设备，不是一个简单的用新设备取代旧设备的问题，而是需要新设备取代旧设备并融入传统的工艺流程，这需要CTS设备生产商与使用方共同对原流程理解并进行变革，需要双方都要有默契并相互配合才能完成。

（三）注意事项

（1）在进行制版前要先按照正确的操作启动硬件。

（2）硬件启动完成后，再开启软件。

（3）不能随意更改已经调试好的设备参数。

（4）软件中的模板参数不能随意更改。

（5）设备操作要按照要求规范操作。

第二章

制片、印版质量检验与控制

学习
目标 | 通过学习，了解颜色的三要素及相互关系，掌握判断分色片灰平衡和色平衡的技能。

（一）操作步骤

判断分色片的灰平衡和色平衡的步骤如下。

（1）将分色底片放置于洁净看版台面。

（2）打开看版台内置灯。

（3）检查三色版的灰平衡是否正确。把黄、品红、青三块色版放在一起，以灰梯尺和选图像内40%～60%区域内的一个标准的灰色部分，观察青版网点是否大于黄、品红版的灰平衡数据。

（4）检查分色片层次是否正确。根据梯尺和图像内三大层次段检查。

① 检查高光调层次是否正确。

正确：层次质感丰富、不硬、不并级、又不太平。

太崭：需要5%的网点部位都绝网或太小。

太平：需要绝网的部位都有网点，高光调出不来。

② 检查中间调层次是否正确。

在图像内40%～60%区域内选一个控制点，例如50%部分是否是50%或稍浅于50%，如果深于50%，说明中间调深。

③ 一般暗调不作为复制重点，可有所舍弃，但若是人物为主的原稿，就应以肤色为基准，检查暗调层次是否正确。

（5）检查颜色校正是否正确。首先检查色标的校色是否正确，一般只需检查3个一次色（黄、品红、青）3个二次色（红、蓝、绿）的校正情况。其次以鲜亮的相反色与白色部分比较，基本一致为正确的。饱和度大的基本色与黑色部分比较，应深于黑色部分或达到95%～100%为正确。

（二）相关知识

1. 灰平衡

（1）灰色平衡的概念　通过三原色套印达到中性灰的手段，称为灰色平衡，它是衡量分色制版和彩色印刷是否正确的一种尺度。从理论上讲，将三原色等量套印，应获得中性灰色，这样就可认为色调得到很好的再现。但实际上，仅仅等量的叠印三原色并不能获得中性灰色，而是灰色稍带茶褐色。所以在实际工作中，必须在制版时调整各分色片的密度。在各分色片密度基本平衡一致的基础上，再少许提高青分色片的色量来保持灰色平衡。

（2）复制过程中要密切注意灰色平衡　从四色制版来看，主要是采取以三原色为主、黑版为骨架的制版方法。如果三原色稍微失去平衡，就会出现偏色、跳色等弊病，整个画面就不协调。所以，要做到画面上的绝大部分层次、色调能用三原色表现出来，就要紧紧掌握住灰色平衡，并把它贯穿于整个制版、印刷过程的始终。

（3）在复制过程中影响灰色平衡的因素　客观因素中，光源、滤色镜、接触网屏和感光材料，是影响分色时灰色平衡的主要因素；而油墨、纸张则是影响印刷时灰色平衡的主要因素。

主观因素是照相、修版、晒版、打样和印刷各工序技术的掌握。例如：分色时蒙版制作得好坏，曝光、显影时间是否恰当；修版时各分色底片的密度是否调整得当，阳图版的网点色调是否合乎比例；印刷时各色的墨层薄厚及网点压力是否符合信号条的控制要求等。

（4）灰平衡的调整　灰平衡是色彩的基础，有了灰才有色彩，印刷中中性灰掌握不好，就不能进行彩色复制。灰平衡是所有色彩的重心。分色、校色的选定是从灰平衡开始的。三原色墨的灰平衡问题，理论上C、M、Y能呈现中性灰的理由是C、M、Y等量混合时，能分别等量吸收R、G、B。而实际上等量混合的C、M、Y油墨，不能等量吸收R、G、B，因为油墨不纯偏色，造成等量C、M、Y吸收R、G、B时的能力不一样，偏色，要想等量吸收R、G、B三色光，就必须适当改变C、M、Y油墨的配方，才能达到目的。

从Y、M、C油墨的光谱反射曲线可以看出，C墨含有较多的M、Y杂色，M墨含有少量的Y和少量的C，Y墨含有少量的M和较少的C。若将Y、M、C墨等量偏暖呈现偏红色，只有加大C墨的含量，才能达到一个平衡点。

三原色Y、M、C油墨等量混合近似褐色的非中性灰，必须作灰平衡调整标准如下。

极高光处绝网，高光区网点范围0%~10%，M、Y=0%，C=5%。

中间调区网点范围，40%~75%，M、Y=50%~70%，C=55%~75%。

暗调区网点范围，60%~90%，M、Y=80%，C=90%，K=60%~75%，黑版不得超过75%。

2. 颜色三要素及其相互关系

为了便于理解起见，常用简单的立柱图来说明色光（或颜色）的色别、亮度和饱和度。在图4-2-1上边一行的立柱中，第一个立柱表示红光谱区，第二个立柱与第三个立柱则分别表示绿光谱区和蓝光谱区。A、B、C、D分别表示红、绿、蓝、黄四种不同的色别。中间一行的立柱，除表示色别外，还表示该光谱区的光能强度。E、F、G、H表示红色光亮度的大小。其中E的亮度最大，F的亮度次之，G更次，H的亮度最小。第三行的立柱I、J、K、L除表示色别外，也表示饱和度的大小。其中I的红色饱和度最大，L的红色饱和度最小。

（1）色别与明度 各色的明度决定于三感色细胞所受刺激量的总和。因此白色最明，黑色最暗，其他各色明度按其反射率的大小介于两者之间。也就是说，凡能反射白光中各成分比例较大的色，明度也较大。例如能反射光谱三分之二的中间色（黄、品红、青）的明度，要比只能反射光谱三分之一的原色（红、绿、蓝）的明度大。但是由于人眼对绿光最敏感，红光次之，蓝光又次之，如图4-2-2所示。在反射率相差不多的情况下，含绿光成分较多的色较明亮，而含蓝色成分较多的色比较暗。黄、青、橙为中间色，又含有绿光成分，因此明度大，而蓝、紫、红等色则明度小。

（2）色别与饱和度 根据三原色视觉理论的观点，各色的饱和度，决定人眼中三感色细胞所受最强与最弱刺激量之间的相对值。

（3）明度与饱和度 明度与饱和度都是量的改变，一般明度改变时，饱和度也随之改变。只有明度适中时，饱和度才最大。各色别的明度加大和减小时，饱和度都降低。明度太大或太小时，彩色都接近于消色，明度和饱和度的这一关系如图4-2-3所示。

3. CIE 1931标准色度学系统

CIE 1931标准色度学系统是建立在颜色匹配实验数据基础和色光加色混色原理上的颜色系统。其基本原理是，任何眼睛看到的颜色都是由红、绿、蓝三原色以一定比例混合而成，不同的三原色比例就混合出不同的颜色感觉。因此可以用颜色中包含的三原色比例来表示颜色，称为该颜色的三刺激值，用X、Y、Z来表示。其中，X的数值大致代表红原色的含量；Y大致代表绿原色的含量，同时也代表颜色的亮度值，即Y值越大表明颜色越亮或越浅；Z大致代表蓝原色的含量。根据这个原理，在一定的条件下，相同的三刺激值一定代表相同的颜色感觉，或者说，相同颜色感觉的颜色一定具有相同的三刺激值。X、Y、Z三刺激值构成一个三维颜色空间，用来描述颜色的属性。在这个三维颜色空间中，不同的颜色用不同的坐标点描述，不同的坐标点代表不同的颜色感觉，所描述的颜色具

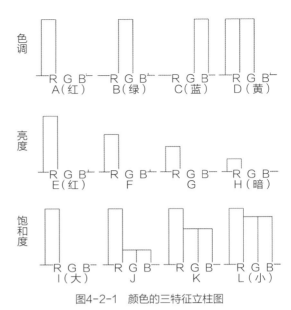

图4-2-1 颜色的三特征立柱图

图4-2-2 明度与色别关系示意图

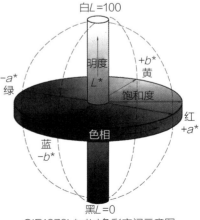

CIE1976L*a*b*色彩空间示意图

图4-2-3 明度与饱和度关系示意图

有唯一性。如图4-2-4所示。

在很多情况下仅仅关心颜色中彩色成分的变化，而不考虑颜色的明度。此时可以将颜色表示在二维的平面图上，这样的平面图称为色品坐标图，如图4-2-5所示。色品坐标用X、Y、Z三刺激值与三刺激值之和的比例x、y表示：

$$x=X/（X+Y+Z）$$
$$y=Y/（X+Y+Z）$$

x，y色品坐标代表了颜色的彩色特性，但不包含明度，每一个明度值都有一个这样的色品图。色品图中的马蹄形曲线是光谱色的色品坐标，是彩度最高的颜色坐标轨迹，称为光谱轨迹，因此曲线包围的面积是眼睛可以看到所有颜色的坐标区域。图形的中心位置为非彩色颜色的坐标。

由此可见，在色品坐标图上表示出了颜色的色调和彩度特性。从非彩色的中心点向四周连接直线，每条直线与坐标轴的夹角不同，颜色的色调就随着这个夹角而变化，从右下角的红色逆时针旋转，颜色的色调依次从红色、黄色、绿色、青色，到左下角的蓝紫色。从中心向四周的连线方向是彩度增加的方向，从中心的非彩色到光谱轨迹上的最鲜艳颜色。

用色品坐标图表示颜色的彩色特性非常简单和方便，因此经常用它来描绘彩色设备的色域范围，比如显示器和彩色印刷的呈色范围，如图4-2-6所示。但在这个色品图上不能反映出颜色的明亮程度。

4. CIE1976LAB均匀颜色空间

CIE色度学系统解决了颜色的表示、计算和测量的问题，是在实际应用中最重要的颜色系统之一。但是，它有两个问题没有很好解决。一是在彩色复制过程中，必须要对颜色进行控制，必须计算样品颜色与标准颜色之间的差别，称为计算色差。CIE色度学系统不具备计算色差的能力，因为在这个用三刺激值表示的颜色空间中，三刺激值的数值与眼睛对颜色的明度、色调、彩度感觉不一致，不能用三刺激值的差别来衡量明度、色调、彩度感觉的差别。也就是说，CIE色度学系统在视觉上是不

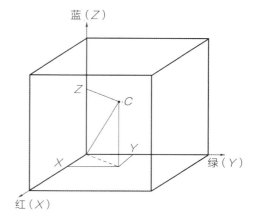

图4-2-4　颜色的三刺激值

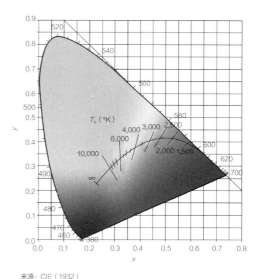

来源：CIE（1932）

图4-2-5　CIE色品图

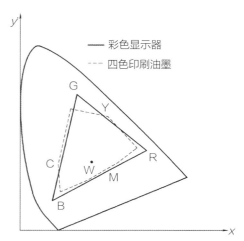

图4-2-6　显示器和彩色印刷的呈色色域

均匀的，不能用三刺激值差来表示色差感觉大小。二是对于给定的三刺激值或色品坐标，人们不能得到这组数值究竟代表什么样的颜色感觉。因为人眼只能感觉颜色的明度、色调、彩度属性，不能直接感觉到三刺激值是多少。

要解决这个问题，必须建立一个与颜色视觉感觉相一致的颜色空间，称为均匀颜色空间。在这个颜色空间中，使用与颜色感觉一致的变量描述颜色，相等的坐标改变，对应着大致相等颜色感觉改变，因此称为均匀颜色空间。在这样的均匀颜色空间中，就可以用坐标值的改变量代表颜色感觉的差别。目前在印刷行业使用最普遍的均匀颜色空间是CIE1976 L*a*b*均匀颜色空间，也可以记为CIELAB均匀颜色空间。

在CIE 1976 L*a*b*均匀颜色空间中，用L*、a*、b*三个变量描述颜色的特性，其中L*表示颜色的明度感觉，取值范围为0～100，0代表黑色，100代表白色；a*和b*共同描述颜色的彩色特性（色调和彩度），正a*代表红（偏品红）颜色，负a*代表绿色，正b*表示黄色，负b*表示蓝色。因此，a*和b*坐标平面构成了一个对抗色系统（红与绿色为相反色、黄与蓝色为相反色）。当a*和b*为0时，表示的是非彩色，而其绝对值越大，表示颜色的彩度越高。因此用L*、a*、b*三个变量可以描述眼睛对颜色的明度、色调和彩度三个视觉感觉特性，而且用它们计算得到的数值与颜色感觉的等级大致相等。

在CIE 1976 L*a*b*均匀颜色空间中，用垂直于a*和b*坐标平面的坐标轴表示明度感觉L*，与a*和b*坐标平面构成了一个三维颜色空间，如图4-2-7所示，与前面图4-2-1所示的颜色感觉色立体结构相似，因此它的坐标与人眼的颜色感觉相一致。

在a*和b*坐标平面上，与a*轴不同夹角方向就是不同的色调，红色为0°，黄色为90°，绿色为180°，蓝色为270°。位于两个颜色之间的颜色为两个颜色的混合色，如位于60°的颜色大约为橙色，以此类推。纵坐标的最下是明度最低的黑色，最上方是最亮的白色。在每一明度等级上都有一个a*b*平面，该平面上是该明度等级的所有颜色。

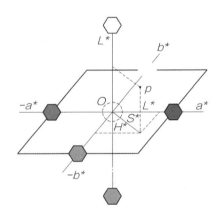

图4-2-7　CIE 1976 L*a*b*
均匀颜色空间示意图

a*b*平面的中心，即明度轴上的颜色是非彩色，越偏离中心轴的颜色彩度值越高，原色和纯色距离中心轴最远。因此，颜色的彩度就是颜色坐标与中心轴的距离，越远离中心轴，颜色就越鲜艳。由于这样的颜色坐标表示的颜色与眼睛的感觉相一致，所以可以用两个颜色的坐标差来表示这两个颜色的色差，这是目前彩色印刷中计算色差最主要的方法。

5. RGB颜色空间

RGB颜色空间是计算机中表示颜色的一种方法，也是各种显示器、扫描仪、数字相机等RGB彩色设备呈现颜色的方式。在RGB颜色空间中，用红、绿、蓝色光三原色的数量来表示颜色，以三原色为坐标轴构成一个三维直角坐标系，如图4-2-8所示。与CIEXYZ颜色系统表示颜色的方法类似，RGB三个坐标轴分别代表红、绿、蓝色光三原色的数值，由R与G构成的平面为红和绿色混合的颜色坐标（包括红、橘红、黄、翠绿、绿等颜色），由R和B构成

平面上的颜色是由红与蓝色光混合得到的颜色（包括红、品红、紫、蓝等颜色），同样，G和B构成的平面是由绿与蓝色光混合形成的颜色（包括绿、青、蓝绿、蓝等颜色）。

RGB颜色空间是加色系统，因此它的颜色混合规律符合图4-2-8所示的加色混色规律。每一个原色的取值范围都是0～255，0表示该原色无光或色光中不包含该原色，255表示该原色取最大值，达到该原色的纯色。所以，在RGB颜色空间中，数值越大的颜色就越亮，三原色都取0时就是黑色，对应着坐标原点，而都取255时就是白色，对应着与坐标原点成对角的顶点。

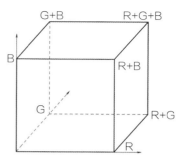

图4-2-8　RGB颜色空间示意图

RCB颜色是在计算机中最常用的颜色模式，每一种能够使用颜色的计算机软件都可以使用RGB颜色。图4-2-9为photoshop软件中的RGB颜色设置对话框，在对话框中输入不同的数值，就可以产生不同的颜色。扫描仪和数字相机采集的图像一般都

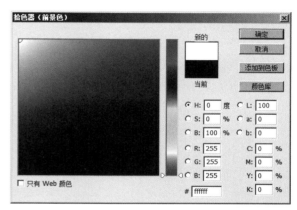

图4-2-9　在应用软件中设置RGB颜色的对话框

是用RGB来表示颜色，在计算机中也可以通过设定颜色来得到想要的RGB颜色，只要分别指定RGB的数值即可，RGB的数值不同，就得到了不同的颜色。表4-2-1列出了几个典型的RGB组合以及对应的颜色，由此说明RGB空间的颜色表示规律，其他数值组合和对应的关系可以依次类推。

表4-2-1　典型的RGB组合以及对应的颜色感觉

R	G	B	颜色感觉
0	0	0	黑色
255	255	255	白色
128	128	128	中灰色
255	0	0	可表示的最鲜艳的纯红色
128	0	0	中等彩度的纯红色
0	255	0	可表示的最鲜艳的纯绿色
0	128	0	中等彩度的纯绿色
0	0	255	可表示的最鲜艳的纯蓝色
0	0	128	中等彩度的纯蓝色

在使用RGB颜色或处理RGB模式图像时，必须注意RGB颜色空间具有如下的特性：

（1）RGB颜色空间与前面介绍的CIE标准色度学系统和CIELAB均匀颜色空间不同，它没有统一的标准，是与设备相关的颜色空间，也就是说，相同的RGB数值，在不同的设备上会表现出不同的彩色特性。比如同一个由数字相机拍摄的RGB图片，将它放在不同的显示器上显示，由于各显示器的颜色特性不同，所显示的颜色效果就不完全一样，有时甚至会相差很大。扫描仪、数码相机和一些打印机都使用RGB颜色，但它们各自的RGB都代表不同的颜色感觉。

（2）RGB颜色不能够直接印刷。RGB颜色是加色三原色，而印刷使用的是减色三原色，因此只有将RCB颜色对应的颜色感觉转换为对应的CMYK印刷油墨比例以后才能印刷。由于RCB颜色空间与CMYK颜色空间所覆盖的颜色范围不完全一样，有些RGB颜色不能用CMYK油墨印刷出来，同样，有些印刷可以表现的颜色RGB不能表现。所以，从RGB向CMYK颜色转换后，颜色效果或多或少都要发生一定的改变，在操作时必须非常小心。这在用Photoshop软件进行颜色模式转换（分色）时经常发生，能够在显示器上表现出颜色的改变。在进行颜色的转换时，最好采用色彩管理技术，以保证颜色转换效果的准确。

6．CMYK颜色空间

CMYK颜色空间是由印刷油墨比例构成的颜色空间，它代表了彩色印刷可复制的颜色范围。CMYK颜色空间也是在计算机中可以处理的颜色空间，又是制作印刷版面时必须使用的颜色空间。

CMYK颜色空间是由四个印刷油墨为坐标轴构成的四维空间，因此不能画出来。但可以将CMYK颜色空间看成是由一系列CMY三维空间构成的空间，每一个CMY三维空间具有不同的黑油墨数值K，如图4-2-10所示。在CMY三维空间中，每一个坐标轴代表一个原色油墨的墨量，C和M坐标轴确定的屏幕上的颜色是由青墨和品红墨印刷得到的颜色（包括青、紫、蓝等颜色），C与Y坐标轴平面上的颜色是由青墨与黄墨印刷出来的颜色（包括青、蓝绿、绿、黄绿、黄等颜色），M与Y轴确定的屏幕上是品红与黄墨印刷出的颜色（包括品红、红、橙、黄等颜色）。坐标原点是油墨为0的颜色，即纸色或非彩色，与原点成对角的顶点是三个彩色油墨叠印的颜色，即黑色。

彩色图像可以用CMYK颜色来表示，但只有在印刷专业的应用软件中才可以使用CMYK颜色。一般的办公软件，如Word中没有CMYK颜色的设置。

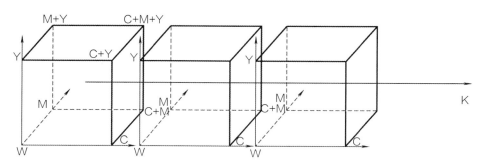

图4-2-10　CMYK颜色空间示意图

彩色印刷、CMYK打印机等设备都使用CMYK颜色空间表示颜色。CMYK颜色代表印刷在承印物上的油墨网点百分比，在应用软件中的取值范围为0～100%。0%表示没有该色油墨，100%表示该色油墨的实地。因此，在CMYK颜色空间中，油墨的数值越大，表示的颜色越深或越浓，当所有油墨比例都是100%时是黑色，所有油墨都是0%时是承印物的颜色（白色）。由此可见，CMYK颜色空间是一个减色空间（但印刷品的呈色结果有加色的作用）。为了说明CMYK颜色空间对颜色的表示规律，表4-2-2列出了部分典型的油墨组合以及对应的颜色感觉，更多的组合关系可以参看印刷色谱。注意，实地黑油墨与其他彩色油墨叠印的结果仍然为黑色，因此图中并没有列出。

与RGB颜色空间类似，CMYK颜色空间也是与设备相关的颜色空间。因为不同的印刷机和不同的印刷方法使用不同的CMYK油墨，不同的承印物也有很不相同的印刷适性，印刷的效果会有很大的差别，所以，相同的CMYK数值在不同情况下会得到很不相同的颜色效果。另外，在分色制版时可采用底色去除和灰色成分替代工艺，同一个颜色采用不同的替代工艺就会得到不同的CMYK值。换句话说就是，对于CMYK颜色来说，相同的CMYK数值用不同的方法印刷可以得到不同的颜色效果，而相同的颜色感觉又可以用不同的CMYK数值实现。这一点是在使用时必须非常注意掌握的。

表4-2-2　部分典型的油墨组合以及对应的颜色感觉

C/%	M/%	Y/%	K/%	颜色感觉
0	0	0	0	承印物颜色（无油墨）
100	100	100	100	叠印黑色（实际中不使用）
100	0	0	0	纯青色
50	0	0	0	淡纯青色
0	100	0	0	纯品红色
0	50	0	0	淡纯品红色
0	0	100	0	纯黄色
0	0	50	0	淡纯黄色
0	0	0	100	黑色
0	0	0	50	灰色
100	100	0	0	纯蓝紫色
50	50	0	0	淡纯蓝紫色
100	0	100	0	纯绿色
50	0	50	0	淡纯绿色
0	100	100	0	纯红色
0	50	50	0	淡纯红色

所有的CMYK颜色都是由RGB颜色转换得到的，由于RGB与CMYK颜色空间都是与设备相关的颜色空间，因此在进行颜色转换时一定要确定RGB与CMYK设备的彩色特性，必须确定从哪个RGB设备转换到哪个CMYK设备上。

（三）注意事项

在彩色复制中要学会色彩管理，学会用光用色，正确地掌握灰平衡和色彩的三特征（三要素）及它们之间的关系。

第二节 检验网印版质量

一、印制样张，检验印版质量

> **学习目标** 了解网版印刷机的种类和操作方法，掌握印制样张、检验、印版质量的技能。

（一）操作步骤

印刷打样和检验印版质量的步骤：

（1）清理印刷场地，保证印刷台或印刷机周围有一定的操作空间，避免其他物体妨碍工作，保持场地清洁，避免灰尘等影响印刷质量。

（2）调整印刷车间的温、湿度，以适应印刷的要求；根据印品特点，准备好相应的刮墨板，其长度、断面形状及刀边平整性均要满足印刷要求。

（3）检查网版印刷版内容是否正确，检查版次是否完好，例如网版图文周围一定要封网，不然非图文部分会出现漏墨的现象，用湿润的毛巾轻拭版面，去除版面上的灰尘。

（4）根据承印物的特点设置好网距。

（5）根据承印物尺寸的大小确定印版在印刷台上的位置，并调整好相应的网距。

（6）根据印刷的特点，检查所用物料，如油墨的颜色、黏度的大小是否符合要求，各种相应的溶剂，开孔剂是否准备得当等。

（7）开机试印，用正式印刷要用的网印机。

① 试印时，若图像的再现性差，就应对网距、刮印角、压力及油墨黏度进行调整。

② 对于多色套印，在第一色印版检查合格后，应在印台上画出装版的位置记号、记下网距尺寸。

③ 在正式开印稳定后，要抽出5～10个符合标准的样张作为校版样，并在校版样上精确绘出挡规的标线，以备挡规意外移动后校正用。

④ 校版样在每一次装版和校版时都要用。

（二）相关知识

由于网版印刷的应用范围很广，因此，根据其用途、承印材料及其形状的不同而有多种印刷方法，印刷机的种类也是多种多样。除了在基础知识部分认识了的平网印刷机类型外，

其他网版印刷机的分类如表4-2-3所示。

表4-2-3　网版印刷机的分类

网版形状	承印物表面形状	刮印工作台或滚筒的形式	印刷色数与自动化程度	主运动方式	特点及用途
平形网版	曲面	工作台是可调换的附件，以适用不同形状的表面印刷，可以认为其工作台是万能的	多色自动		可对平面、圆柱面、圆锥面、椭圆面、球面进行直接印刷 适用于中空塑料容器、玻璃器皿、金属罐等制成品的表面印刷
圆形网版	平面	平台式	多色自动		高效、连续，适应于印染行业
		滚筒式			柔-网印组合印刷、薄膜软材质的卷筒印刷等

1. 按自动化程度分类

（1）手动式网印机　手动式网印机通常是由网框夹持器、铰链和工作台组成的一种机械装置。

把网框固定在夹持器上以后，印刷过程的各种动作如上下工件、刮墨、回墨、网框抬落等完全依靠手工作业，一次印刷一种颜色。

由于手工网印比较经济、简便易行，至今在一些行业里仍占有相当比重，并逐步由简易型向功能较为齐全的方向发展。

① 简易夹网框器。最简单的夹网框器，可固定在任意工作台上，夹持丝网框台，可根据承印物情况，调整高度。

手动网印机绝大多数是采用这种平面平台结构方式制成的。特别是一些简易的网版印刷装置可以自做自用，如图4-2-11、图4-2-12、图4-2-13、图4-2-14所示。印刷小幅纸张、织物等，常用的就是这些简易方便的平面平台结构的简易网印台。其网框多用木材做成，印台可用木材或其他板材做成，绷网时用手工绷网。印刷时，印刷与印台用铰链（图4-2-15）装上即可。

上述简易网印装置的网框定位多采用定位块，如图4-2-16所示。

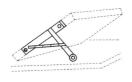

图4-2-11　用滚轮升降网框的简易丝网印刷器

图4-2-12　用拉簧升降网框的简易丝网印刷器

图4-2-13　网框后端装有平衡物的简易丝网印刷器

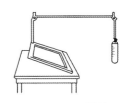

图4-2-14　用滑轮及重锤抬升网框的简易丝网印刷台

简易网版印刷的印刷装置，还有网版夹（图4-2-17）和简易手动网版印刷器（图4-2-18）。网版夹如同一个铰链，起到网版固定和开合的作用。手印器带有双向微调台面，便于套装。这两种装置均可任意调节印版和台面之间的距离，操作简单，移动方便，常为小印件所采用。只要操作熟练，手工印刷也能获得良好的印刷质量。

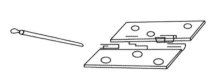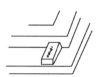

图4-2-15　铰链（合页）　　图4-2-16　定位块　　图4-2-17　网版夹　　图4-2-18　简易
　　　　　　　　　　　　（网框定位用）　　　　　　　　　　　　　　　　手动网版印刷器

② 手动网印机。送料、收料机刮墨均为手动操作。但印台装有穿版孔，印刷时经真空泵抽气，承印物被板孔牢牢吸住，可省手工固定之烦。

③ 精密型手动网印机。这种国产网印机，实际是一种结构简单、调整功能齐全的手动调版装置。网框夹持器具有四个自由度的调整功能，如图4-2-19所示，沿X轴、Y轴、Z轴可移动调整并可以Z轴为中心做角度转动调节，以保证精密丝印所必须的定位及网版距离的调整。其中三个轴向自由度的高速是由圆柱套筒和调整旋钮来完成的，Z向转动是由铰轴来完成的，每个自由度都有各自的锁紧装置。

该机配备相应的工作台可对多种承印物进行印刷，以在线路板、标牌行业使用最为广泛。

在有些承印物的网印过程中为了定位方便，对网框夹持器只做上下调整，承印物固定在工作台上做水平方向微量调节，即只要求网框夹持器作Z向（上下）移动，而X、Y向移动和Z向转动三个自由度的调节均在工作台上进行。使用最多的带有真空吸附装置的手动网印机，即属这种类型，主要用于各类纸张、薄膜承印物的印刷。

④ 多色套印手动网印机。这种机型多用于连续的多色套印，如图4-2-20所示，该机一次可安装四个网框，四个台位绕固定轴转动，转至所需角度后由分度精确的定位销定位，以保证多色套印精度。根据需要可配一个或四个工作台。这种机型适用于印刷吸墨性能较好的针织品，如T恤衫、手帕等。

手工印刷的最大优点是：不管材料种类、形状、重量有什么变化，只要有合适的印版、大小不同的印刷台，熟练的技术和合适的工作场所，就能够满足各种印刷的需要。一切全自动印刷机的操作及使用都起源于手工印刷，手工印刷含有一切印刷技术的要领。就这种意义说，熟练掌握手工印刷是非常重要的。学习网版印刷，首先要掌握油墨的调配，压力的加减，印刷刮板的材料及硬度的选择、角度的选择，版面

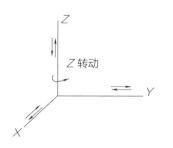

图4-2-19　四个自由度
调整示意图

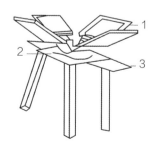

1—印版；2—转盘；3—印刷台。
图4-2-20　回转式手动网印机

与承印物的间隙调整，多色印刷的套印规矩等。学习网版印刷要从学习手工印刷入手。

手工印刷中的给纸、收纸、版的抬起及落下、印版的使用、印刷物的干燥等均由手工进行。其全部工序可由一人完成，但多数情况下，给纸、收纸、干燥等要用1～2人完成，2～3人组成一个作业组是较普遍的。

由于手工印刷如前所述有很多优点，所以很多发达国家仍然保留着手工印刷。但在大批量的、精度要求高的及批量质量要求一致的工业制品印刷中，多使用自动化方式。

（2）半自动网印机　在手动网印机的基础上，将印刷时的各基本动作，如刮墨与回墨的往复运动、承印装置的升降、网框的起落、印件的吸附与套准、空张控制等，按固定程序由一定的机构自动完成，仅上下工件由手工进行，这就是我们通常所说的半自动网印机。其传动方式一般为电机驱动、机械传动、气动或液动、机械-气动或机械-液动等。典型结构如图4-2-21所示。

半自动网印机的主要功能有：双马达设计，两组马达分别控制上升、下降及刮板行程的自动化；网距、墨刀角度和压力及停启时间均可调节；有强力抽气及三向微调的印刷台版；有自动剥网装置；印速为400～800印/h；承印物最大厚度为12mm。在自动化系列产品中，半自动网印机是应用最多的一种。

（3）自动网印机　全自动网印机的进料定位、刮墨和覆墨动作、网版升降及印件送出四项基本动作均由机械完成。所以，生产效率高、质量稳定、劳动强度低。这种机型以中、小幅面型居多，最适宜用于印刷批量较大的产品。例如：印刷线路板的专用自动网印机，全机电子程控，由若干气缸驱动。进料端有倾斜的印件料斗；斗底有气动推板分料；送料台的导轨上又有气动滑板送料，将料送达准确的承印位置；由气动放下网版、放下刮墨板并进行刮墨；然后各气缸反向动作，刮墨板上升，网版升起，覆墨板下降覆墨，印件被送料导轨上的滑板送出，分料板回到斗底原位，完成一个印刷循环，再周而复始地工作，如图4-2-22所示。

还有一种类似的用于印刷墙地砖的专用网印机，纯机械传动。因为印件为易碎坯料，不便料斗储料，只得人工摆放；但送进定位及印后送出，则由链条牵引堆板在工作台面上滑行；网版的起落和刮墨、覆墨及其升降、往复动作，则由机械系统驱动曲柄连杆及摆杆实现。结构简单紧凑、效率高、适用可靠。

（4）网印联动机　网印联动机实际上是一条自动化的网印生产线，它由自动送料机构，

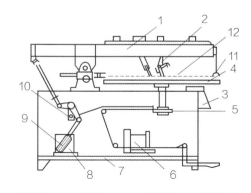

1—刮板导轨；2—刮板；3—电控面板；4—印刷工作台；5—气阀；6—真空泵；7—机座；8—缓冲器；9—曲柄；10—曲柄连杆；11—印版夹持装置；12—印版。

图4-2-21　半自动平网平台掀揭式平面网印机典型结构

图4-2-22　全自动网印机

单组或多组自动网印装置、烘干装置等串联而成，还可根据产品需要配备烫金、压痕、模切、边料剥离等一系列装置，是目前印刷单色和多色网印品效率最高、功能最全的网印生产设备。全机组每个环节都有检控装置；各组机构可以单独控制，也可全机用微机进行程序控制。如图4-2-23所示。

2．按网版及印刷台的形式分类

按网版和印刷台的形式，网印机可分为以下两类：

（1）平网机　平网机指网版为平面形的网印机。平网的印刷方式只能是往复间歇式，或是网版固定、刮刀往返，如图4-2-24（a）所示，或是刮刀固定，网版往返，如图4-2-24（b）所示。这样，供墨和刮印都不能连续进行，白白增加升降、往返运动的时间，限制了印刷速度。平印机的最高速度为3000印/h。

平网滚筒网印机即使用平面网版，对固定在圆形滚筒上的印件进行印刷，如图4-2-25所示。常见的曲面网印机、滚筒式网印机，便属此类机型。

（2）滚筒式网印机　滚筒式网印机主要是为了适应高速印刷单张纸类承印物而发明的专用机。

滚筒式网印机是将压印印刷平台改为压印印刷滚筒，网版与滚筒之间留有网距，印刷后网版做横向移动，解决了网框上下升降的弊病。如图4-2-26所示，这种机器的给纸、收纸、干燥、传送和堆垛等都是自动进行的。

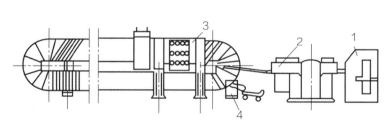

1—输纸器；2—印刷机；3—远红外干燥机；4—收纸台。

图4-2-23　高速网印联动机

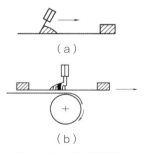

（a）

（b）

图4-2-24　平网印刷机

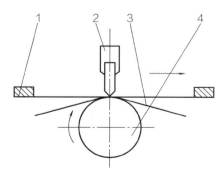

1—网版；2—刮墨板；3—印件；4—滚筒。

图4-2-25　平网滚筒式印刷机

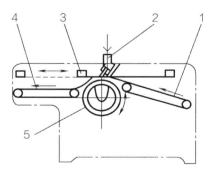

1—进件传动件；2—刮印装置；3—网框；
4—出件传送带；5—托印滚筒。

图4-2-26　全自动滚筒式网印机

滚筒式网印机的原理和构造的最大特点是印刷台呈圆筒状。平网印版和圆筒印刷台通过齿条和齿轮正确地啮合。刮板固定在滚筒上方的中心，印版左右水平移动，滚筒同时旋转。承印物在印刷前被送到预备位置，然后与滚筒一起旋转。滚筒的圆周表面上开有很多真空孔，吸附承印物进行转动印刷，但对承印物的厚度有限定。小的滚筒只能印薄的承印物，较厚的承印物印刷时需要加大滚筒的直径，但直径过大，会使滚筒的质量增加，滚筒的运动惯性增大，需要减慢速度，以保证印刷精度。为了解决速度问题，开发出的新型滚筒网印机，其特点是把直径大的滚筒制成"扇形"，减轻滚筒质量，既可进行高速印刷（最高速度可达4600张/h），又可进行范围很广的承印物的印刷。

（3）曲面网印机　曲面网印，是除平面之外诸如塑料圆筒、圆柱、圆锥、变形曲面等的丝网版印刷。由于印刷面为非平面的，印刷方法、特点和平面印刷相比有很大的不同，其印刷难度也比平面印刷大得多。

曲面网版印刷是承印物在某一位置，以某一中心线为轴进行旋转的印刷。承印物转动量和印版运动量是相同的，并且是同步进行的，在其中心线上通过刮板的加压运动而进行印刷。印刷完成后，刮板、网版及承印物各自回到原来的位置。

支撑曲面承印物的方法主要有滚柱、支架、滚柱支架并用的装卡等。

① 滚柱。圆筒、圆柱形的印刷，一般靠4个滚柱支撑承印物，目的是为了印刷时使承印物顺畅的旋转。

② 支架。圆筒、椭圆形承印物，靠尺寸相符合的滚柱支架固定，并确定其中心。

③ 滚柱、支架并用的装卡，综合使用滚柱和支架的支撑特点，用气压滚轴把承印物固定在滚柱相反的一方。

摩擦式传动曲面网印机如图4-2-27所示。

根据曲面网印机的自动化程度可分为：手动曲面网印机、半自动曲面网印机和全自动曲面网印机。

（4）圆网机　圆网机指网版呈圆筒形的网印机，如图4-2-28（a）所示。圆筒网的两端有加固端环和支撑轮辐，由中心轴贯穿两端的轮辐予以支撑。轴的一端装有传动齿轮，借以实施轮转。两端环间的筒体部分为金属丝网或金属膜版。圆筒内部，有带喷嘴的加墨管道和空套在轴上的刮墨刀。工作时圆筒版做连续的旋转运动，墨刀不动，如图4-2-28（b）所示。此圆网机内油墨的均匀性、

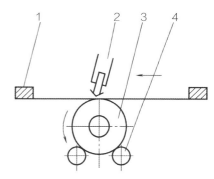

1—网框；2—刮墨装置；3—印件；4—托辊。

图4-2-27　曲面网印机构

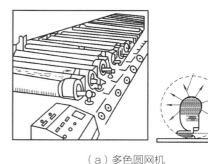

（a）多色圆网机

（b）圆网版筒结构

图4-2-28　圆网平台印刷机

清洁性和黏度稳定性均优于平网机；印刷速度可达6000印/h（80m/min），多用于卷筒匹布和墙纸的多色印刷。

① 圆网平台平面网印机。在圆网机中，目前比较成熟的产品是圆网平台平面网印机，这类机型的最显著特点是丝网印版由金属丝制成圆筒形，无接头，油墨（在印染行业用色浆）由专用泵自网筒中心的管道注入网筒内，网筒中装有轴向刮墨板，径向直立朝下正交于筒体内表面的一条母线上，每一个网筒印一种颜色，如图4-2-28（a）所示。

圆网平台平面网印机在印染行业得到普遍应用，适于印刷成卷的纺织物，如丝绸、布匹、床单、手帕等。此机的前部有开卷装置，后部有烘干装置和收卷装置，中部还有张力控制和套印装置，烘干的方式为电热或蒸气。

② 圆网滚筒平面网印机。这种机型的印台是一个圆筒（图4-2-29），由空心轴支撑。筒内套有气室，气室通过空心轴，用气阀和管道与真空泵相连。滚筒表面有许多吸气孔，气室可确定其吸附承印物的范围（约为圆筒的四分之一圆周）。滚筒的起印线上还有叼纸牙排，作夹持印件和纵向定位规矩之用。印刷时，墨刀保持不动，吸附在滚筒上的承印物和网版保持等速同步运动。印刷后，印品能与网版迅速剥离。滚筒式印台因送料和离网较快，故其印速快于平台机。滚筒式印机按筒的运动方式又可分为停启型和往返型两种。前者为单向运转，印速快；后者为往返双向运转，速度慢。滚筒式印机的不足之处是不能印硬质材料，如纸板及硬塑料等。多用于转印花纸及不干胶标签纸的印刷。

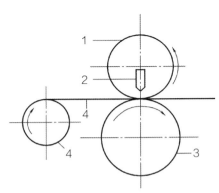

1—丝网印版；2—刮板；3—印刷台滚筒；
4—承印物。

图4-2-29　圆网滚筒平面网印机示意图

（三）注意事项

在打样和印刷中首先要了解网印机的结构、特性和操作规程，要做到一保养二使用，安全生产。

二、直观检验龟纹、提出改进措施

学习
目标　通过学习了解龟纹产生的原因及排除方法，掌握直观检测龟纹提出改进措施的技能和操作步骤。

（一）操作步骤

直观检测龟纹的步骤：

（1）将网印版放置于看版台上。

（2）开启看版台内置灯。

（3）仔细观察（可用放大镜）版面。

（4）发现龟纹故障。

（5）分析出现故障的原因（表4-2-4）

（6）提出改进措施（表4-2-4）

表4-2-4 龟纹故障产生的原因及排除方法

产生故障原因	解决办法
丝网目数选择不当	选择开孔面积较小的丝网
选用的膜版系统不对或膜版处理技术不好	检查膜版的均匀性
加网角度不对	加网时避免采用90°、45°等危险角度
刮墨板太硬	减小刮墨角度或更换较软的刮墨板
四色网版加网角度不对	对比色之间保持30°，避免与丝网成90°或45°

（二）相关知识

龟纹产生的原因及消除的方法。

网印品中出现龟纹的原因很多，具体可归纳为如下几个方面。

1. 套印龟纹

网印与胶印一样，是用黄、品红、青及黑4个色版的套印再现色调的，如果各色的加网角度不当，就会产生龟纹，破坏色调再现，这种龟纹称为套印龟纹。一定网屏的套印龟纹大小只与网屏夹角有关。夹角越大，龟纹越小，反之则大。为此，网屏间的角度差尽量取大，但用四色对称网屏时，只允许在90°内分配4个色版，若采用均等度差22.5°，则会产生明显的龟纹，有损阶调再现，权宜之计是采用不等度差15°（弱色与强色之间）及30°（强色与强色之间）。

2. 丝网龟纹

网点受丝网的干扰而引起的龟纹，称丝网龟纹。龟纹的程度取决于网点印迹的变形程度，即再现程度。如果再现性好，则与单色胶印品一样，无龟纹产生；如果再现性不好，但印迹缺陷是均匀一致的，龟纹也不易觉察；只有当网点印迹呈周期性变形时，才出现龟纹。

导致网点变形的因素主要有两个：分辨率及目-线交角（网目与丝网的夹角）。分辨率充足，网点印迹容易完整；分辨率不足，网点印迹容易残缺，亦称点蚀。目-线交角对点形的影响比较复杂，为明了起见，先看一根细线的情况。图4-2-30中的（a）（b）（c）

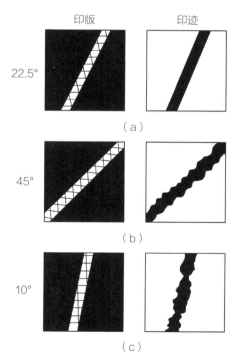

印版　　印迹

22.5°

（a）

45°

（b）

10°

（c）

图4-2-30 细线与丝网定位交角和变形的关系

三图分别表示细线与丝网的三种不同交角，当交角为45°时，丝网节结和网孔的干扰最大，印迹呈忽细忽粗的交替变化，线条的再现性差，实际上是龟纹的另一种形式；交角为10°时，丝网与细线边紧挨段长，缺墨严重，因此边线锯齿很大；交角为22.5°的印迹，受丝网干扰最小，再现性最好。这种细线丝印的角度影响，是否适用于网点印刷，目前未见定论。有些实验指出：丝网角度对网点变形的影响，只有当印版分辨率不足时，变形才较明显；分辨率充足时，网点变形并不明显。这个论点能解释丝印中的许多现象，如细线比粗线的龟纹重；高调比低调的龟纹重；细网屏比粗网屏的龟纹重等。印迹的周期性缺陷是丝网龟纹的根本原因。

为尽可能地减少丝网龟纹，可采取下列一些方法。

（1）目与线（丝网目数/网屏线数：Mc/L）比值宜大。Mc/L大，有两方面的作用，一是分辨率提高，龟纹可减少；二是印迹缺陷的周期性减弱。实践证明，$Mc/L \geqslant 5.5$时，无龟纹出现，但这种比值当$L \geqslant 65lpi$时并不适用，因$Mc \geqslant 400$目/in时，对挥发性油墨就很难适应了，这时可将比值降低到$Mc/L \geqslant 3.5$，但需同时兼顾丝网角度的影响。

（2）实践表明，当加网分色正片的网点分布与网孔排列之间有倍数关系时，易产生莫尔纹，即正片网点排列与丝网的经纬线"十"字交叉点反复重合时，在印刷中有的网点油墨通过，有的网点油墨却受阻，这时就容易产生莫尔纹。为了避免出现这种情况，在制版加网时应使用43线和51线这样的单数线数，以避免出现莫尔条纹。

（3）丝网角度以能印得匀称网点为优，如图4-2-31所示。当网点都位于丝网丝孔的相同位置（如结点或其他）上时，印迹匀称，故无龟纹发生。这种情况与网屏和丝网的交角有关，即：

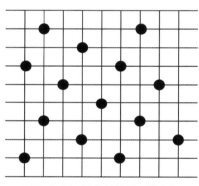

图4-2-31　无龟纹的目—线交角

$$\alpha = \arcsin(L/Mc)$$

如$L=85$，$Mc=190$，则$\alpha=26.6°$，也就是当$Mc/L=2.24$时，两者的夹角α取26.6°，则网点与丝网呈对称关系，故称对称角。

但必须指出，在4色网印中不可能4个色版都按对称角制版，实际选定角度的方法是将网点阳片叠加在绷好的网版上，进行透光观察，以选出兼顾4个色版的龟纹最少的丝网角度。但这种做法也有缺点，因选取角度时必须在绷网和加网后进行，而选定的角度又需重新加网或绷网才能纠正。因此可采用一种简便的经验做法：丝网角度固定为±（4°~9°），这样，避开30°、45°及90°的最劣角，对于减少丝网龟纹是比较有效的。

制版加网网屏不宜过细，选择加网网屏线数时应考虑到印刷品的视距，即人的眼睛到印刷品的距离。视距1m以上，一般选用60线网屏；2m以上，选用50线左右即可。

3．正确设置加网角度

通常的规律是：当加网线数在20线/cm以内，而丝网织物本身丝线密度达到142线/cm或更高，可采用传统的胶印网角：$Y=0°$、$C=15°$、$M=75°$、$K=45°$。低线数下另一种网角选择是使C、M、K相互间保持30°的距离，而Y与C保持15°的距离，例如：$K=45°$，$C=75°$，

$M=105°$，$Y=90°$（或$60°$）。由于在这两种情况下，线数低使得网点很大，则丝网本身的织物结构对网点的网目调结构所产生的影响是微不足道的，但随着加网线数的增加，网点尺寸也随之变小，此时就必须旋转整个网角设置，使之偏离传统的胶印网角。不然，黄版和黑版的网点角度会和网版织物纹理产生干涉，产生莫尔纹。网版印刷最常用的网角设置是$Y=7.5°$、$C=22.5°$、$M=82.5°$、$K=52.5°$。

加网方法大致分为两种：一种是用其他工艺的加网角度，如$0°$、$15°$、$45°$、$75°$加网，然后在制作网版时，按最佳角度差斜绷网，或用网点底版在丝网上找到最佳角度斜晒版；另一种是首先确定绷网角度，然后按最佳角度分色加网。

在绷网时由于张力的作用，丝网伸长，网目数值会发生变化，在考虑丝网目数与加网线数的匹配关系时也应注意这一点。

（三）注意事项

（1）正确选用丝网，选用目—线配比$1:5\sim1:7$的高张力低拉伸的聚酯黄色丝网。

（2）工艺采用正绷网，目—线配比不足可以采用斜绷网或斜晒版的方法来清除龟纹的产生。

第三章

培训指导

第一节　理论培训

学习目标 | 了解对各级技术工人的理论要求，掌握讲授本专业技术理论知识的技能。

（一）操作步骤

（1）学习国家职业标准《网版制版员》，了解对初、中、高级网印制版工的理论要求，制订相应的教学计划。

（2）了解培训对象的情况，如基础、等级、工作经历、已受过的培训等，以便能够有针对性的培训。

（3）根据教学大纲的要求备课、编写教案，制订教学的具体安排，特别是操作的培训安排，准备好各种操作所需设备和材料。

（4）理论教学。在理论教学中要设计一些实验、教具和演示来辅助教学，在教学中要多举一些实际应用的例子来讲解，使枯燥的理论易于接受。

（5）对本次教学进行总结，找出不足，以便今后改进。

（二）相关知识

对各级人员的理论知识要求是与操作相关的，是进行操作时涉及到的、应该掌握的起码知识。对于操作人员来说，操作能力是首要的，理论知识的要求以实用和够用为准。对于理论知识的要求也是与各工序的操作相一致的，也分为底片制作、膜版制作、印版制作、制版质量的检验与控制四个环节。对不同等级的理论知识要求不同，并且随着等级的增加逐渐提高。各级的要求见表4-3-1。

（三）注意事项

理论培训要与实际操作相联系，通过理论学习让学员理解为什么要这样操作，这样操作的道理是什么，这样学员才容易理解理论的内容。脱离实践的理论接受起来是困难的。因此在讲解理论时，应该尽量多举出一些实际应用的例子，加深学员的理解和记忆。

表4-3-1　网印制版员理论知识要求

操作工序及工作内容		初级	中级	高级
一 胶片 制作	（一）准备制作胶片	1. 认识各类原稿 2. 阴图、阳图、网目调的概念	1. 感光胶片与打印胶片的区别 2. 计算机设计软件的使用知识	1. 网目调分色加网原理 2. 制作、输出胶片的设备及使用方法
	（二）制作胶片	常用的出片方法及要求	1. 加网技术基础知识 2. 打印机在制版中的应用	1. 感光胶片的性能及使用方法 2. 图像加网的基本知识 3. 投影放大制作胶片的原理
二 膜版 制作	（一）准备绷网	1. 常用丝网的种类 2. 常用网框的处理方法	1. 丝网的性能参数 2. 网框的种类及特性	1. 加网线数与丝网目数的关系 2. 网框对网版质量的影响
	（二）绷网	1. 常用的绷网方法 2. 张力的概念及作用 3. 常用粘网胶的种类	1. 气动绷网机的结构和原理 2. 绷网张力的调整方法	1. 绷网角度的选择依据 2. 绷网局部张力不匀的原因
	（三）网版处理	1. 网版的清洗、脱脂和烘干的方法 2. 脱模剂的使用方法	1. 网版表面粗化处理的方法 2. 感光胶膜厚度与刮涂次数的关系	
	（四）涂感光胶	1. 刮胶斗的结构和使用方法 2. 常用的干燥方法	1. 感光胶涂布工艺 2. 感光胶膜厚度一致性和可重复性的意义	1. 自动涂胶机的结构和使用方法 2. 直接法、间接法、直接/间接制版法的区别，贴间接膜片的方法 3. 感光胶的微弱热固效应的原理
三 印版 制作	（一）晒版	1. 晒版机的基本结构和操作方法 2. 胶片和膜版在晒版机上的定位方法	1. 晒版机的光源及特点 2. 曝光时间与光源的关系	1. 光源的光谱、光强和照度的概念 2. 曝光时间与底片密度的关系
	（二）冲洗和干燥	1. 膜版冲洗显影的原理 2. 冲洗设备的种类和使用方法	1. 冲洗显影的影响因素 2. 坚膜处理的作用和方法	1. 气泵的类型、结构和工作原理 2. 间接法、直接/间接制版法的特点
	（三）修版	修版、封网使用的材料和方法	网目调印版缺陷及修复方法	
四 制版 质量 的检 验与 控制	（一）检验胶片质量	1. 图像的缩放概念 2. 胶片质量的基本要求	1. 三原色的基本知识 2. 胶片密度对印版质量的影响	1. 网点密度计的使用方法 2. 测控条的原理和使用方法
	（二）检验制版相关参数	网版的张力及测定方法	1. 丝网参数测量仪器的种类及使用方法 2. 感光膜厚度对印版的影响	
	（三）检验制版质量	印版常见缺陷的特征	1. 印版清晰度的影响因素 2. 印版常见的缺陷	

第二节　指导操作

学习目标　了解技术培训的基本理论、要求和方法，掌握指导初级、中级和高级工进行实际操作的技能。

（一）操作步骤

（1）学习国家职业标准《网版制版员》对初、中、高级网版制版员的要求。

（2）了解培训对象的情况，如基础、等级、工作经历等，以便能够有针对性的培训。

（3）准备培训大纲，内容包括课程性质、达到的目标和要求；课时分配表；课程内容和范围（分章、节、单元）；教材和学习方法介绍、参考书目和参考文献。表4-3-1为网印制版员理论知识要求。

（4）准备教学日历。按教学大纲中的课时安排制订教学计划，教学日历中将所培训内容划分为具体课时的安排，明确每次的教学内容或操作内容，做到按计划执行。

（5）设计操作内容，准备操作的相关设备和材料。编写教案（或课件）和备课，对每次教学内容进行详细的准备，对每次教学中的重点、难点、讲解方法、提出的问题做仔细的计划。

（6）讲授或指导学员操作，解答学员的问题。

（7）课后总结。对每次上课或操作的效果、出现的问题、心得和改进措施进行记录，以便下次培训时加以改进。

（二）相关知识

1．培训教学的基本方法

教学方法是保证完成确定的教学目的和任务，师生在共同活动中所采用的方式手段。教学方法包括教的方法和学的方法，是教与学互动的过程，是教法与学法的统一。教学方法是完成教学目标和任务的保证，关系着教学工作效率并影响学员的学习方法和能力的培养，因此要求教学方法既要传授知识，又要激励和刺激学员的学习激情。

在实际的培训过程中常用的教学方法有：

（1）讲授法　教师用口头语言系统地向学生传授知识的一种教学方法。讲授法的基本要求是：讲授的内容有科学性、思想性、系统性和逻辑性。讲授要具有启发性，易于理解，注重语言艺术，善于运用板书。

（2）讨论法　学员在教师的指导下，对于某个专题，通过教师与学员、学员与学员之间的交流，发表自己对这个问题的认识，达到举一反三的效果。

（3）演示法　在课堂上由教师运用实物、模型、图片、放映教学片等方式，或采用现代化教学手段演示实验和示范动作等，使学员获取知识的教学方法。演示教学其直观性可以提高学员的学习兴趣，发展观察力。要做到演示前有准备，演示要和讲授相结合，演示的材料要尽量被学员各种感官所接受。

（4）练习法　在教师的指导下，反复地完成一定的习题、动作或活动方式，以形成技能、技巧或行为习惯的教学方法。运用时要注意做到：明确练习的目的和要求，选好练习的内容，选择和掌握正确的练习方法。教师要先给学员进行示范，让学员掌握练习的要领、规范的技法，知道练习的正确结果。

无论采用哪种教学方法，都应该切忌一言堂，要充分发挥学员的主观能动性，鼓励学员提出问题、讨论问题。

在技术培训中，最重要的环节应该是基本操作的培训，所以在教学过程中有必要认识有关操作技能形成的相关知识，以便更好地完成教学活动。操作技能的形成，是通过练习而逐步掌握某种操作方式的过程。操作技能的学习大致可以分为三个阶段，即认知阶段、模仿阶段和熟练阶段。

① 认知阶段是使学习者对所学的操作技能有一个初步认识，也就是使学习者对活动方式有所了解，并在头脑中形成操作的印象，以便对所学操作的实际练习进行定向（起指引、调节作用），其主要任务就是领会技能的基本要求，形成起定向作用的操作印象。

② 模仿阶段是一种特殊的学习形式，它是指仿效示范者一定的操作方式或行为模式，即实际再现示范者的示范操作或行为。模仿是以前一个阶段所形成的操作印象为必要的前提，是在操作印象的指引和调节下进行的。这一阶段的主要任务是，经过反复练习使分立的个别操作连接起来。

③ 熟练阶段是在前两个阶段的基础上，经过进一步的练习，使活动方式达到高度完善化与自动化的程度，并且能对各种变化了的条件有高度的适应性。这样，就进入了操作的熟练阶段，形成了熟练的操作技能。

操作技能的形成必须通过一定的练习，练习是一种有目的、有步骤、有指导的学习活动。练习的目的，是为了不断地改善活动方式，以便使之达到熟练的程度。为达到操作练习的目的，要注意以下几个问题：

a. 练习的目标。在练习中，缺乏明确的目标，盲目地机械重复操作，是一种消极、被动的练习，不可能取得明显的效果。学习者有了明确的练习目标，才能激起练习的积极性和主动性，而取得优良的效果。换句话说，操作培训要以目标为导向，使其达到完成某个任务的目的。

b. 整体练习与局部练习。整体练习是要完成某一项工作的练习，可以是由多个局部练习组成；局部练习是从整体练习中分解出的具体动作，往往要先通过大量的、多次重复的局部练习，熟悉某项操作后，在一定熟练的基础上再进行整体练习。

c. 分步练习与集中练习。前者把练习分为若干阶段，每一阶段的练习时间较短，各阶段之间插入一定的休息时间；后者为连续地练习一项任务，直到完成为止，中间没有休息，即所说的强化练习。一般是分步练习优于集中练习。

2. 初、中、高级人员的网印制版员实际操作

各级人员的实际操作内容是根据工序来编排的。制版的工序分为底片制作、膜版制作、印版制作、制版质量的检验与控制四个环节，每个环节还会分为几个不同的项目。各工序对不同等级的要求难度不同，随着等级的增加逐渐提高。各级的要求见表4-3-2所示。

在培训过程中，指导教师要根据本培训教材中规定的各项操作要求进行培训项目的制定，准备培训中实际操作的设备和材料，做好操作的演示和指导。例如，在晒版的操作培训中，要事先准备好晒版机、冲版设备、网版和底片，在操作中详细讲解晒版机的各部件功能和使用方法，晒版机各项参数设置的方法，各参数设置的要求等。要给学员示范规范的操作动作如正确的底片和网版的放置方法、药膜面的方向、规矩的定位、抽气、曝光等，还要结合各步的操作，说明要注意的问题。

表4-3-2　网印制版员实际操作要求

操作工序及工作内容		初级	中级	高级
一 胶片 制作	（一）准备制作 胶片	1. 能识别各类常用原稿 2. 能识别阴图、阳图、网目调胶片	1. 能辨别感光胶片与打印胶片 2. 能运用计算机设计软件制作线条等简单图形	1. 网目调分色加网原理 2. 制作、输出胶片的设备及使用方法
	（二）制作胶片	1. 能判定胶片尺寸 2. 能按要求输出胶片	1. 能确定胶片的缩放倍率 2. 能制作单色调网目胶片	1. 能制作网目调胶片 2. 能翻拍网目调胶片 3. 能用投影放大设备制作成套胶片
二 膜版 制作	（一）准备绷网	1. 能选择网框和丝网的型号、尺寸 2. 能用打磨法处理网框	1. 能选择单色网目调印刷用的丝网和网框 2. 能检验网框变形	1. 能选择多色网目调印刷用的丝网和网框 2. 能检验绷网机的操作性能 3. 能选择绷网角度、能排除局部张力不匀等故障 4. 能检查自动涂胶机的工作状态 5. 能选择间接法、直/间法制版用的感光膜片 6. 能在网版上贴间接感光膜片 7. 能控制烘版的温度和时间
	（二）绷网	1. 能使用手工绷网和使用机械进行绷网 2. 能测定网版张力 3. 能涂刷粘网胶	1. 能调试气动绷网机 2. 能调整绷网张力	
	（三）网版处理	1. 能进行网版表面的清洁、脱脂处理 2. 能处理、回收旧网版	1. 能粗化处理网版表面 2. 能根据印刷要求确定感光胶膜刮涂次数	
	（四）涂感光胶	1. 能手工刮涂感光胶 2. 能烘干感光胶膜	1. 能设定感光胶刮涂速度、压力和角度 2. 能用自动涂胶机刮涂感光胶	
三 印版 制作	（一）晒版	1. 能对晒版机进行日常维护 2. 能进行胶片和膜版的定位 3. 能使用晒版机进行膜版的曝光	1. 能在网目调制版中调整各色版的角度 2. 能根据光源设定曝光时间	1. 能检验晒版机的工作状态 2. 能鉴定胶片质量是否符合晒版要求 3. 能根据胶片确定曝光时间
	（二）冲洗和 干燥	1. 能对冲洗设备进行日常维护 2. 能冲洗、干燥线条版	1. 能冲洗网目调印版 2. 能对印版进行坚膜处理	1. 能排除制版设备的机械故障和气路故障 2. 能晒制间接法和直接法制作的印版
	（三）修版	1. 能用封网胶封涂图像以外的通孔区域 2. 能修复印版的污点、砂眼和划痕等区域	能修复网目调印版的缺陷	
四 制版 质量 的检 验与 控制	（一）检验胶片 质量	1. 能测量胶片的图像尺寸 2. 能目测检查胶片的明显缺陷	1. 能用测试条测量胶片的加网线数 2. 能借助放大镜检查胶片密度	1. 能借助放大镜判断多色网目调胶片的网点质量 2. 能使用光学密度计测量多色网目调胶片的网点面积 3. 能检验多色网目调印版的质量
	（二）检验制版 相关参数	1. 能核对丝网的类型和网目数 2. 能测定网版的张力	1. 能测量丝网的目数、丝径和厚度 2. 能测量感光膜的厚度	
	（三）检验制版 质量	能目测线条版的砂眼、划痕等明显缺陷	1. 能借助放大镜检查图像边缘的清晰度 2. 能判断印版常见缺陷产生的原因	

（三）注意事项

在实际操作之前，一定要向学员讲清楚操作的要领、正确和规范的动作，尤其要说明可能发生的问题和危险，避免造成人员的伤害和设备的损失。

第四章

管理

第一节　生产管理

一、组织有关人员协同作业

学习
目标

了解生产管理的相关知识，掌握组织相关工艺的操作人员协同作业的技能。提高设备利用率与劳动生产率，降低物资消耗与生产成本，保证印制周期，满足客户要求，争得更多活源。

（一）操作步骤

（1）承接业务，了解客户的要求　印刷企业属于加工型企业，众多的要求是由客户提出，因此在承接业务时必须弄清楚客户的要求，以此为据双方签订业务合同，明确双方责任，生产方要为客户做好服务，同时要把客户的要求用文件的形式告诉操作者实施。

（2）按客户的要求实施操作　根据客户要求与企业的生产条件进行工艺加工设计，明确印前准备、底片制作、膜版制作的内容与要求，按要求组织生产。归纳成两种类型：一种是由生产管理部门从始至终直接安排，或称一级调度；一种是生产管理部门总体安排，具体实施由各车间安排，或称二级调度。不管采用哪种方式，都要处理好与相关部门的关系和各环节的接口，保证全局进度符合要求。

（3）事先通知设备管理者、材料管理者、后勤保证部门等做好相关的准备工作，生产部门安排好劳动组织。

（4）按要求组织生产。

（二）相关知识

管理的基本知识。

1. 管理的含义

管理是促使组织内的人们朝着一个共同的目标而努力的一种手段或方法，指挥和控制组织的协调活动。管理包括了计划、组织、指挥或领导、协调或人事、控制五项任务。管理就

是实现五项任务的过程。

管理是动态的、发展的，又是具体的。

（1）计划　按现代管理的要求，首先了解相关信息，选择目标，根据信息拟定策略与规划，制订可行性计划，技师的任务是将计划转化为目标的过程中认真工作。

（2）组织　指的是生产机构。应该建立符合实际的、精简高效的、责权对等的、岗位责任明确的、指挥畅通的、能够完成计划的组织，技师在其中发挥作用。

（3）技师用自身的技能、影响力、指挥、领导或服务，顺利完成相关工作。

（4）协调主要是协调各部门、各环节相关人的工作，是管理的本质或核心，人通百通。

（5）控制是衡量和纠正下属人员所进行的相关活动，保证与计划相一致，实现目标。

（6）技师参加管理的意义：企业创造的价值靠的是实操和管理，技师以下的岗位不是没有管理，而是体现在实际运作中，是根据工作内容提出技能要求，如需要哪些相关知识，确定培训，体现的是干中学；而技师是靠学习和实践积累的知识，归纳、升华到理论来领导、指导或服务于实践，通过实践、理论、再实践的循环，实现了理论与实践、知识点与技能点、管理与实干的结合，实现了工作内容、技能要求和知识要求的统一，解决了管理人员与操作人员的矛盾，需要管什么就管什么，有要求，有目标。使管理更有直接性、针对性、实用性、指导性、服务性、预防性，效率更高，效果更好。

2. 明确管理任务

管理部门是以纵向体系、垂直系统管理为主线；技师的管理任务是以岗位责任制为主线，既要处理好上下级关系，又要协调好横向左右关系。以生产技术为主线，管理的内容既要遵循行业通用的管理规范，更要结合工作实际认真实施。

3. 管理任务的制定

技师应该参加或参与管理部门制定相关制度、管理方式、相关要求，这样管理任务和要求更明确，在实施过程中便于衔接、理顺、充实、完善、提高，效果会更好。

4. 管理是最有活力的资源

人力、设施、环境是生产的三大资源，通过管理将三大资源形成合力。技师参与管理归纳为两种类型：一种是以做为主，在做中参与管理、指导或服务相关工作；一种是以管为主，在管中做、指导或服务。不管哪个类型，通过认真的管理都要提高效率、降低成本、监控质量、保证周期、创造价值，要向管理要效益，向产品要质量，促进企业发展。

（三）注意事项

技师要明确管理的含义、意义、任务等，更要结合企业实际做好或带领相关人员做好生产过程中的各项工作，达到提高效率、降低消耗、稳定质量的目的。

二、协助执行生产计划、调度和工艺的管理

学习目标｜了解生产管理和工艺管理的相关知识，按相关标准或工作要求组织生产、配备资源、监控质量、协调关系、保证进度，为印刷作业打下良好基础，为按时完成生

产计划提供保证，兑现合同中的承诺。对生产计划、调度和生产的各方面实施管理或协助相关人员进行管理。

（一）操作步骤

（1）了解执行生产计划的情况。

（2）调度　根据承接任务和交付时限要求进行人力、设备、材料的准备和调度。

（3）对制版的各方面实行管理　其中包括设备的准备、材料的采购、时限与进度、各环节与总体质量要求等。

（二）相关知识

生产管理基本知识。

生产管理是企业最根本的管理，它涉及客户的要求与市场的需求，涉及企业管理体系与组织结构，是直接创造价值与提高产品质量的管理。中、小型企业可将设备、材料、工艺、质量、环境、安全等内容包容在一起管理，大型企业可根据需要分项进行管理。

1．设备管理的相关内容

（1）设备属于硬件，是生产加工的基础，其性能、能力配制、保养维修、完好状态，直接影响着生产的成败，代表着企业的综合能力，是企业竞争的条件与手段，是企业发展的保证。

（2）设备选型既要考虑其先进性、科学性，又要考虑其经济性、适用性、配套性、安全性，要学懂弄清使用说明书和要求，按操作规程实施。新进设备技师最好参加安装调试，明确设备功能和维护内容，以便使用。

（3）重视设备的配套　如生产能力的配套，功能的配套，各相关设备规格的配套，与辅助设备的配套，与所用材料的配套，与加工任务的匹配，与生产环境的符合，以便连续均衡生产，稳控产品质量，保证制作周期，提高生产效率。

（4）加强设备的保养与维修　对底片和膜版制作设备的易损部件（灯泡等）要定期检查更换，要定期测定光源的照度、光衰、照度的均匀性、稳定性等；提出设备小修计划和要求，最好参与维修，保持设备性能的良好。

（5）提高设备的完好率　设备完好率是设备管理水平的标志。设备功能、精度要达到设计要求，动力传动与润滑系统自如，控制系统灵敏，不漏油、不漏水、不漏溶液、更不能漏电，装置齐全、安全可靠、正常运转，保证顺利生产。

（6）提高设备利用率是企业管理的根本，是管理水平的综合反映。技师参与技术管理主要是为了提高设备的利用率，达到提高效益和产品质量的目的。

（7）做好设备维护档案与记录工作。

2．材料管理的相关内容

（1）企业的生存与发展，一方面要提高设备利用率；另一方面就是通过严格的管理降低材料的成本与消耗。材料的性能与供应既影响着产品质量，又影响着产品成本，有的直接影

响，有的间接影响。因此材料管理必须重视。

（2）了解材料的市场信息，掌握相关材料的使用性能，货比三家，知晓性能价格比。在保证质量、保证供应、满足使用的前提下，降低成本、减少库存、杜绝积压。对采购的材料应同时索取材料的质量标准或使用说明书，并学习弄通。

（3）提高认识，加强保管。制作底片和制作膜版的主要材料都是多项组成的高分子光化学材料，对保管与使用都有严格的条件。如适合的温度、湿度、暗光保存，感光材料使用前应从库房领出到工作间备用。保管过程中预防变性、变质与降低使用性能。

（4）材料使用过程中，应按物流运转要求，实行定额领取、定量使用，严格工艺规范、严格溶液配制、严格按规程操作。对新购进的材料（换了批号或型号的材料）和新型材料，应对其主要性能进行测试，如感光度、分辨率等；对常规使用的显影液，用相应的显影测控条定期对显影液性能与浓度、温度与时间、给液与补充方式进行测试，发现问题及时调整或更换。

（5）从材料购入、保存、使用到产品交出都应符合物流程序，所有环节都应有记录，物、账、卡相符，以便分析，为降耗提供决策依据。

3. 工艺管理的相关内容

工艺管理涉及的内容很宽，如果工艺管理科学合理，将会提高综合效率。

（1）工艺管理纵向上涉及生产的全过程，横向上与设备、材料、质量、环境、标准有密切关系，属于综合管理。要根据客户对产品的要求、不同原稿的特性、设备的综合能力、原材料性能与供应状况、技术能力，确定工艺加工的内容和要求，要结合企业实际，在保证质量的前提下，内容可运作。

（2）工艺管理的相关内容必须按工艺设计的要求进行。确定产品生产路线与方法，确定使用设备与主要材料，拟定生产组织形式，定出实施进度与各环节的加工时限，规定质量控制手段与检验方法，用工艺管理把各项内容有机地结合起来，实现总体要求。

（3）工艺管理是统一认识、规范实施的重要途径，是现代企业多项（设备、材料、质量、标准、安全、环境等）管理的结合点，是硬件与软件功能的统一点，是落实岗位责任制与分工协作的联结点，是实现责权相符、运作一致、指挥畅通、减少环节或变量、实现工作高效化的切入点，是实施计算机管理的基础，是实施标准化、规范化、数据化运作的前提，并为信息化管理创造了条件。这与管理者参加操作，技师参加管理有异曲同工的作用。

（4）工艺管理的内容应符合相关法规要求（三废排放、安全生产等），要与企业的生产规模、产品结构、所用设备、材料性能、人员能力等相适应，与工艺设计的内容相符，与标准化、规范化、数据化的运作相符，内容应简单、明确，不能有漏项，在保证质量的前提下，工艺路线越短、越简化越好，目的是能提高效率、降低消耗、监控质量、保证周期。

（5）网印复制的全过程应包括印前准备、底片制作、膜版制作、印刷作业、质量检验与产品发送。管理方式有两种，一种是将管理内容编成程序，通过计算机实施；一种是用"生产通知单"或叫"作业指导书"实施，作业指导书是操作指令，必须看懂后执行。由于企业的生产结构不同，作业指导书可能是全部的，也可能是分段的，分段实施要处理好上、下接

口问题。

4．环境管理的相关内容

净化人类环境，保护好大自然，提高人们生存质量是基本国策，也是人类长期而艰巨的任务。

（1）学习相关法规、提高认识　我国十分重视环境保护的立法、执法工作，先后颁布了《环境保护法》《大气污染防治法》《水污染防治法》《固体废物污染防治法》《环境噪声防治法》《建设项目环境保护条例》等法规。要学习并贯彻到工作中去。保护、改造、美化环境，促进人类健康和经济发展是永恒的任务。环境是生产力也是资本，环境好坏既影响着国民经济持续发展、生产成本和质量，又影响着人类生活和子孙后代的身心健康。因此必须提高对环境保护的认识，树立强烈的环境保护意识，杜绝只污染不治理，预防先污染后治理的行为。要增强责任感，认真贯彻预防为主、防治结合的原则，有足够的资金投入，培训人才，实行环境不达标否决权制度。

（2）推荐用ISO14000环境管理体系管理　该体系以全新的概念为环境管理提供了一种崭新的管理模式，核心是预防为主，全过程自主管理，这与我国承诺遵守法规、以预防为主的原则完全吻合。目的是防止污染，节约能源，改善环境，结合实际提出管理要求，从头到尾要预防，防治结合，强化在生产前和过程中控制污染，实施清洁生产。建立全方位、整体性与符合性环境管理体系：编写文件，查找原因，追究责任，持续改进，推动企业环境管理的现代化。

（3）熟悉印刷行业环境管理的相关内容　保护环境、预防污染，处理好生产管理与环境管理的关系、社会需求与经济发展的关系，执行相关法规。新建或改造老厂房时，必须贯彻《建设项目环境保护管理条例》，环境保护要与主体工程同设计、同施工、同验收后使用；在选用设备、材料、工艺技术时，不应产生废气、废液、粉尘、放射性物质，噪声不能超标，不能产生有害物质，如果条件有限制，必须采取相应措施治理；在技术改造时要选用先进无污染的技术；厂房应符合环境要求，周围环境应绿化，尽可能减少裸露土地。要经常对污染源进行检查、建立档案，没超标的要预防，超标的要治理，培训环保队伍，强化自主管理。

生产厂房的温湿度应符合生产要求，能防灰尘、风沙、噪声达标，环境呈中性白色，应采用CY/T3《色评价照明和观察条件》的光源评价颜色。

国家对企业要求的所有环境保护指标都是强制性的，实行一票否决权制度。

5．安全管理的相关内容

安全既是企业管理的出发点，又是落脚点。

（1）提高对安全管理的认识　安全工作关系到国家和人民生命财产安全，关系到社会稳定和经济的健康发展；要提高全民的素质，提高全社会和全民族的安全意识、安全知识、安全技能、安全行为与安全道德，为安全生产创造良好环境与氛围。按照我国宪法，劳动者享有劳动保护的权利，保护劳动者的生命财产是政府与企业应尽的义务，是社会稳定的保证，是促进中华民族繁荣昌盛，事业持续发展的基础；安全不仅是个经济问题，而且是个政治问题；事故可能发生在局部，但影响是全局的，安全指标都是硬性的，没有弹性，必须以人为

本抓细、抓实、抓好。

（2）必须实施"安全第一，预防为主，综合治理"的方针　"做到思想认识上警钟长鸣，制度保证上严密有效，技术支撑上坚强有力，监督检查上严格细致，事故处理上严肃认真"。事先对所有人进行安全教育，实施事前与过程管理，建立安全管理体系，执行相关法规，完善安全管理制度，落实安全岗位责任，加强安全综合治理，确保经营生产安全。

（3）明确安全管理的任务　安全管理是全方位、全过程、全人员、全时空的不能出事故的管理。以人为本，所有部门、环节、过程都不能出人身事故，预防事故，杜绝伤亡事故，确保人身安全；执行相关法规，严格按要求运作，不违法，更不能犯法，依法管理；加强设备管理，制定符合实际、能确保安全生产的操作规程与要求，预防设备事故的发生；配备符合安全生产的厂房和环境，及时或定期检查水、电、气等；高度重视消防安全，预防火灾发生；加强综合治理，凡涉及安全的人和事，都要有预案，加强管理和治理，定期或不定期检查，发现问题及时整改。

（4）建立健全安全管理机构　实施"企业负责，行业管理，国家监察，群众监督"的安全管理体制。体制明确了企业法人对安全管理的责任。因此企业要建立以法人为代表的安全管理委员会或领导小组，形成指挥畅通、行动统一的纵到底（从法人到职工）、横到边（所有部门）、全方位（相关部门与环节）、全时空（所有时间内）的安全管理体系。大企业要有专人管理，中小企业可设专人兼职，层层、线线都必须有人管，落实责任，分工协作，实现安全第一、预防为主、综合治理，确保企业安全，技师应该参加安全管理、掌握安全知识和要求。

（5）严格执行法规，完善安全管理制度　安全是现代企业管理重要组成部分，是安全生产统一认识与行动的准则。安全法规与企业的安全制度都是强制性的，必须认真学习、严格执行，要结合企业实际建立以安全生产责任制为核心的、能够预防与控制安全生产的各项规章制度：安全生产规范，技术安全措施，安全管理办法，安全教育制度，电器安装使用程序，特种作业人员培训制度，安全施工程序与要求，消防安全管理制度，交通安全制度，安全奖惩制度等。制定的制度要学懂弄通，更要严格执行，全系统、全方位、全过程、全人员形成合力，确保安全生产。

（6）强化安全生产管理　安全管理有独立的管理系统，其内容又渗透到相关系统。与生产管理相配合，按谁管生产必须管安全的原则，实施安全与生产五同步：同计划、同布置、同检查、同总结、同评比。法人或委托生产管理者全权管安全工作，落实岗位责任制；与现场管理相融合，整治现场环境（脏、乱、差、险），提倡综合管理；与环境管理相融合，提高安全环保意识，实现安全清洁生产，防止职业病发生；实施人、物、环境、安全、法规的配套管理，不漏项，不留死角，全时空管理，确保安全生产。

采取得力措施，提高认识，全系统、全方位、全过程、全人员形成合力确保安全生产；实行严格安全检查，落实安全责任制，实施三定（措施、时间、负责人），四不推（班组能解决的不推工段，工段能解决的不推车间，车间能解决的不推工厂，工厂能解决的不推上级），五同时（同计划、同布置、同检查、同总结、同评比），六不走（设备不擦不走，工具不码放整齐不走，交接记录不填好不走，不切断电源不走，不熄灭火种不走，环境不清

扫干净不走）；安全经费要保证；实行严格的奖惩制度，实施安全一票否决权；坚持科技进步，建设安全文化，树立安全公德，牢记安全宗旨，确保安全生产。

6. 实施节能降耗的清洁生产

印刷产品质量是通过视觉判断的，因此全部生产过程要保持环境干干净净，使产品外观不能产生瑕疵；另一方面要节能降耗，防止或减少三废的产生，防止职业病，实施环保生产、安全生产与清洁生产，实现可持续发展。

7. 实施制度化与标准化管理

（1）相关的规章制度与标准是相关人员按一定的程序共同遵守的依据　在系统内各个方面与过程都应制定相关的规章、标准或要求，内容要切实可行，执行人要学懂，而且要求相关人员对其内容理解要一致，以规章制度、标准为依据运作，克服管理者的盲目性、操作者的随意性。

（2）标准与标准化管理既是管理手段，又是管理目标　标准分为国际标准（ISO）——由国际标准化组织通过的标准；国家标准（GB）——由国家标准化主管机构批准、发布，在全国范围内统一实施的标准；出版印刷行业标准（CY）——由新闻出版署批准，上级备案、发布的标准；企业标准——由企（事）业或其上级批准发布的标准。从标准内容分有管理标准、产品标准、方法标准、技术标准、术语标准、服务标准等。

① 标准化的含义：标准化是一门科学，又是一项管理技术，是对实际的或潜在的问题制定共同和重复性使用规则的活动。既是人类实践活动的产物，又是规范人类实践活动的有效工具。通过制定、实施标准，达到统一，以获得最佳的秩序和效益。印刷的标准化是规范印刷操作和要求的工具、手段：一是实现图文的再现性，把顾客的要求无误一致地再现出来：二是重复性，按顾主的要求重复一致地印制出来，标准化的核心是执行标准、严格操作、重复生产，产品质量达到一致。

② 标准与标准化工作是企业生存与发展的基础；是规范市场与企业经营生产的依据；是企业产品结构调整与产品创新的条件；是国际交流与经济交往的通用语言；是参加WTO、参与国际合作，消除国际贸易中的关税与技术壁垒，迎接全球化的挑战不可缺的手段。因此要认清形势，提高认识，加强学习，锐意改革，大胆实践，实施好标准与标准化工作。

③ 标准与标准化工作的指导思想：要"适应市场、服务企业、加强管理、国际接轨"；要建立科学高效、统一管理、分工协作的管理体制；要制定"结构合理、层次分明、重点突出的标准体系"；要"面向市场、反映快速的运作机制，企业为主、广泛参与的开放式工作模式"。企业要明确任务、讲究方法，规范工艺、严格操作，培训队伍、落实责任，健全规章、加强管理，结合实际、稳步实施，持之以恒、取得效果。

④ 国际、国家与行业标准都是合格性的标准，是起码的要求。因此鼓励企业制定某些或全部指标和要求高于上述标准的企业标准，以求提高企业的竞争力，占领更大市场。

8. 提倡实施计算机管理

可根据企业生产实际自行编制生产管理软件，也可引进比较成熟的生产管理软件。从承接业务到将产品交给顾主、收回货款进行计算机管理，这样能更好地保证进度、监控质量、

强化管理，避免或减少失误。

9. 实施现场管理

现场管理以现场为切入点，属于综合管理，应配套进行。整治现场环境，重点治理脏、乱、差、险；规范劳动组织，各岗位上的所有人要严肃而有序地工作；优化工艺路线，科学策划工艺，在保证质量的前提下，工艺越简化越好；健全规章制度，所有工作运作都要有章可循；促进班组建设，提高劳动者素质；体现综合优势，调动各方积极因素，形成合力。确保安全生产，是各项管理的基础与保证。通过优化的现场管理达到：环境整洁、纪律严明、物流有序、设备完好、信息准确、生产均衡、队伍优化，实现提高生产效率、降低综合成本、稳定产品质量、确保印制周期、满足顾客要求。

10. 坚持技术进步，提出工艺技术新方案

印刷工业的趋势是设备在更新或换代，材料在换代或创新，技术在创新或兼容，软件在多样与升级，工艺在规范与接轨，机制在适应与改革，管理在科学与高效，需要人才的培训与技能的提高，来满足市场的总要求。

（三）注意事项

生产管理是综合性的，通过管理提高设备利用率、提高劳动生产率，进而提高生产效益；降低管理费用、降低物资消耗，进而降低生产成本；稳定与提高产品质量、符合环境保护要求，确保安全生产，不发生职业病，进而使企业可持续发展；生产工艺科学、生产过程畅通、保证制作周期、满足客户要求、按时收回费用、加快资金周转，保证企业盈利。

第二节　质量管理

一、能在本职工作中认真按照生产工艺操作规程和产品质量标准生产

学习目标	了解掌握制版的质量要求，在生产工艺过程中认真贯彻生产操作规程、执行各项质量标准、满足客户要求。

（一）操作步骤

（1）根据客户产品加工要求进行工艺设计。

（2）提出工艺过程的相关质量要求与标准。

（3）操作或指导操作人员按各工艺过程的技术参数和质量标准生产。

（二）相关知识

制版工艺过程的操作规范与质量标准。

企业提倡规范化、标准化作业。

企业结合现有生产力水平和生产条件，对企业内部各生产工序提供客观、规范、全面的指导，帮助操作者完成生产任务。

在指导操作人员进行作业生产的同时，要建立一个正确、规范的生产流程，对新员工进行技术培训，让员工更快地适应岗位，达到责任要求。

印刷企业文件主要包括针对设备（如照排机、制版机、数字打印机、印刷机等）、物料（如油墨、纸张、版材等）和工作环境（如温度、湿度、光源等）制定的《设备管理文件》《物料管理文件》和《作业环境管理文件》，针对特定用户和产品工艺设计而制定的《工艺管理文件》，针对培养员工专业素养的《员工上岗要求及员工培训文件》，针对保证产品质量稳定性的《质量体系文件》，针对保证生产安全的《安全生产工作及应急措施文件》和用于说明文件结构的《体系管理文件》。文件总体结构可按图4-4-1、图4-4-2所示建立。

中小企业可建综合办公室负责文件的制定与实施。

文件体系结构基本涉及了印刷企业中与生产相关的各个部门，它是针对具体工作而制定的工序生产操作文件，它涵盖了印刷品生产的各个生产环节，用于指导一线工人的具体操作。在印刷企业编制生产操作规范，可以参照图4-4-3中的体系结构进行。

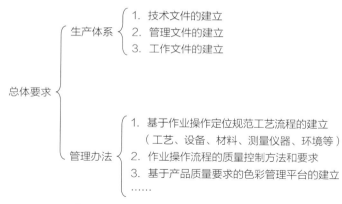

图4-4-1　规范化作业体系建设方法示意图

　　　　　设备管理部：设备管理文件
　　　　　物料管理部：物料管理文件
　　　　　环境管理部：作业环境管理文件
　　　　　通用性文件：文件总则、体系文件、管理文件
文件管理部门　质量管理部：质量控制与检查文件
　　　　　生产技术部：生产技术文件

　　　　　　　　　生产操作规范：制版部门、印刷部门、印后加工部门
　　　　　生产管理部　岗位要求文件：制版部门、印刷部门、印后加工部门
　　　　　　　　　员工培训文件：制版部门、印刷部门、印后加工部门

图4-4-2　印刷企业文件体系总体要求

```
生产操作规范 ┤ 印前车间工作规范 ┤ 印前作业文件：原稿扫描规范、拼版规范、RIP加网处理规范
                              数字打样文件：数字打样规范
                              CTF作业文件：CTF印版制作规范
                              CTP作业文件：CTP工艺规范
                              ……
              印刷车间工作规范：印刷作业标准文件
              印后车间工作规范 ┤ 表面装饰：覆膜、UV上光、烫金等工艺规范
                              裁切工艺规范
                              压痕工艺规范
                              横切工艺规范
                              ……
```

图4-4-3　印刷生产操作规范结构示意图

（三）注意事项

这些工艺技术文件，实际是企业在质量管理中的规章制度。符合企业实际的规章制度是完成企业任务的保证。因此要培训相关人员执行制度和质量标准的技能与责任感。

二、能应用现代质量管理知识，指导操作过程的质量分析与控制

| 学习目标 | 了解并掌握现代质量管理的知识，用相关知识指导生产过程的操作，进而控制产品质量，稳定与提高产品质量。 |

（一）操作步骤

（1）了解产品加工规程和产品质量的要求。

（2）对全面质量管理诸因素进行分析与控制。

（3）在实施过程中，找出需要调整或重点加以控制的因素，稳定产品质量。

（4）实施全面质量控制和综合管理。

（二）相关知识

1. 现代质量管理知识

（1）质量是一组固有特性、满足要求的程度，质量管理是在质量方面指挥和控制组织的协调活动，包括确立质量方针、质量策划、质量控制、质量保证、质量目标达到的有效性与效率。印刷产品质量是印刷品外观特征的综合表现。颜色图像产品包括图像的阶调值、层次、颜色、外观特征，文图地位，规格无误等；文字产品质量包括文字正确，墨色均匀一致、密度足够、牢固，便于阅读，管理就是为实现质量要求而努力做的工作。

（2）质量管理方式发生重大变化。随着设备的更新与换代，材料的换代与创新，工艺技术的进步与发展，质量管理从完成后的质量检查阶段，到通过数理统计与相关图表，如直方

图（搜集大量数据进行分析）、管理图（实为预防为主的控制图）、相关图（把影响质量的因素加以解决）等称为统计质量管理，到全员的、全过程的、全方位的全面质量管理，在全面质量管理的基础上建立质量管理体系。几个阶段的管理是继承发展的，目前我国的印刷企业是"四世同堂"的管理，不管采用哪种方式或兼用，都必须控制好、管理好，确保不符合规格的产品不流向社会。

（3）推荐ISO9000：2000族标准。该族标准是国际标准化委员会组织几十个国家众多质量专家，多次修改定下来的，是先进的、经济的、有效的、可行的，具有法规性和管理模式的双重作用。

① 坚持八项质量管理原则："以顾客为关注焦点，领导作用，全员参与，过程方法，管理的系统方法，持续改进，基于事实的决策方法，供需互利的关系。"八条原则体现了以人为本、关注各方、重视方法、永不满足的指导思想。

② 统一对术语的认识：术语的"要领是指客观事物的本质在人们头脑中的反映，是反映对象的特有属性的思维方式。"术语源于概念，是概念更高层次的概括，术语定义必须明确，内涵的解释应是唯一性的。印刷技术术语（GB 9851）有527条，其中网版的48条，相关人员应学懂术语而且对术语内涵的理解应一致，如果相关人员对相关的术语理解不一致，在实施过程中既做不好，也管理不好。

③ 按十二项质量管理体系的基础要求（理论基础、产品要求、管理方法、过程方法、质量方针与目标、领导作用、文件、评价、持续改进、统计技术的作用、与其他管理体系的关注点、与组织优秀模式间的关系）建立质量管理体系。提倡前管理或叫预防管理、过程管理、系统管理的方法。结合企业实际编写质量手册、实为全系统全方位的岗位责任制；制定相关的程序文件，实为做事的步骤与方法；编写可行的作业指导书与记录表格。这样实施前有明确目标，实施过程中有明确要求、操作时有明确的根据，做后有准确的记录。可以弥补管理上知识的不足，认识上的偏差，指挥上的盲目，克服操作者目的不明、操作上的随意性。

④ 各环节应有明确的质量要求，有产品质量标准或总要求。产品质量要从源头抓起，每个环节必须达到各自的要求，原则上，上环节的问题不能流向下环节，一环扣一环，并处理好上、下接口，环环都保证，最后的产品质量才有保证。

⑤ 目前还未见到网版印刷的质量标准。各企业是根据实际提出了不同环节的质量要求，在实施过程中要按要求生产和控制产品质量。国家是不允许无标准生产的。建议基础好的企业将质量要求进一步归纳、提炼，上升到行业标准。

⑥ 现代企业的生产与质量管理是相辅相成的、内容相互包容的。质量管理是生产管理的一部分，生产管理好了，质量管理就有了基础与保证。因此生产管理的相关知识都适用质量管理。

⑦ ISO9000族标准是总结多种质量管理经验而提出的。提供了良好的管理模式，应该学习并采纳：用ISO9000族标准的要求，坚持八项质量原则，认真学习12项理论基础，学懂80个质量管理术语，并贯彻到实际工作当中；用ISO9001标准要求，结合企业实际，建立质量管理体系；用ISO9004标准要求，持续改进与提高产品质量。

2．技术管理的目标与要求

企业的技术管理多种多样，采用最多的是岗位责任制与目标管理相结合的模式。

（1）技术管理的目标　提高设备完好率与利用率，提高劳动者素质，提高劳动生产率，即"开源"；发展生产，加强管理，降低物资消耗减少不合格品发生，节约管理费用，即"节流"，达到降低综合成本的目的。通过前管理与过程管理，达到预防、监控产品质量，进而实现稳定与提高产品质量；通过有要求、有措施地生产，确保印刷的周期；通过严格的培训与规范的生产实践，提高劳动者技能；通过科学组织生产与诚信的服务，满足客户要求，为适应市场竞争，占领市场打好基础；通过加快资金周转，促进了资金回笼与企业的经营发展。

（2）技师参与管理要解决认识与实际问题：领导决策层掌握着资源与发展方向，因此领导决策层的重视是前提；管理部门的管理与技师参加管理是互补的。因此管理层支持技师参加管理是重要条件；技师参加管理涉及上下左右部门，因此相关层的协作是手段，得不到相关层的协作是很难进行的；技师参加管理不仅需要丰富的技能，而且需要有指导、控制与协调能力，因此技师们主观勤奋努力是做管理工作的保证；现代印刷技术涉及的知识范畴很宽，高质量、能指导实践的教材是不可缺的基础；企业能对技师们进行培训，合理使用是核心；政策到位（如多劳多得，鼓励岗位成才等）是关键；提高运作效益，企业发展是根本目的。

技术管理的内容是多方面的，可结合岗位责任选择一项或兼选两项或多项来提高自身的才能。

3．质量分析与控制方法

网印质量问题关系到网印企业的形象和生命，全面加强网印企业质量管理，对促进企业经济效益，维护企业的职工利益，具有十分重要的现实意义。因此，要切实提高网印企业产品质量水平，适应市场竞争，很重要的一点就是认真把好质量源头控制关，消除各种质量隐患，对印前技术、质量进行认真的控制。

例如要生产精美的产品，首先要保证产品的套印精度，由于网印工艺套印精度的限制和存在套印难以控制的缺点，在产品的生产过程中往往出现套印不准故障，必须从生产源头重视质量控制。

（1）留中缝拼版　要解决套印精度不良可以从拼版抓起，采用留中缝拼版是一种有效的方法，为下一步上机印刷校正套印精度留下调整的空间。

（2）在原大1:1胶片的基础上，结合网印工艺中网版材质肯定会造成印迹变形的客观事实，从理论上计算出它的变形数值，在拼大版出胶片时，将印刷所产生的印迹变形值考虑进去，也就是从理论上消除印迹变形引起的套印误差。下面以图4-4-4为例说明变形数值的计算方法。根据计算出的伸长变形数值，使每一行图文统一向叼口方向缩小（缩小的误差值在拼版中缝均衡），使用缩小后的整版胶片晒制

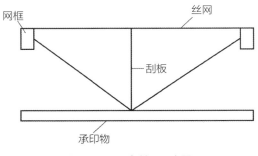

图4-4-4　网印关系示意图

网版，理论上就可以满足产品的套印精度了。

（3）如果根据变形数值改变胶片上图文拼版尺寸后，仍有部分不能达到套印精度，则可根据产品印迹的变化，在胶片上调整个别套印误差较大的图文的位置，来达到准确套印。

当然，除了采用上述方法来提高套印精度外，还有一些常用的方法，如网版张力的控制、网距的调整、刮墨板压力的控制等。

（三）注意事项

产品质量是现代企业管理的重点，是企业的生命，是社会竞争力的焦点，关系到企业的生存与发展，是企业管理永恒的主题。企业的所有人员都应重视。

网版制版

（高级技师）

第一章

制版

第一节　制作胶片

一、印刷适性与质量控制要素

> **学习目标**　了解印刷适性与质量控制要素，掌握根据活件特点设定印制工艺参数的技能。

（一）操作步骤

设定印制工艺参数的步骤。

（1）对活件的特点进行分析，如活件的印刷方式（有可能是混合印刷方式，不一定是单纯的网版印刷）、使用的材料（如特殊承印物和特殊油墨）、制作的工序和方法、设计的特点和使用的要求等方面，通过综合地分析，找出制作的关键和难点，确定适用的材料，制订初步的制作方案。

（2）对制作的关键和难点设计试验方案，先进行可行性的试验，检验制作方案的正确性，试验成功后再进行生产。一般试验方案应该至少有两套，比较不同方案的效果，从中确定一个最佳方案。例如试验高精度要求印版的制版方法，是否能够达到精度要求；所制的版是否符合印刷适性的要求，印刷结果是否达到设计的精度等。

（3）记录试验的条件和数据，修改制订的工艺方案。

（4）将修订的制作工艺分解为各个环节，分派到各个工序，下达任务通知单，并将试验数据下达到相关工序，按数据执行。

（5）检验产品质量是否达到要求的质量和效果。

（二）相关知识

1．印刷适性

印刷适性是指印刷油墨、承印物以及其他材料与印刷条件的相匹配性，或适合于印刷作

业的性能。印刷材料与印刷条件相匹配，则印刷质量容易控制，易于操作，反之则比较困难。

由于网版印刷使用的承印物种类非常广泛，对印刷效果的要求也有多样性，各种不同承印物的特性都不相同，因此要使用不同的油墨配合印刷，同时还要采取必要的表面处理措施，才能保证印刷质量要求。

（1）塑料印刷　塑料印刷使用的油墨大多为溶剂挥发干燥型，因为热固型油墨的加热温度通常在1000℃以上，塑料容易变形。油墨的成膜物质大多为合成丙烯酸树脂、改性丙烯酸树脂、聚酰胺树脂等与塑料材料相容的树脂。溶剂大多为脂类、松节油、环己酮、二甲苯等。颜料以无机颜料为主。

由于塑料材料的多样性，与油墨的配合也有一定的难度，在不能确定印刷适性的情况下应该进行配合试验，检验印刷的效果。通常首先要检查油墨与承印物的连接情况，成膜后是否连接牢固，是否有龟裂，如果是印刷精细线条或网目调图像，还应该检验能否达到印刷精度要求。

（2）金属印刷　作为承印物的金属主要有铁、不锈钢、铝、铜、铬、镍等，还有一些材料是塑料电镀金属或与金属复合而成的，如广泛使用的印刷线路板和塑料电镀板。一般来说，直接使用这些材料进行印刷的很少，大部分是经过了涂布、电镀、阳极氧化处理后的金属。

大部分金属印刷是标牌的印刷，这类印刷大多是印刷抗蚀油墨或喷砂油墨等，然后再对金属承印物进行腐蚀或喷砂等处理。这类印刷通常是文字和线条，使用的油墨也与金属相配，主要的问题是进行承印物的表面处理，使油墨与承印物牢固附着，能够承受后工序的加工。

（3）陶瓷　陶瓷的印刷一般将图案印刷在花纸上，不是直接印刷在陶瓷上。制作的主要难度是图案的分色和制作，要将图案中所用的颜色分解出来，很多情况是多于4色的印刷，而且各颜色之间有叠印。另一个难点是图案经过烧制以后颜色会有改变，与未烧制的颜色不同，这给印刷颜色的控制带来难度。

陶瓷网版印刷的情况非常复杂，这里不再一一列举。

2．网版印刷质量控制

网版的印刷质量控制要根据具体印刷活件来定。从印刷的内容来分，印刷的内容分为线条图和文字图与网目调图像两大类，这两类印刷品的质量控制要素不同。如果线条图或文字中填充的颜色有渐变，需要加网和多色叠印形成，则控制的因素与网目调图像类似。

（1）线条图文字图的质量控制要素　对于由实地色构成的线条图和文字，主要的控制因素为最细的线条是否清晰，边缘是否光滑，是否有断线，墨色是否均匀。印刷到承印物上的最细线条宽度取决于印版上制作的线条宽度，也取决于所用丝网的目数和印刷的条件，如刮板的压力、油墨的黏度等。印刷的线条边缘受网丝的影响会出现锯齿，影响了线条的清晰度，如图5-1-1所示。印刷

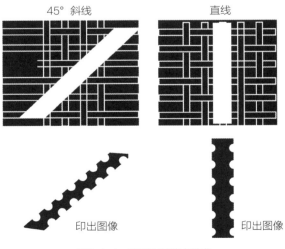

图5-1-1　印刷出的线条边缘

的线条越细，网丝对线条的影响就相对越大，就需要使用目数越高的丝网。

对于多色线条图，还存在各色版的套印准确性问题。有两种情况，一种是多色套印，没有叠印，这时如果套印不准确，色块与色块之间就会出现不应有的空白或重叠；第二种情况是有叠印的情况，如果叠印不准确，叠印色块或线条的边缘就会出现未叠印的颜色，甚至一条线变成了两条不同颜色的线。

（2）网目调图像的质量控制要素　网目调图像的控制重点是阶调的复制和颜色的准确。由于网版印刷的墨层厚度大，容易造成网点扩大，对阶调的复制不利，因此一般应控制阶调的复制范围和网点扩大率。阶调复制范围的确定应该使用梯尺，如图5-1-2所示为21级梯尺。也可以使用梯级少一些的梯尺，如中间调的间隔为10%，两端间隔为5%。这样的梯尺用应用软件很容易制作，但对阶调的确定却非常有效。例如印刷后的梯尺15%以下和85%以上的梯级不能分辨出变化，则说明15%以下和85%以上的阶调不能复制，即使图像中包含这样的阶调值，在印刷时也会丢失，因此在进行定标时就应该对图像进行处理。

0　5　10　15　20　25　30　35　40　45　50　55　60　65　70　75　80　85　90　95　100

图5-1-2　21级梯尺示意图

因为阶调复制的范围大小与加网线数和印刷条件有关，与所使用的丝网目数关系很大，网丝对网点的再现有很大影响，网丝会使网点破碎，严重时会造成丢失，如图5-1-3所示。因此在进行不同条件下网目调图像复制时，在不能确定阶调复制情况时，应该首先做一个这样的试验，以便确定阶调复制范围。

阶调复制范围与印刷时的网点扩大率关系很大，网点扩大越大，可复制的阶调范围就越小。因此在印刷时必须知道网点扩大的范围，控制印刷条件，保证网点扩大不超出控制范围。检查和控制印刷网点扩大也必须使用单色梯尺，但由于网版印刷一般加网线数比较低，所以可以直接通过目视观察梯尺各级的网点值来确定网点扩大曲线。对于精度要求高的印刷，也可以使用密度计进行测量，但要注意所使用的密度计测量孔径要足够大，保障被测量的面积足够大，测量面积内包含了足够多的网点，以保证测量精度。

对于多色网目调图像的复制，套印精度非常重要，套印不准确除了会产生与线条图类似的问题外，还会造成叠印颜色的变化，使印刷的颜色不准确。一般要求套

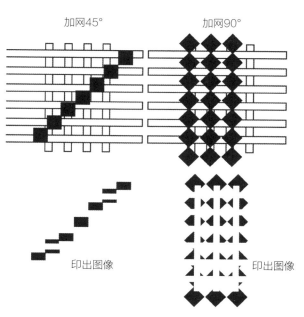

加网45°　　　加网90°

印出图像　　　印出图像

图5-1-3　网丝对网目调图像中网点的影响

印的误差不应该超过加网线数的一半，也就是说，加网线数越高，对套印误差的要求也越高。对于多色网目调图像复制来说，还会由于不同色版的叠印产生龟纹或玫瑰斑。龟纹的产生与加网角度有关，也与丝网的网丝方向有关。所以，当出现龟纹后，就应该调整加网的角度，或改变丝网的方向。

（三）注意事项

在进行关键技术的试验时，一定要控制好试验条件和参数，记录各试验数据，以便进行生产时有数据可依。一般来说，试验时的条件控制较严，而生产时的条件往往达不到，因此试验中可实现的效果和质量，在大批量生产时有可能达不到。

二、调频加网的原理及应用

学习目标	了解调频加网的原理和特点，掌握网印中设定调频加网工艺参数的技能。

（一）操作步骤

设定调频加网工艺参数的步骤。

（1）确定印刷的精度要求。分析活件的特点和要求。

（2）确定调频加网的网点大小。根据活件的精度要求和网印能够达到的精度，合理选择丝网的网目数。

（3）确定制作图像的分辨率和输出胶片的方法。根据调频加网的网点大小来确定。

（4）印刷实验。如果有必要，应该制作印版进行印刷实验。

（二）相关知识

调频加网原理及在网印中的应用。

1. 调频加网

尽管传统的调幅加网技术具有非常优异的彩色图像再现性，并且长期以来在照相制版、电子分色制版、加网分色生产过程中占据了重要地位，但是毕竟还存在着一些不尽如人意的地方。除了色版网角偏差引起的龟纹外，还有一些印刷上的弱点，例如在印刷质量要求很高时，即高分辨率印刷时，调幅挂网方法是难以实现的。

（1）调频网点技术　调频加网是靠改变网点在空间的分布密度（密集程度）来表现图像色调的。而且这种分布往往是随机的，即单位网点在空间出现的频率随机变化，因而被称为调频网点。

现在，调频加网分为两种形式。一阶调频网点如图5-1-4（a）所示，是采用相同大小的微点表现层次，这种大小不变形式对后工序的要求较高。彩色桌面排版为了与当前设备和材料的印刷适性相匹配，人们进行了各种网点大小的组合方案，称为二阶调频网点，如图

5-1-4（b）所示。

（2）调频加网技术特点

① 调频加网不会产生龟纹。因为龟纹是周期性结构相互作用的结果，调频加网的网点分布是无规则的，也没有网目角度，所以几块色版叠合也不会出现龟纹。

② 清晰度好。在调幅加网技术中，输出的网点面积越小，则清晰度越好。由于调频加网采用的网点面积特别小，因而清晰度

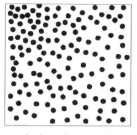 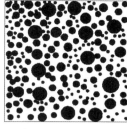

（a）一阶调频网点　　　（b）二阶调频网点

图5-1-4　调频网点

好，制作分色片时可以不那么强调细微层次也可获得较好的效果。

③ 调频加网对印刷制版过程中出现的套版误差不敏感。各版之间的错位对色彩和清晰度的影响较小。

④ 低分辨率的照排机采用调频技术也可获得高质量的图像，而调幅技术则必须要求高分辨率的照排机。比如1200 dpi的照排机输出的调频图像，其质量明显优于3000 dpi的照排机输出的175目调幅图像的质量。

⑤ 调频加网中的网点分布是无规则的，照片胶片中银盐粒子的分布也是无规则的，这样只要调频加网中的网点足够小，其印刷品可以充分接近原稿，达到高保真的效果。

⑥ 高生产力。采用调频网点后，由于扫描时间可减少为1/4，电子文件尺寸亦相应减小为1/4. 从而使文字、线条图案、连续调图像、综合编辑、排版、输出，大大加快了速度，节约了时间，因此可显著提高印前系统的生产能力。

⑦ 超四色印刷技术。不受网角限制，色彩再现范围广，能够产生常规四色分色所无法实现的特殊印刷，并能进行超四色的多色印刷，例如使用CMYK四色再加上RGB七色印刷。

2. 调频加网工艺参数的设定

调频加网与调幅加网不同，调频加网没有加网线数、加网角度和网点形状的概念，只有网点尺寸一个参数。调频加网的网点尺寸是由调频加网图像的分辨率（即输出图像的分辨率）决定的，分辨率越高，网点的尺寸就越小。例如，对于1000 dpi的调频加网图像，当每一个像素对应一个网点时，网点的尺寸只有25μm，相当于175lpi印刷的5.6%网点面积。对于网版印刷，如果在加网线数为50lpi时可以印刷的最小网点为10%，则可印刷网点的尺寸为50μm，如果用50μm的网点尺寸印刷，调频加网的图像分辨率应该为500dpi。可见，使用调频加网方式，可以使用较低的输出分辨率来实现较高的图像质量，这就是为什么普通的喷墨打印机都使用调频加网的原因。

为了克服调频加网网点比较小，印刷困难的缺点，同时又可以使用高分辨力的照排机输出调频加网图像，在输出胶片时可以设置使用2×2、3×3或更多个激光点形成一个调频网点。例如使用2400dpi输出分辨率输出，对应的激光点的尺寸为10μm，而10μm网点相当于175lpi印刷的1.3%网点面积，非常难印刷。如果使用2×2激光点构成调频网点时，网点尺寸为20μm，相当于175lpi印刷的7.3%网点面积，相对比较好印刷。

调频加网只有网点尺寸一个参数，网点尺寸决定了加网的精度，也决定了输出调频加网

的设置。

首先，要确定印刷可实现的最小网点尺寸，该尺寸的大小要在一般的印刷条件下不丢失。然后根据网点尺寸计算输出分辨率。对于1×1的网点，即一个照排机的激光点作为一个调频网点，则图像分辨率满足：

$$分辨率（dpi）=25.4/网点尺寸（mm）$$

如果照排机的输出分辨率高，而计算出的图像分辨率低于输出分辨率很多，则可以考虑使用2×2或3×3网点。

有两种输出调频加网胶片的方法。第一种方法是直接使用RIP的调频加网和输出功能，并设置好使用1×1、2×2或3×3网点。这种方式是最简单和最方便的方法。另一种方法是用RIP首先解释成调频加网的分色图，保存为TIFF图格式，图像的分辨率按上式计算。然后再将该TIFF图像用RIP输出。第二种方法也可以使用图像处理软件，如Photoshop来生成TIFF图，这种方法虽然麻烦一些，但当RIP没有调频加网功能时，这是唯一的选择。

（三）注意事项

制作调频加网印刷品要使用具有调频加网的RIP输出胶片，但并不是所有的RIP都具有调频加网的功能。如果RIP没有调频加网功能，则可以使用RIP前加网方法，即在Photoshop中进行调频加网。在Photoshop中进行调频加网的步骤如下：

（1）将处理好的图像进行分色。首先注意Photoshop的颜色设置是否符合印刷的要求，可以用编辑菜单→颜色设置命令查看，颜色设置对话框如图5-1-5所示。注意工作空间中的CMYK颜色设置是否符合所用印刷条件。如果不符合，选择合适的颜色设置。然后选择图像菜单→模式→CMYK图像命令，将图像转换为CMYK图像。如果图像已经是CMYK模式图像，则直接执行下一步（2）的操作。

（2）在Photoshop中，选择通道面板，单击通道面板右上角的三角形选项图标，在下拉菜单中选择分离通道命令（图5-1-6），则各颜色通道会形成一个单独的灰度图图像。

（3）选择其中的一个灰度图像，选择图像菜单→模式→位图命令，在位图对话框上面的输出框中输入需要的图像分辨率，如500dpi，在下面的方法框中选择扩散仿色选项（图5-1-7），然后点击确定，灰度图就变成了调频加网图像。

（4）按步骤（3）将其他几个色版图像处理成调频加网图像。

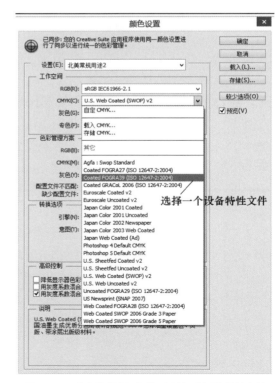

图5-1-5　在颜色设置对话框中选择合适的特性文件

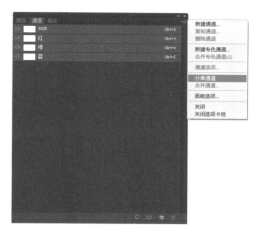

图5-1-6　在通道面板中选择分离通道命令

图5-1-7　在位图对话框中选择扩散仿色

（5）用工具箱中的选取工具将整幅图像选中，然后选择复制命令。要注意所选择图像是原来4色图像的那一个通道的图像。在文件菜单中选择新建命令，在新建对话框中图像的尺寸会自动将所复制图像的尺寸填入，图像模式选择CMYK图像模式，然后确定。

（6）在新图像窗口中，单击通道面板的通道标签，调出通道面板，然后根据所复制图像的通道图像，用鼠标单击相应的通道名，如黑色通道。使用编辑菜单的粘贴命令将图像粘贴到相应的通道。

（7）选择另一个通道的图像，按步骤（5）和（6）的方法对图像进行复制和粘贴，将相应的通道图像粘贴到对应的CMYK通道中。

（8）用鼠标单击通道面板的CMYK图标，在窗口中显示由调频加网色版组成的彩色图，这个图就是印刷后的调频加网图像效果。这个图像可以作为输出文件制作胶片。

三、制作胶片及丝网版画的基本知识

学习 目标	了解颜色叠印的原理和丝网版画的基本知识，掌握制作美术作品多色版胶片的技能。

（一）操作步骤

制作美术品多色版胶片的步骤（超四色）。

（1）分析美术作品的特点，确定复制的要点。分析图像中的颜色数量，确定阶调变化的最大和最小密度值，确定阶调的定标点和复制曲线。

（2）对美术作品进行扫描输入。在扫描过程中进行图像的定标、校色和阶调调整。

（3）在图像处理软件中对图像进行处理和进一步地调整，检查扫描的质量和效果。如果是线条的版画，要根据扫描质量决定是否需要描图。

（4）进行其他的处理，确定加网参数并输出胶片。

（二）相关知识

1. 颜色叠印的基本原理

印刷品的颜色由各原色油墨叠印而成，在这个形成印刷品颜色的过程中，既有减色混合的作用，又有加色混合的作用。

油墨具有一定的透明性，光线进入油墨层与光线穿过滤色片的效果基本相同，各色网点的叠合相当于滤色片的叠合，对照明光进行吸收，这个吸收光的过程属于减色效应。不过当光线透射到承印物上时，还要被反射回来，在反射的过程中墨层对光线还将产生第二次吸收。相对于双层滤色片，未被吸收的光波形成小的光点，反射出纸面，呈现出特定的颜色。各种颜色油墨网点叠印后形成的颜色如图5-1-8所示。

由图5-1-8中可以看出，三种彩色油墨印刷后，通过网点重叠和并列，一共可产生8种颜色。这8种颜色是：纸张白色（W）；黄（Y）、品红（M）、青（C）这三种原色，又称一次色；红（R）、绿（G）、蓝（B）这三种间色，又称二次色；黑色（K）称为复色，又称三次色。也就是说，通过油墨的减色过程，只能生成8种颜色。但是，由于网点叠印和并列形成的8种颜色都是以网点形式存在的，由于印刷网点很小且距离很近，在正常视距下网点对眼睛所成的视角均小于1°，眼睛看不到每个小网点的颜色，当用眼睛观察印刷品时，眼睛看到的是许多网点混合以后形成的颜色，这个颜色混合的过程是加色法呈色。

由于网点的并列和叠合是同时存在的，因此当日光照射在印刷品表面时，反射到人眼里的光就会是多种色光的混合色，变化无穷。因此可以这样说，印刷过程中的减色混合仅是指彩色油墨选择性吸收照明光这一物理过程，即形成单色、二次色与三次色的过程，而进入人眼的色光永远是加色法的混合色光，如图5-1-9的黑白效果示意图。

综上所述，印刷品的颜色是由色料减色与色光加色共同形成的。油墨以网点形式在承印物上叠印或并列，吸收照明光而形成特定的颜色，这是减色过程；由这些减色形成的小色点在进入眼睛后进行加色混色，形成最终想要的颜色。

在实际印刷中除了使用青、品红和黄三种彩色油墨以外，还使用了第四色油墨——黑

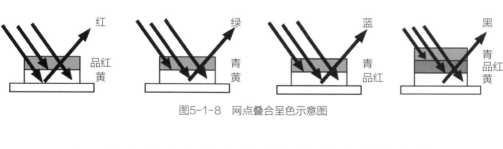

图5-1-8　网点叠合呈色示意图

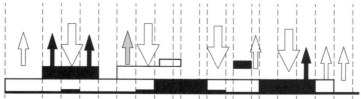

图5-1-9　眼睛看到的网点颜色（黑白效果示意图）

色。增加黑色油墨主要是因为我们所使用的彩色油墨都不能达到理想油墨的颜色，三色叠印也不能得到纯粹的黑色，因此用增加黑油墨来达到增加印刷复制的密度范围、使暗调颜色更深的目的。当使用黑油墨后，上面的分析仍然成立，只不过四种油墨叠印后形成的各种基本颜色有16个，分析起来更复杂一些。使用黑油墨的主要好处有：

（1）增加印刷复制的密度范围，提高图像复制效果。

（2）减少彩色油墨叠印的非彩色，减小了叠印率，有利于油墨干燥和提高印刷速度。

（3）更容易实现灰平衡，减小偏色。

（4）节省彩色油墨的用量，可以降低印刷成本。

（5）增加了分色制版时的变量，可以有更多的选择和可控制参数。

黑版的数量并不是任意增加的，它与彩色三原色有相互制约的关系，必须满足灰平衡的关系。所谓灰平衡是指用一定的彩色油墨复制出各阶调的灰色时，各原色油墨墨量之间的关系。灰平衡是保证印刷不偏色的重要手段和数据。根据灰平衡的关系，一定量的彩色油墨等效于一定量黑油墨印刷的效果，这是颜色混合中的重要规律。

2. 底色去除与灰色成分替代

根据色彩学的原理，彩色三原色可以叠加出非彩色，而叠印出的非彩色与单色黑油墨印刷出的非彩色在颜色视觉效果上是一样的，因此究竟是用黑油墨印刷非彩色还是用彩色油墨叠印非彩色，从颜色效果上说是相同的。这样就导致了两种很不相同的分色制版工艺：底色去除（UCR）和灰色成分替代（GCR）。这两种分色制版工艺的共同之处在于，都是在灰平衡的基础上，用黑油墨代替彩色油墨叠印的非彩色，并保持颜色感觉相同，但两者代替的方式有些不同。底色去除工艺是用黑油墨在图像暗调区代替一部分彩色油墨叠印的非彩色，在中间调和更亮的区域不出现黑版，对应着短调黑版工艺；而灰色成分替代工艺是用黑油墨在图像的整个阶调范围代替一部分彩色油墨叠印的非彩色，对应着长调黑版工艺，而且可以控制替代的起始点（即黑版长度）和替代量大小，产生不同的效果，使用起来更加灵活。用黑油墨代替彩色油墨的原理示意如图5-1-10所示。

以最小的原色数量为基数，乘以替代比例（本例为50%）得到替代量，然后每种颜色都减去替代量（如图中虚线所示），再根据灰平衡数据，增加与彩色油墨替代量等效的黑油墨，即得到相应的黑墨量。进行彩色油墨替代，增加了黑油墨以后，仍然保持了印刷颜色的颜色感觉不变，但彩色油墨的用量减小了。

图5-1-11是Photoshop中自定义分色设置对话框，图5-1-11（a）是底色去除时的设置，一组曲线是灰平衡曲线和黑版曲线。图5-1-11（b）是灰色成分替代分色设置及灰平衡曲线、黑版曲线。灰平衡曲线由一组CMYK曲线组成，用垂直直线与曲线相交，就可以得到在该阶调各油墨的用量。从灰平衡曲线可以看到，CMY叠印产生灰色时的网点比例并不相等，青色的网点要大一些，品红和黄油墨的网点要小一些。对比两组曲线可以看

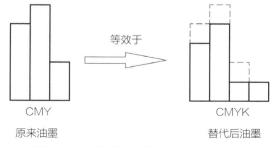

图5-1-10　黑油墨替代彩色油墨的原理示意图

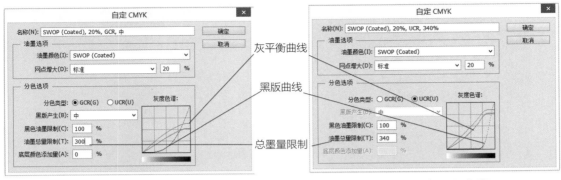

（a）GCR分色设置对话框　　　　　　　　　　（b）UCR分色设置对话框

图5-1-11　Photoshop的GCR和UCR分色设置

出，GCR的黑版曲线比UCR的长，UCR仅在75%以上的暗调区有黑色墨，在中高调没有黑版，因此UCR的灰平衡曲线比较高，使用彩色墨比较多。GCR的黑版曲线则长很多，从25%的亮调开始就有黑油墨，因而彩色油墨用量减少。从图中还可以看到，GCR比UCR使用油墨的总量（总叠印率）要小。

在Photoshop中，可以很方便地设置黑版的替代量、黑版的最大值、黑版的长度，可以根据原稿和复制的需要灵活掌握。现在使用的高版本Photoshop默认的颜色设置是使用色彩管理的设置，因此应该首先选择或制作符合本图像印刷要求的设备特性文件，包括显示器的特性文件和打印机或印刷机的颜色特性文件。如果使用色彩管理工作方式，所有的分色设置，如不同的黑版替代量、不同的黑版曲线长度、不同的总墨量限制等参数，都是在建立色彩管理的特性文件时选择的，而不是在Photoshop中设置，因此要分别制作特性文件，以便在分色时选择相应的特性文件。Photoshop默认的颜色设置对话框，分色前要首先在RGB和CMYK工作空间中选择合适的特性文件。如果没有合适的特性文件或不使用色彩管理的设置，则可以选择自定CMYK选项，就可以调出自定墨量设置对话框。

对于网版印刷来说，经常会遇到多于四色印刷的活件。超四色的活件有两类：一类是在四原色的基础上增加一些专色，专色与原色之间不叠印；另一类是所有颜色都是专色，各专色之间不叠印，但每一种颜色可以有渐变。一般来说，四原色印刷可以使用叠印，而四原色以外的颜色通常不叠印，只进行套印。如果要用专色叠印，则必须知道这些颜色叠印后的准确颜色，否则就很难在应用软件中设置颜色和分色，这是非常困难的工作。

3. 丝网版画的基本知识

版画是以"版"作为媒介来制作的一种绘画艺术，是中国美术的一个重要门类。古代版画主要是指木刻，也有少数铜版刻和套色漏印。独特的刀刻韵味与木刻韵味使它在中国文化艺术史上具有特有的艺术价值与地位。

根据版画的印版形式和制版方式，版画主要分为凸版、凹版、平版和孔版四种，还有综合两种或多种印版的综合版方式。图5-1-12是两幅风格不同的版画。

版画网印复制技术要点如下。

221

（a）版画《花》　　　　　　　　　（b）版画《夜》

图5-1-12　版画两幅

（1）版画分色

①扫描阴网，拼修后拷成阳图版。

②可采用底色去除复制法，黑版应采用网点版，但给定值要深，宽容度要小，调子特别陡，黑色线条三色版做大幅度底色去除，以免套印不准及墨层糊版。

③精细产品版面，可采用150lpi细网扫描，适当加大细微层次强调，以提高细微线条和轮廓的清晰度。

（2）适当减淡油墨色相，印刷时适当提高墨量，使实地色厚实平服。

①油性颜料可选用印刷油墨或油画色。在使用油画色时要加适量松节油，使其易于流动，印出画面易于干燥。

②水性色及水粉色等，需要加入阿克拉邦浆作为调色剂，待颜料呈粥状时方可作用。

（3）印刷时用比较厚而硬挺的纸为好，同时也可以用塑料板、亚麻布、玻璃和木板等。

（三）注意事项

版画通常由多于四色的颜料印制，在用计算机进行版画复制时要合理选择所用颜色，在输出各色版时一定不能将所用颜色输出成CMYK四色的混合色，每一个颜色要输出一张胶片，对应一个色版。

（1）使用多个专色印制版画时，印刷的颜色效果取决于所使用的颜色，通常这些颜色要在印刷时调配。如果在计算机中设计的颜色与印刷时调配的颜色不同，则印刷效果就会与在计算机中设计和看到的颜色不同，这就要求在设计版画时所用的颜色一定是实际印刷时能够得到的油墨颜色。

（2）版画是一门艺术，创作和复制版画要在充分理解版画的基础上进行，因此要有一定的艺术修养，充分理解丝网版画的艺术特点，将网版印刷的特点与版画艺术相结合。

第二节　膜版制作

一、异形网版的技术要求

学习
目标　了解高精度网版的技术要求，掌握绷制特殊要求网版的技能。

（一）操作步骤

（1）分析印刷画面特点。

（2）决定是否采用斜绷网方式。

有下列四种情况之一时，必须采取斜绷网。

① 有回环的边框线。

② 有多条互相平行的线条。

③ 满版的细小文字。

④ 条形码。

（二）相关知识

1. 斜绷网法的应用

网版印刷中，文字线条由于受网线及其他因素的干扰，往往边缘不齐，伴有波动的锯齿出现。为了消除上述缺陷，网印工作者想出了许多行之有效的解决方法，以使锯齿形减小到最低点，其中最有效的技术措施就是采用22.5°～45°绷网。

斜绷网会造成材料的浪费，增加印刷成本，特别是对量小利薄的活件，但是印刷画面上有下列四种情况之一时必须要斜绷网。

（1）有回环的边框线。

（2）印刷画面中有多条互相平行的线条。

（3）满版的细小文字。

（4）条形码印刷。

　如标牌的印刷画面上既有边框线，又有多条平行线，而长线条比短线条更容易看出锯齿，如不采用斜式绷网，那么印品上会有很明显的锯齿出现，从而破坏了印品清晰匀净的美感。锯齿如出现在满版细小的文字画面上，则更使印品图文显得凌乱不清晰，削弱了印品本身应有的宣传与观赏效果。

条形码的印刷精度要求比较高，因为条形码是由多条粗细不同的平行线条组成，如有锯齿产生，就会引起计算机及识别器的误读，造成信息读取的偏差。而斜式绷网法是保证条形码线条边缘整齐的一个重要手段。条形码印刷一般采用350目以上的丝网，油墨最好选用光固型。

45°斜绷网所产生的锯齿最小，但最费丝网，因此常用22.5°绷网，为缩小网印中的锯齿，可采用45°或22.5°的绷网方法，45°、22.5°就是丝网网丝与边框所构成的角度，如图5-1-13所示。也有许多网印厂家采用增大丝网目数的方法来避免锯齿的出现（300目增大到350目），此方法虽然有效，但需要采用高档油墨，如果印数较大，成本则太高，不如改用斜绷丝网的方式，既节约了成本，印刷质量也能

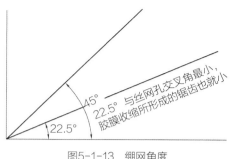

图5-1-13　绷网角度

得到保证。采用斜交绷网利于提高印刷质量，对增加透墨量也有一定效果。

对于一些特殊画面，也可不必斜绷网，如光盘印刷，画面轮廓是圆形，可使用普通网版，晒版时，将胶片摆放成22.5°～45°，晒出的网版同样清晰。

2．高精度网版的技术要求

（1）绷网速度　某企业总结在生产条件下取得的经验和进行内部（进行中的研究项目的一部分）试验，在通过绷网速度对丝网本身的抗拉强度的影响以及对后来绷好的网版的稳定性的影响面收集了大量的数据。结果表明，在不同的绷网速度下，丝网破裂时的张力水平有明显的差别。图5-1-14显示，所有的丝网项目都是随机采集的，均采用低于1N/s的绷网速度，表现出比用1～10N/s绷网速度绷得的网版的耐抗性要低，断裂点始终比较高。在实际生产条件下，由于设备一次次地受到强制力的作用，使丝网达到最理想张力的速度会有很大的不同。但是无论如何，1N/s的绷网速度是可行的、安全的，是可以接受的。

（2）丝网的稳定处理　目前用高目数丝网生产的网版在张力稳定性方面已经表现出比传统的聚酯有了明显的改进。在使用周期中，高目数丝网能较好地保持其张力，在绷网阶段，只需要一个很短的稳定过程。即便是高目数的丝网，网丝内部的分子链排列也会发生很大变化，进而导致张力水平逐渐降低。

因此，较好的做法是，让绷好的丝网在涂粘网胶之前静置10～15min。图5-1-15所示为制备一个新网版的一般操作程序。网版成品应在生产使用之前存放24～36h，一般来说，纤维完全达到稳定需要这样长的时间。然而，最终的网版张力不总是归因于丝网的使用性能，也与绷网设备和网框的结构有关。

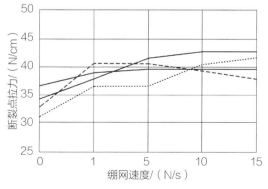

图5-1-14　高目数聚酯丝网选择的拉力与速度

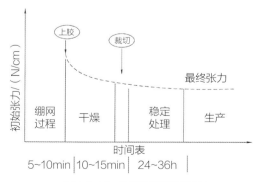

图5-1-15　绷网程序和时间表

（3）用气动夹头绷网　为了避免拉力不一致，建议使用同一牌号、气缸容量相同和夹口尺寸相同的夹头。目前一般的夹口大约为25厘米宽（图5-1-16），理想地说，夹口越窄越好，因为，每个夹头都是单独的，绷网过程中可能会有轻微的移动。从逻辑上说，夹口宽度越小，每个网框需要的夹头就越多，全套设备的成本与比较精细的调节结果相比不一定合算。因此，上述的测定是一个很好的补偿，并可看做是一个标准。

图5-1-16　绷网机夹头、夹口宽150mm和250mm

但是，可能会出现这样的情况，即网框角上的夹口超出了网框的长度，这种情况是不能允许的。为此，夹头制造商提供一种较窄的夹头，在网框长度之内安装的一排夹头中，一边装一个这样的窄夹头就可以了。这一夹头最好是在安装与较大的夹头相对和相邻的网框角处（图5-1-17）。注意，活塞的能量必须与夹头的尺寸成正比。由于活塞能量不同，夹头不能相互更换。当沿着网框放置夹头时，建议每

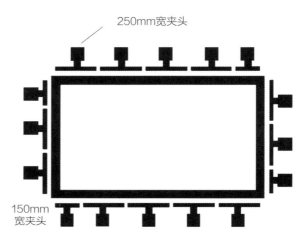

图5-1-17　窄夹头在网框四周的正确位置

两个夹头之间要留2～3mm的空隙，以避免丝网在绷网期间经受不必要的应力。同时，夹头相互之间空隙也不能过大，因为这样，沿着丝印网版的边缘会产生张力波动。空隙越大，张力差异也就越大（图5-1-18）。

使用这一系统，每一单个夹头都将拉到预定的压力值，但应该注意，被夹进的丝网要与每一个相应边上的整套夹头相平行，如果做不到这一点，荏张力上表现不出来，就会造成网丝排列不均匀、不整齐，可能会使印刷品出现问题。在丝网插进夹头之前，要检查夹头是否都固定在相同的起点上，即要尽可能地靠近网框的边缘。网框本身应该放得很平、网框放置的高度应该使丝网与其上表面很好地接触。通常每一个夹头上都有高度调节螺丝，以调节网框的水平面。

经验表明，正确的夹头高度应该是能够防止绷网期间夹头后部抬起，或个别情况下夹头翻转。一个或几个夹头抬起都将影响整个张力的均匀性。要检查框角上的夹头，两个相邻的夹口不要接触，从夹口的边缘到网框外角之间应该留出2～3cm的空隙。如空隙过小，绷网期间，角上的夹头会产生过大的位移，在高张力的情况下尤其是这样。

①绷网步骤（一）。丝网一旦被小心地插进夹口，并锁定在定好位的夹头中，绷网便可以开始了。使用压力控制，开始启动压力系统。当压力表达到$2×10^5$Pa时，张力计可放在绷紧的丝网上，从这一个点开始，可完全以张力计为指导提高张力水平。为了保证施加的拉力

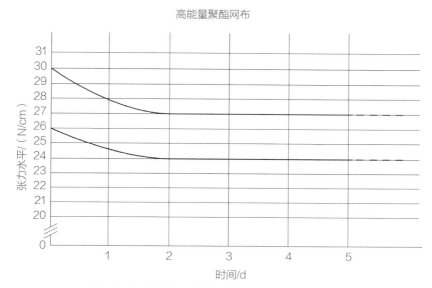

图5-1-18　丝网的稳定操作性能（Saatilene HITECH）

均匀，最好在5个控制点上测定网版张力。

应该在经线和纬线两个方向测定。要记住，由于夹头的调节、活塞的不灵活或空气分布的程度等，在某一张力水平上应该停留1～2min，使张力稳定。要注意，丝网在网框上表面的摩擦也将给张力稳定过程带来困难。旧的粘网胶的残余与粘网胶产生亲和性表面，由于一般处于网框上下平面的夹头夹口将施加垂直的压力，因此，可能会阻碍丝网产生适当的表面位移。

②绷网步骤（二）。前面已经说过，一旦丝网达到所要求的张力，最后要稳定到比绷的张力低的水平。在绷网期间，让丝网静置一个短时间，能将这一"自然"张力损失减至最小。应该记住，丝网一旦粘到网框上，网框各边不保持向内弯曲，夹头就不再影响丝网。因此建议，在丝网粘到网框之前要稳定10～15min（图5-1-18）。但这会影响生产率，尤其是使用高目数的丝网，其松弛稳定的时间要在30min以上。粘网胶彻底干燥需要15～20min，粘网胶一旦干燥，网印网版就可以自由剪裁，解除夹头的作用。但建议网版不要立即用于生产，主要理由有二：

其一，尽管手摸感觉粘网胶已经干燥，但依不同的胶黏剂类型，可能需要10～12h才能达到最佳的硬化，以便承受制版中使用的水或其他化学剂的作用。

其二，网版经过24～36h稳定，张力将最终稳定到一个变化较低的水平。如果网版是在这一期间生产的，未按上述时间稳定，立即投入使用，印刷套准将面临严重的问题。

（4）不同的绷网方式　大多数的机械绷网装置，都是独立地先在一个方向上绷网，然后再在另一方向上绷网，直至达到理想的张力水平。而使用单个的气动绷网夹头系统，能够在网版的四面同时绷网，这样的绷网系统最有意义的特点是速度快、可重复，工艺过程中不容易出现误差。但这种方法只有当网版为方形或接近方形、每一边的夹头数量相同时才有效。当用于比较窄的矩形网框时，由于在网版的较长方向上的拉力较大，因此，经、纬方向的张

力不相等。这个问题可以通过两个方向分开绷网来解决。要这样做，这一系统必须装两个单独的、可控制的气路，这样的装置一般可以买到，或根据需要装配。

如已经解释的那样，按照一个非间断的绷网方法就能达到理想的张力，但建议在涂粘网胶之前要让丝网静置5～15min，使一些缺陷得以到正。在涂粘网胶之前，简单地使用张力计在几个点上检测，以此检查所有夹头的拉力是否均匀。

（5）气动夹头绷网张力分布的鉴定　如果网框的横截面都是与建议的标准相同，在剪下丝网之前，应测定网版中心的张力，剪下之后的张力应该与之相同，或略微低一点，相差应该在1N/cm之内。其理由是，当丝网用气动夹头绷网时，网框压力被夹头的抵抗运动面压缩，这样，当网版解除压力时，它的四面将试图重新调整和抵抗丝网的压力，这将出现一个"力的平衡"，张力则不会停留在原来的水平上。纤维稳定过程开始后，经过24～36h，张力便停留在一个比较稳定的状态下，这是各种不同类型的织物纤维发生的正常现象。张力降低多少取决于绷网的方法和程序。

进一步说，在网框壁内侧20cm宽的条状区域和网版四周的张力读数较低，这是由于角上的夹头之间留有必要的空隙，空隙越大，在相应的条状区域内的张力就越低。自然，在离框角近的地方张力就更低。通常的做法是，在一定尺寸的网框上排列夹头时要控制这一空隙。在相同的原则下，夹头在框角处重叠也会影响那一区域的张力的分布。

（三）注意事项

新绷制的网版在制作网印版之前，需要稳定24～36h。

（1）多色即刷用的成套网版，它们的张力读数应该相同，而且，应该使用同一绷网设备进行绷网。

（2）一要记住，金属网框也会疲劳，旧的网框即便与新网框的结构相同，但达不到新网框所能达到的张力水平。

（3）所有用于监控网版张力的张力计应该至少每一个季度检验一次。

（4）张力只有在使用相同的绷网设备的前提下才能进行比较，如果张力出现差别，首先应该检查张力计的校准水平是否相同。

二、金属丝网的性能

> **学习目标**　了解金属丝网的性质，掌握绷制高精度金属网版的技能。

（一）操作步骤

1. 机械绷制高精度金属网版的步骤

（1）下料裁剪不锈钢丝网　因为聚酯、尼龙编织丝网，编织最后要经过热定型处理。这样使丝网的网丝搭接处相互位置已在一定程度上固定。所以，这种丝网可以如同撕做衣服的

布那么方便，同时它又不怕弯曲折皱，而不锈钢网在下料裁剪时就要特别小心，下料裁剪时一旦折成压痕，在绷网过程中也不会消除，在压痕处的丝网网孔受到损伤而变形，做成的网版就不能保证图形的精细度要求。遇到被压的不锈钢网只好将这部分网裁掉不用，可是不锈钢丝网的价格昂贵，它是普通PET网价格的7倍左右，所以绷网时裁剪不锈钢网就更要小心操作，要用巧妙的方法才有效。裁剪不锈钢网的方法和步骤如图5-1-19所示。

① 量好需要尺寸。

② 用锋利剪刀剪开相隔5～10mm的小口。

③ 左手牢靠地按压不锈钢网剪缺口的a、b两边，右手掐紧缺口中间c处并用力撕下，不锈钢丝网就顺利地被无损伤地裁剪好。注意缺口处a、b必须按压紧。

（2）选用网框　因为不锈钢网绷网的张力高，因此要求网框能承受很高的压力，尤其是印刷动态下的网框不能变形，才能保证网版上张力稳定和在小网距下始终能弹离承印物，这才是用不锈钢丝网制作精细网版的根本目的。

为了发挥不锈钢的特点和它的长处，避开不锈钢绷网的低延伸弹性不足，给网版有一个刮印动态的延伸回弹余地，保证制作出的网版能实现精细印刷。因此，对不锈钢网版上图形尺寸大小与网框尺寸大小应遵守如图5-1-20所示的关系。图中网版印刷网框$K=3 \times R$，$L=2 \times W$，$H=(0.002 \sim 0.005) \times K$。

（3）选择绷网机

不锈钢网的绷网机最好是机械螺旋式的，因为机械螺旋式比气动绷网机张力上升稳定，这是由于螺旋式机械张力靠螺纹手柄逐步低速旋转进给。所以，越是绷到接近最后张力时，绷网机就越要微量进给丝网，保证金属网的时效性处理（随间隔时间张力损失的补偿）。螺旋式进给机械绷网机不存在调整时对丝网拉伸产生冲击式的拉力，故不易拉破网。

气动绷网机靠气缸气压变化，夹头导轨传动，气动绷网机的气缸活塞移动受夹头导轨之间的间隙和润滑程度的影响。一般气动绷网机在绷网时，四个周边的夹头都不可能达到同一时间移动和移动同一个距离，所以不锈钢丝网初始就受到距离不等的拉伸，产生一定的网丝错动损伤，影响到网版面上张力的均匀性。

不锈钢网最不适宜杠杆式进给的绷网机，因为绷网到高张力值是靠压杠杆实现的，这对

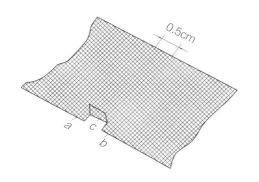

图5-1-19　不锈钢丝网的剪裁

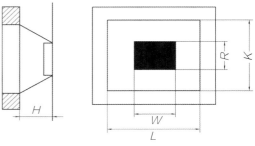

R—胶刮宽度；W—胶刮行程；H—网距，网框的较短边；L—网框的较长边；K—网框的较短边。

图5-1-20　网框与印刷图文尺寸

不锈钢网冲击太大，张力上升突发，丝网最易被拉破。建议绷高张力、高级网版不选用这种绷网机。

（4）绷网操作

① 绷网操作要点包括以下几点：

a. 不锈钢网在绷网机上放置要平整，每个夹网头夹进去的丝网尺寸必须一致。

b. 当绷网夹头向后移动时，夹头全长内每根网丝的受力均匀一致，才能保证各处张力一样。

c. 根据网框大小，绷网过程中四个角边必须留有相应适合的拉伸余量。

d. 在接受要求张力值时，调整绷网机的拉力应微量逐步上升，同时应监视经、纬方向上的张力值的变化量。

② 确定不锈钢丝网的正确张力包括以下几点：

a. 电子钢网可以承受更大的张力，可以把网绷得紧一些。张力控制在（9.8~12.74）×10^5Pa。

b. 可以查阅不锈钢网的技术参数表。

c. 根据技术参数表上规定的张力留有0.1%~0.5%的弹性保留量，确保在网印动态过程中，不锈钢网不失去回弹性能。

d. 不锈钢丝网的弹性保留量，是指张力值低于不锈钢网的屈服点数值的那个张力值。因为张力低于屈服点的张力值，则不锈钢网将会从弹性形变变为塑性的永久形变（图5-1-21）。

2. 不锈钢网的自绷网操作

自绷网在LCD用的较多。

（1）自绷网网框考虑到网框的足够强度，保证网版张力稳定因素，所以一般采用实心铝合金或其他高张度金属型网框。

（2）自绷网框的结构如图5-1-22所示　自绷网四边平面上有槽1，在槽1内装有畸形槽的槽条2，该槽条装有可移动调节的螺钉3，螺钉3可在槽条2上空转，旋转螺钉3可带动槽条2在槽1里前后移动。在畸形槽条2的畸形槽里，可放入卷网塑料条（块）4。

（3）自绷网的操作步骤如下。

① 不锈钢网平铺在网框上。

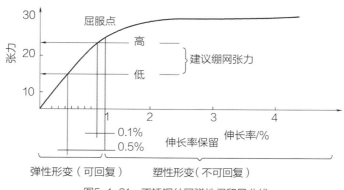

图5-1-21　不锈钢丝网弹性保留量曲线

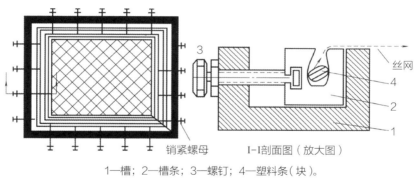

1—槽；2—槽条；3—螺钉；4—塑料条（块）。

图5-1-22　自绷网框的结构

② 不锈钢网四边逐步卷绕在塑料和尼龙的条块4上，并按图示置入槽条2内。

③ 反时针旋转，调张力螺钉3，此时畸形槽条2逐步向网框的外边移动。开始调螺钉3时，应逐个调，使槽条2与网框平行移动，四边逐个进行，直至张力计上得到额定张力。

④ 观察张力并局部调整（网框四周有数个调整螺钉）到均匀一致的要求张力为止。

（二）相关知识

金属丝网的性能。

目前金属网主要用不锈钢网，不锈钢网最初用于玻璃加工业，原因是该网可以通电流，通过改变温度能在玻璃上进行双色印刷，所以不锈钢网得以迅速发展。随着编织技术和单丝制造的进步，不锈钢网能织成500目/in，丝线粗细达25μm。不锈钢网的优点首先是耐候性好，伸缩率小。其次是强度高，耐印力超群。因此，在电子行业的印刷线路板、集成电路等印刷中很多使用这种丝网。由于丝线机械性能以及化学性能稳定，没有编织不均和编织伤痕，因此极适于精密印刷。其缺点是弹性较差，不易制作1m²以上的网印版，并超过一定拉伸值不易复原并易折损，使用时必须注意。

（三）注意事项

金属网版在印刷中要加以保护，它易受外力曲折损坏。印刷过程中刮板压力不能过大，否则在印刷过程中，容易因受压而使网丝松弛，影响耐印力。

三、异形刮胶斗的主要性能

学习目标　了解异形刮胶斗的主要性能，掌握设计异形刮胶斗的技能。

（一）操作步骤

设计异形刮胶斗的步骤。

1. 绘制加工图纸。

根据异形承印物的外形（图5-1-23），绘制出异形网框、异形刮墨板、异形刮胶斗的图纸。

2. 制作异形网框（多采用木框）刮墨板、刮胶斗。

3. 检查、验证刮胶斗。异形网框、刮胶斗、刮墨板均应与异形承印物表面相吻合。

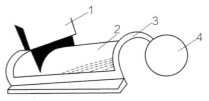

1—刮墨板（异形刮胶斗）；2—丝网印版；
3—网框；4—承印物（易碎玻璃制品）。

图5-1-23 异形网框

（二）相关知识

异形刮胶斗的主要性能。

异形刮胶斗能完全贴附于异形网框面。一次（小幅面）或分几次（大幅面）完成感光胶的刮涂。

（三）注意事项

刮胶斗的刃口必须非常光滑，没有任何毛刺，确保刮胶时不损坏丝网。

四、光聚合型感光胶的特性

学习目标	了解光聚合型感光胶的特性，掌握在异形网版上涂感光胶的技能。

（一）操作步骤

异形网版上涂布感光胶的步骤。

（1）使用专门设计的异形刮胶斗，在异形网版上涂布感光胶。

（2）网版经过前处理干燥后，根据形状立在支持体旁，刮胶。

（3）先在印刷面刮一个行程，然后印刷面朝下放入38～40℃的烘干箱中烘烤20min。

（4）第二次再在刮胶面和印刷面各刮胶一个行程再放入烘干箱中烘烤20～25min。

（二）相关知识

光聚合型感光胶的特性及感光原理。

光聚合型感光胶的特性是见光产生聚合反应而硬化，由原来的水（溶剂）溶性，变为非水（溶剂）溶性。

网印制版用感光胶的感光原理如下：

1. 重铬酸盐感光体系

将重铬酸盐和聚乙酸乙烯、聚乙烯醇等混合使用，因六价铬引起公害而逐渐被淘汰。它包括：① 明胶（或蛋白、动物胶）+重铬酸盐；② 聚乙烯醇+重铬酸铵；③ 聚乙烯醇+聚乙酸乙烯乳胶+重铬酸铵。重铬酸胶体系的感光硬化机理如图5-1-24所示。

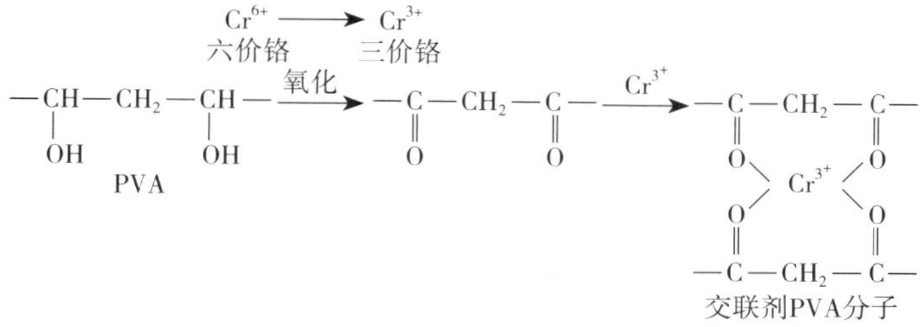

图5-1-24　重铬酸盐的反应

2．重氮盐感光体系

作为网版感光剂，一般把重氮树脂和聚乙酸乙烯酯（PVAC）、聚乙烯醇（PVA）混合使用。这种感光剂无铬公害，稳定性比铬胶好，在温度、湿度不太高的情况下，揭下来的感光膜还可以作为胶片保存，价格便宜，所以重氮有机感光剂被广泛应用于网版印刷。

（1）重氮盐

由于重氮盐吸水性强，感光液存放时易引起水解而变得不溶于水，因而不能满足长期保存的要求，为此，一般将干燥稳定性好的粉末重氮树脂与配制用的液体分开储存，而在使用时混合。重氮盐（图5-1-25）感光体系的感光机理如图5-1-26所示。

（2）双重氮盐，如图5-1-27所示。

其中，R为H、CH、OCH等基团；X为O、S、SO_2、CH_2等基团。

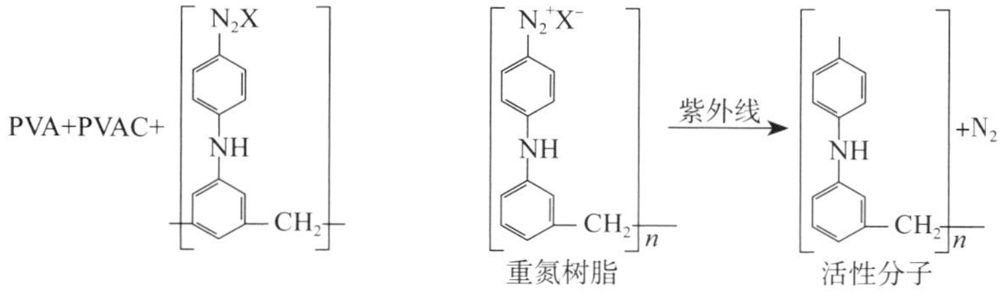

图5-1-25　重氮盐

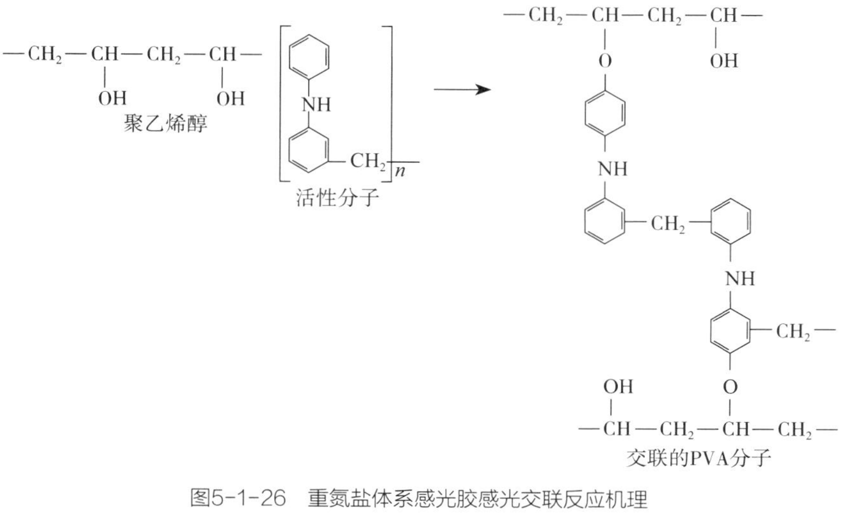

图5-1-26　重氮盐体系感光胶感光交联反应机理

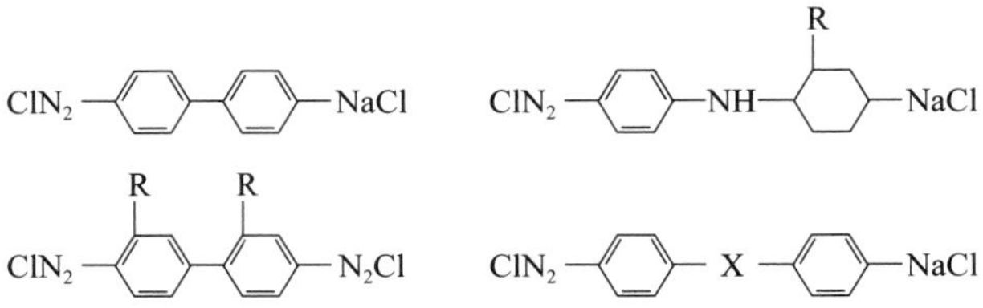

图5-1-27　双重氮盐

双重氮盐感光胶的硬化机理如图5-1-28所示。

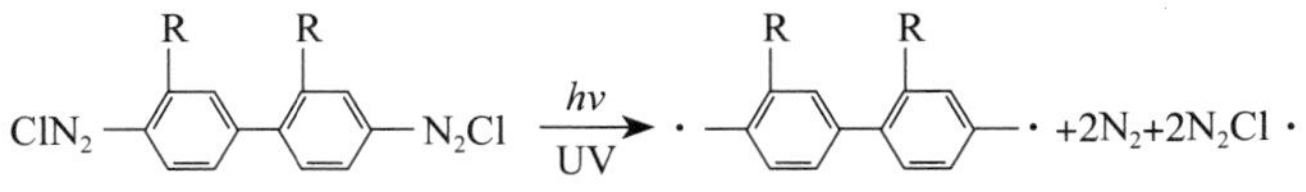

（a）光引发

（b）自由基反应

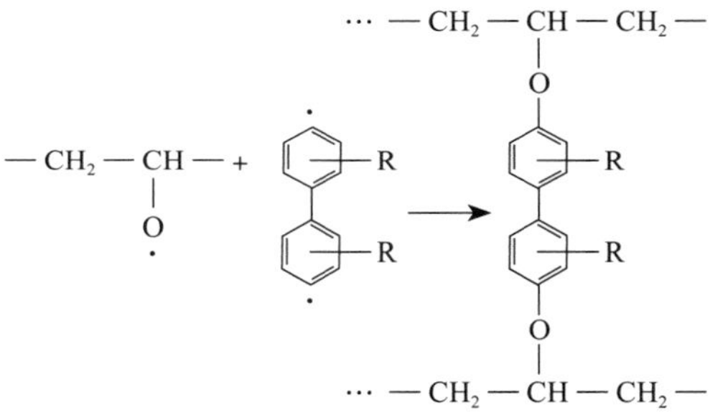

（c）自由基反应

图5-1-28　双重氮盐感光胶的硬化机理

（3）重氮树脂的结构式如图5-1-29所示。

（4）复合重氮树脂的结构式如图5-1-30所示。

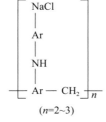

（n=2~3）

图5-1-29　重氮树脂的结构式

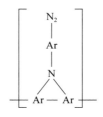

图5-1-30　复合重氮树脂的结构式

重氮树脂和复合重氮树脂的感光硬化机理与双重氮盐相同，但性能更稳定。尤其是复合重氮树脂，其交联密度更大，因此分辨力及耐抗性更好。在网印精细产品时应选择重氮感光胶系列。

3. 丙烯酸酯类的感光原理

丙烯酸酯类的丙烯腈基，作为感光性树脂的感光基非常重要，其感光度高，保存性好，可以作为丝网、PS版感光材料使用。丙烯酸酯单体或低聚合物是和各种聚丙烯酸酯缩合而成的感光性树脂，作为丝网版的感光材料使用时，需要与可进行水显影的聚乙烯醇结合（图5-1-31、图5-1-32）。

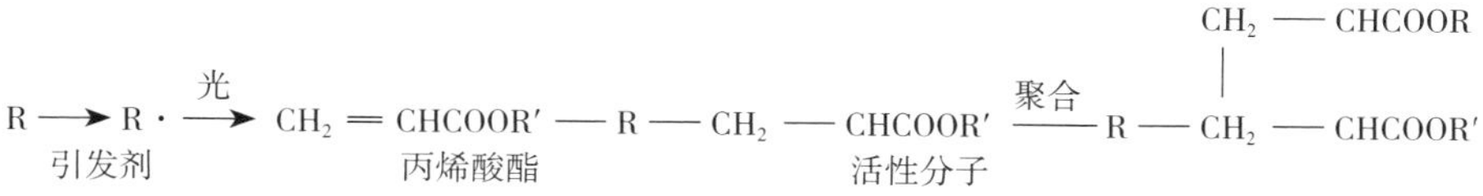

图5-1-31 丙烯酸酯的聚合

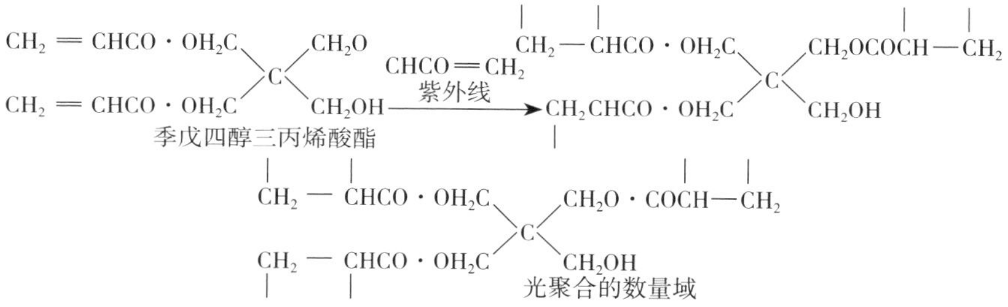

图5-1-32 丙烯酸酯的反应

4. 铁盐感光胶

此胶的基本组成有明胶或PVA（成膜剂）丙烯酰胺和$N，N'$-亚甲基双丙烯酰胺（交联剂）、柠檬酸铁铵（感光剂）及十二烷基磺酸钠（分散剂）。

光硬化机理：明胶中的三价铁盐曝光后会与曝光量成比例地生成亚铁离子，这时将感光过的膜层浸入引发剂（H_2O_2）中，亚铁离子分解过氧化氢，产生羟自由基，$Fe^{3+} \rightarrow Fe^{2+}$

$$Fe^{2+}+H_2O_2 \rightarrow (Fe-OH)^{2+}+ \cdot OH$$

其中，OH会引发丙烯酰胺聚合，但这种聚合得到的仅是线型聚合物，不能获得优质的图像，$N，N'$—亚甲基双丙烯酰胺的加入，能与前者一起共聚而发生交联，成为体型结构，提高了膜版膜的耐抗性。在自由基引发的聚合中，还包括与明胶的接枝聚合，如图5-1-33所示，其聚合物的结构比胶的性能稳定，便于制成已敏化干膜（如FLVE STARS间接干膜）。由于硬化深度与曝光量成比例，适用于做转移（即间接）膜版。

5. 尼龙感光胶

尼龙感光胶为醇溶性感光胶，其组分如下。

二元或三元醇溶尼龙	100份热	稳定剂	0.1～0.2份
丙烯酰胺及双丙烯酰胺类单体	30～40份	染料及助剂	少量
二苯甲酮（光引发剂）	3～4份		

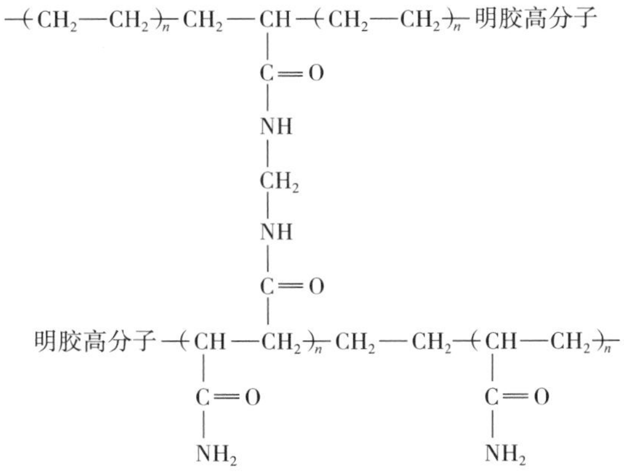

$$-\!\!\left(CH_2-CH_2\right)_{\!n}\!CH_2-CH-\!\!\left(CH_2-CH_2\right)_{\!n}\!明胶高分子$$

图5-1-33　交联、聚合反应

此胶的光硬化机理与铁盐感光胶相似，即通过两种丙烯酰胺单体的体型化聚合，而尼龙包络在体型结构中。

国产尼龙感光胶有单液型及干胶片两种，都用乙醇溶解。尼龙版膜的突出优点是强度好、耐水、耐溶剂；印数可逾10万次，特别适用于长版活和水性印料。其缺点是用乙醇显影，脱膜较难。

6. 水溶性感光高分子体系

这是近期出现的一种感光胶，其主料是水溶性高分子上接以感光性化合物，成为一种特殊结构的树脂——集成膜剂与感光剂为一体，故胶液为单组分，干膜为已敏化型，使用方便。此外，它的感光度高，比一般感光胶高出5～10倍；分辨力高，能制作精细膜版，与适当的丝网相配，可制80μm的细线；稳定性好，能预制成胶液、干膜及PSP（网印预涂）版。如我国研制的BD-1型感光胶，就是在PVA上接一个苯乙烯基吡啶光引发剂，结构如下：

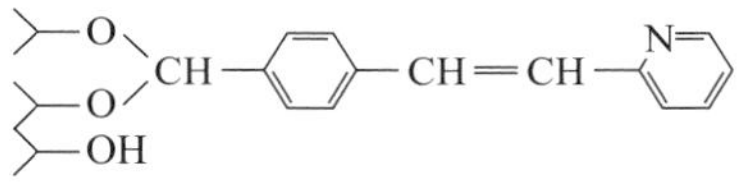

光硬化反应机理如图5-1-34所示：

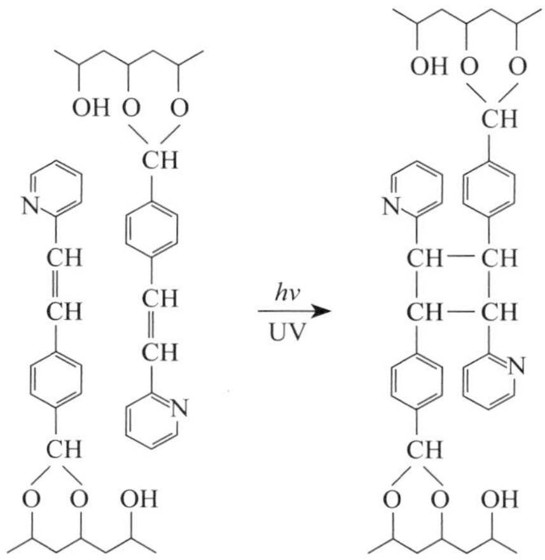

图5-1-34　光硬化机理

由反应式可知：感光性高分子中不饱和双键发生光二聚化反应，生成不溶于水的二聚体。此类感光胶目前应用尚不广泛的原因是成本较高。

7. PVA-SBQ感光胶

PVA-SBQ感光胶是目前国际上最好的一种感光胶。它是在PVA高分子上接以SBQ（苯乙烯基吡啶硫酸二甲酯盐）感光性化合物的感光性高分子。

由于SBQ色浅、深层光固化好，宜做厚膜（1mm）膜版；胶液固含量高，制版周期短，胶中不含填料，故光交联度高，架桥性优异，能获高清晰度图像，SBQ对温度、湿度要求稳定，宜做PSP版。

例如：日本村上丝网株式会社为大幅面广告专门开发的高感度感光胶（ONE POT SUPER），这种高感度感光胶是采用PVA－SBQ感光剂研制的水显影型感光胶，和重铬酸胶的原理完全不同，它具有高感度的特性（感光度高出重氮感光胶5～10倍），而且稳定性能好，不受温度、湿度的影响，可长期保存，不污染环境。

PVA-SBQ新型感光胶的结构和反应机理如图5-1-35所示。

SBQ-MS感光膜应用在PCB、标牌、薄膜开关、HIC、网目调网点印刷等领域，且适用于涤纶和不锈钢丝网制版。

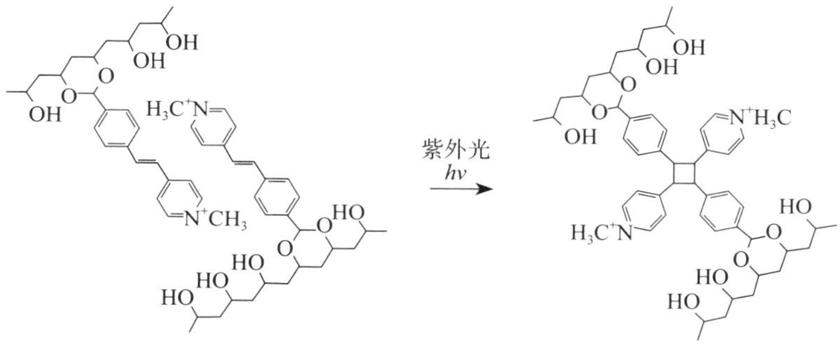

图5-1-35　PVA-SBQ新型感光胶的结构和反应机理

（三）注意事项

不同感光胶的性能不同，适合的应用范围也不同，使用方法也有差别，因此在使用前一定要了解感光胶的配比方法、使用方法。

第三节　印版制作

一、最佳曝光时间的测定方法

学习目标　了解最佳曝光时间的测定方法，掌握确定高精度、高难度制版的曝光时间的技能。

（一）操作步骤

设定高精度的膜版曝光时间的步骤。

以曝光时间测试规（图5-1-36）进行曝光实验为例。

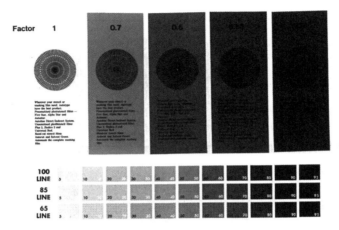

图5-1-36　曝光时间测试规

（1）先设定曝光时间t_1，如设定为8min。

（2）以测试规为原稿。按常规以设定的时间t_1进行曝光。

（3）检查丝网版上各级圆标胶膜固化的情况，确定如何调整曝光时间。

① 如果系数为1的一级胶固化正常，圆标线条通透良好，而0.7的一级圆标粗线固化正常，内环细线胶膜半固化，冲洗脱胶，则说明所设t_1即是标准的曝光时间t_0。

② 如果按时间t_1曝光，1和0.7两级胶膜固化均正常，圆标线条通透良好，而0.5的一级粗线固化正常，内环细线胶膜半固化，冲洗脱胶，则说明所说t_0大于标准曝光时间t_1，标准曝光时间只需取t_1的70%就行了，即336s。

③ 若按时间t_1曝光，固化的梯级又上移，则应用半固化圆标的较大一级的系数乘以t_1。若设定的t_1太小，应设大于t_1的t_2，重新测定，用公式表示：

$$t=Kt_n$$

式中t为标准曝光时间，t_n为设定的曝光时间，n为1、2、3…设定时间次序，K为系数（1、0.7、0.5、0.35、0.25）。

（二）相关知识

最佳曝光时间的测定方法应采用曝光时间测试规。

1. 曝光时间测试规的结构

（1）用途

测定某种感光材料在某种光源下的标准曝光时间，检查每次晒版的曝光量是否正确。

（2）构造

测试规上有五个梯级，并分别标有该级的曝光系数K值：1、0.7、0.5、0.35、0.25。将

只有片基密度的一级设定为透光率是100%，则其后每一级的透光率为前一级的70%，并且第一级密度为零，各级密度值依次为0.15、0.30、0.45、0.60，如表5-1-1所列。

表5-1-1　曝光梯级对应密度

系数 K	1	0.7	0.5	0.35	0.25
透光率 /%	100	70	50	35	25
密度	0	0.15	0.30	0.45	0.60

每一个梯级上还有一个由黑白等宽射线组成的圆标，自圆心向外的射线分为四段，线端宽度依次为45、60、150、260、380μm。

2．ESMA测试片的结构

ESMA测试胶片（图5-1-37）用来检测出最佳的膜版制作曝光时间。

利用分级曝光（无网目调因素）的退色效果来找出硬化与最佳分辨率（清晰的层次）。

试验胶片具有下述特点：

（1）分级曝光有5个相同图像。

（2）有阴阳的细微层次。

（3）有从0.5mm到银盐胶片的极限解像力径向线。

（4）环形线和不同角度的直线。

（5）0.025～1.000mm不同宽度的线条。

（6）不同大小的文字。

（7）加网线数24l/cm/40°/网目调值0～100%。

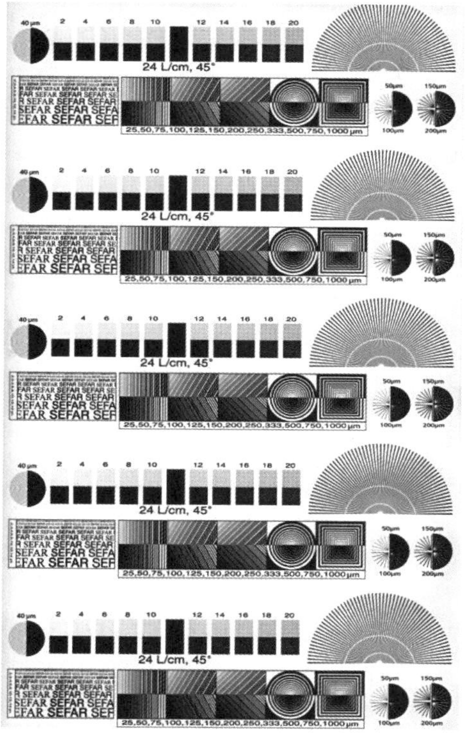

图5-1-37　ESMA测试胶片的结构

（三）注意事项

1．曝光不足或曝光过度，都关系到曝光时间的掌握上。多数使用感光材料之前，都要进行曝光实验，采用五级分级曝光来选用最佳的曝光时间。

2．注意光源照度与光源距离的掌握，一般点光源之距为1m左右。一般以印版对角线长度加10%～15%，或以晒版机框架的对角线长度为标准设置光源的距离。

二、计算机直接制版技术

学习目标　通过学习了解计算机直接制版技术，了解并掌握计算机直接制版工艺参数设定以及计算机直接制版设备的维护保养。

（一）操作步骤

1. 设备基本操作

（1）先后将计算机制版设备和计算机软件系统开启，使直接制版机和计算机软件系统运行正常。

（2）文件转换　由控制软件自带的或第三方RIP软件对要输出的电子文件进行光栅化处理。

（3）感光胶标定　丝网印刷所使用感光胶种类繁杂，感光胶涂覆厚度也不尽相同，在实际输出前进行标定，以获取最佳的曝光参数。

（4）图案套位　由于CTS机器的四周预留有扩展导轨，根据实际情况安装定位附件。

（5）网框安装　将网框放置在光学玻璃的上方即可进行曝光输出，无需真空吸附。

（6）曝光输出　通过CTS控制软件控制图像参数和曝光参数两类参数，对网版进行曝光。

2. 设备维护及保养

（1）导轨与滑块注油保养，每3个月向导轨滑块中加注润滑油一次。

① 以油枪对准滑块油嘴，进行注油，油嘴位置如图5-1-38所示。

② 由油嘴持续注油，同时观察滑块刮油片，直到有油溢出为止，如图5-1-39所示。

③ 注油完成后，使机台持续动作10min以上，用无尘纸将残留在刮油片附近的多余油脂擦拭干净，避免油脂堆积而导致滴落。

④ 擦拭完成后，机台可恢复正常使用。

（2）光栅尺的清洁。每3个月要清理一次光栅尺。

a. 由于机台在运行时，可能会有油脂滴落、或者吸附粉尘，会在光栅尺表面形成污垢，影响光栅尺信号的正常工作，所以需要定期清洁光栅尺。

b. 具体方法：用无尘布沾清水擦拭即可，请勿使用酒精等其他溶剂！

（3）风扇防尘罩清理，每个月要对风扇防尘罩进行一次除尘处理。

（4）机器内部清理，每隔两周用吸尘器将设备内部大理石台面进行吸尘，并用酒精擦拭表面（下方凹槽内光栅尺切勿用酒精擦拭）。大理石龙门架上部也按上述方法清洁（龙门架下方装有光栅尺一面切勿用酒精擦拭）。

（5）冷水机维护。

每天开始工作时，检测冷水机液面是否正常，若低于要求液位，请向冷水机中添加纯净水，直至到达要求液面。

图5-1-38　滑块油嘴

图5-1-39　刮油片

（6）设备操作台面维护

请保持台面干净整齐，不要在操作台面放置杂物，以防止杂物掉入设备引起故障或者事故；每天上下班前请将台面及防尘罩表面清洁干净，以无灰无碎屑为准。

（二）相关知识

1. CTS网版的印刷适性

丝网印刷的印刷适性是指网版、承印物、印刷油墨以及其他材料与印刷条件相匹配适合于印刷作业的总性能。为了获得印刷质量优秀的印刷品，CTS直接网版必须具有较好的印刷适性。

以先地CTS为例，先地CTS采用了独有的准紫外线激光技术，其激光波长为365～405nm，如图5-1-40所示。波长405nm的激光具有良好的穿透性，波长365nm的激光具有较强的功率，如图5-1-41所示，两者结合相互补充。

同线性分布式结构有着较强的散热性能，使得激光的输出功率得到充分发挥，具有较高的曝光功率和较长的寿命。大焦深远心镜头的应用获得了极大的聚焦冗余度。

以上几项技术的应用保证了CTS丝网印刷直接制版设备具有良好的印刷适性，主要体现在以下几个方面：

① 网布种类的适应性：良好的穿透性使先地CTS可适应各种类型、颜色的网布。甚至不锈钢网也可使用。

② 感光胶种类的适应性：拥有较高的激光输出功率，先地CTS可应对单组分、双组分，水性、油性、重氮类、重铬类的各类型普通感光胶，无需特别定制。

③ 感光胶厚度的适应性：得益于极大的聚焦冗余度和激光的直线性，只需调整输出功率和曝光时间，先地CTS便可输出厚达1500μm膜厚的网版。

④ 网框平整度的适应性：同样是大的聚焦冗余度的优点，对网框平整度没有高的要求。

⑤ 网孔的收缩率：传统工艺中造成网孔的收缩率的主要原因是晒版光线的平行度差，如图5-1-42所示。而CTS的激光具有很高的平行度，实际测量结果已达到LED晒版机的效果。

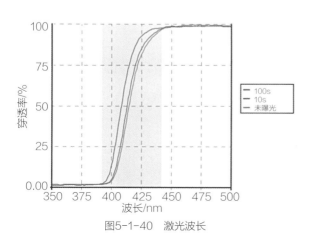

图5-1-40 激光波长

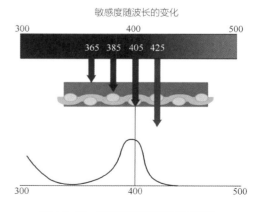

图5-1-41 激光穿透性及功率示意图

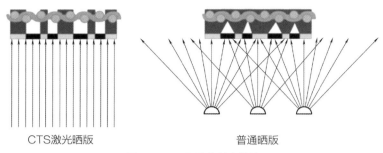

CTS激光晒版　　　　　　　普通晒版

图5-1-42　网孔收缩率比较

⑥ 网版的耐印率：由于采用普通感光胶，且激光功率较大，在网版耐印率方面与传统工艺相当。

2．CTS系统的优势

CTS系统制网版速度的提高及设备价格逐步趋于合理水平，使传统网版印刷企业有理由来进行传统生产工艺改进，从而减少成本，提高效率，增强企业竞争力。

CTS系统有如下优点：

① 减少制版工序，将传统工作流程的八个步骤，缩短为CTS工作流程的五个步骤，达到快速制版的目的。

② 节省分色底片，由于无需底片晒版，从而防止底片磨损及对位不准所产生的质量问题，也不需要底片显影、定影所需的冲洗化学药剂，无需专门的库房来保存日益增多的分色底片。

③ 多色网印时能自动进行网版定位，提高工作效率。

④ 环保及节能减排，无需暗室、照排机、冲洗机、晒版机，在国家对环保日趋严格的要求下，这点对企业非常有意义。

⑤ 除部分CTS系统外，通常用的感光胶都能适用。

⑥ 适应各种材料、目数的丝网版。

⑦ 适应铝合金、木框等各种网框。

⑧ CTS晒版工作无需在真空环境下进行，能使分色的图文与感光胶涂层充分接触，提高了网版图文边缘清晰度，使线条和网点更精细。

3．CTS国内应用领域及未来发展前景

网版印刷被称为万能印刷，它能在各种承印材料上进行印刷，如对各种塑料、纺织品、金属、玻璃、陶瓷等材料的网版印刷，可广泛应用于商业、广告业、装潢业、美术业、建筑业、出版业、印染业、电子工业等。总之，任何的物体，不论形状、大小、厚薄、软硬，也不论曲面、平面都可进行印刷。

采用CTS直接制版技术就必须使工作流程数字化，打通设计、制版、生产的全数字化流程。目前，已经有越来越多的企业开始了这一进程，可以说，CTS会率先在这些企业有快速突破。提高生产效率，降低运营成本是每个企业提高市场竞争力的必要手段，CTS系统在节省时间与人手、环保及节能、简化流程与节约耗材等方面有独特的优势。随着CTS设备生产

商与各个丝印行业分别打通工艺流程与印刷适性适配后，CTS会快速地进入丝网印刷的各行各业并发挥重要作用。

（三）注意事项

1. 在计算机直接制版工艺中，要通过学习，熟练掌握计算机直接制版的硬件和软件的设置功能和技能数据，按菜单设置输入指令完成制版工艺。

2. 在设备的使用过程中，要严格按照设备操作要求操作，要做到规范操作。

3. 对设备的保养也是保证设备正常运转的重要条件，要做好设备的各项保养维护工作。

三、曝光和冲洗变量的调节与控制方法

学习目标	通过学习，了解曝光和冲洗变量的调节与控制，掌握晒制特殊要求和高精度印版的技能。

（一）操作步骤

1. 晒制特殊要求印版的步骤

（1）根据业务单和用户要求。

（2）按原稿格式设计制订制版方案。

2. 晒制高精度印版的步骤

（1）根据原稿（胶片）的要求或加网线数选配丝网。目—线比例为（5：1）～（7：1）的涤纶单丝黄网（高张力，低拉伸丝网）。

（2）网框的选用：采用标准铝合金网框。

（3）制版方式，一般为直接感光制版。

（4）选用卤素灯点光源，3000～5000W，抽真空晒版机晒版。

（5）多采用正绷网，如网布目数不够也可采用斜绷网或斜晒版。

举例：印刷多色网目调"老虎"精细制版。

色数：4色印刷Y、M、C、K。

幅面：A4。

原稿：正阳图分色胶片四张Y、M、C、K。

加网线数：120lpi。

网布：PET1500、400目涤纶黄网（特径27μm），目-线匹配3.5：1。

加网角度：Y90°、M45°、C15°、K75°。

阶调范围：10%～90%，Y、M10%～85%，C15%～90%，K60%～80%。

网点形状：圆网点。

感光胶6000型，直接感光制版。

模板：手工刮胶3～4遍，膜厚7～8μm，中等张力20N/cm。

晒版：光源为金属卤素灯3000W，

五级分级曝光实验（ESMA测试片）：选用正确的曝光时间为100～120s（1.6～2min）紫外光源。

斜晒版：角度7.5°。

三原色Y、M、C、K紫外光固油墨。

色序排列：Y、M、C、K。

（二）相关知识

曝光和冲洗变量的调节与控制。

1. 模板晒版的光源条件

光源的发光波长应和感光剂的分光感度一致。为了提高效率，应使光源输出的功率高一些，放射出适应大版面需要的光通量；光源输出应稳定，对放射面应尽量做到照度均匀；对版膜面不应由放射热引起阳图片基及版伸缩。

2. 光衍射对印版版面图文网点再现性的影响

（1）点光源的光衍射　晒版时，光的路径，由光源发射出来的紫外线，通过晒版机的玻璃板透过阳图底版，照射到印版的感光胶膜上时，底版会产生折射。如图5-1-43所示，通过晒框玻璃，入射印版感光膜的光线垂直入射与斜射在效率上有很大差别。另外，晒版机的玻璃应经常保持清洁，玻璃上若沾染灰尘会阻碍光线的通过，在模板上造成针孔，玻璃板上的擦伤多时最好更换。

晒版曝光最好采用点光源，双光源在曝光过程中产生的光衍射现象比点光源大得多。如图5-1-44所示，双光源在曝光时，由于光线交叉扩散，造成图文底版非透明部位下的感光胶膜层边缘被交叉扩散的衍射光侵蚀而硬化，使图文的分辨率降低，网点面积也明显缩小或变形，细小网点丢失。随着曝光时间的延长，这种交叉扩散产生的光衍射现象对图文网点的再现性损害就更大。

点光源在曝光过程中产生的光衍射现象明显低于双光源。但是，距离较近的点光源比距离较远的点光源所产生的衍射光影响要大。因此，在选用点光源的同时，还必须选择一个适宜的光源距离。

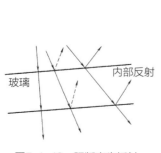

图5-1-43　阳版产生折射

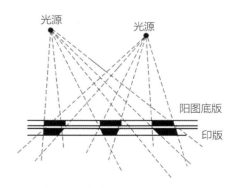

图5-1-44　双光源曝光网点变形

（2）关于晒版机真空性能差造成的光衍射 现代丝网印版的晒版曝光过程，是在真空晒版机内完成的。当晒版机玻璃框盖与橡皮底盘接合后，盘内与外界空气隔绝，抽气泵将盘内空气抽出，外部大气压力使橡皮底盘与框架上的玻璃紧贴，事先安放在盘内的图文底版与印版版面感光胶膜层也随之紧密贴合。晒版机真空性能越高，图文底版与印版版面感光胶膜层贴合也就越紧密，曝光后转晒到印版版面的图文网点再现性就越好。否则曝光时产生衍射光，使转晒到印版版面上的图文网点变形，网点面积缩小，整个版面图文点线边缘虚毛不光洁。

晒版曝光时底版与印版版面感光胶膜层之间产生的间隙虽然很小，但也会显著加强光的衍射。据有关资料介绍，如果间隙尺寸为0.01mm，转晒到印版版面上的网点边缘将缩小0.001mm。也就是说，间隙越大，产生的衍射光越强烈，转晒到印版版面上的图文网点面积缩小也越多，图文分辨率就越低。减少二者之间的间隙、减少光衍射是提高印版版面图文网点再现性的重要手段。

如果底版的网点密度过大（颜色较深），按原稿复制要求，需降低网点密度，使转晒到印版版面感光胶膜层上的底版网点密度比图文底版网点密度适当低一点。在底版与印版版面感光胶膜层之间，夹一张厚度为0.01～0.05mm的透明薄膜，人为地制造一个间隙后，真空密合曝光，达到衍射的目的。

（3）感光胶膜层过厚造成的光衍射 印版版面感光胶膜层的厚薄，与曝光后版面图文网点再现性的优劣，同样有着较密切的关系。版面感光胶膜层具有一定的厚度，晒版曝光时，感光胶膜层受光的作用，从膜层表面逐渐向膜层深处硬化。与此同时，感光胶膜层的硬化作用也会在未受光的图文网点周围的感光胶膜层中向网点中心逐渐渗透硬化，使图文网点面积缩小，分辨率降低。

另一方面，由于版面感光胶膜层过厚，为了达到使其充分受光硬化的目的，就必须延长曝光时间。曝光时间延长的结果加强了衍射光对版面非受光部位的感光胶膜层侵蚀。因此，在印版制作中，为了使版面图像网点清晰，线条流畅，将版面感光胶膜层涂布厚些是必要的，但也要求有一定的限度，不可涂布过厚。

3. 曝光量对图文再现性的影响

网印版上图像的网点再现性随晒版时曝光量的变化而改变。

曝光量是指晒版曝光时印版版面感光胶膜层所接受的光照量的多少。适宜的曝光量是保证光线透过底版透明部位，照射到印版版面感光胶膜层上，并足以使版面受光部位的感光胶膜层充分硬化，生成不溶解于水的物质，又能使版面图像的网点忠实再现。即使是经过充分显影，硬化后的感光胶膜层也不会从版面丝网上脱落。

（1）确定合理曝光量 通常使用透射灰色梯尺或网点梯尺进行曝光量测试，测试过程中，逐级变化曝光时间。由于梯尺的每一梯级的密度不同，所以透射到版面感光胶膜层的受光量也不一样，显影后，仔细观察哪一梯级图像再现性优良，对照图文底版检查印版上相应部位的网点变化。并用该印版试印后检查图文底版与承印物上图文网点的还原性，确定印版曝光时所需的正确曝光量。

在确定正确的曝光量时，如果真空晒版机上装有光量积算装置，就以它显示的曝光量为标准进行确定。如没有光量积算装置，可以曝光时间为标准确定曝光量。

由于外界因素的变化如电压波动、灯管表面被玷污及灯管老化等原因，采用时间管理方法不能避免产生曝光不足的现象。因此，得到的曝光时间最好转化为用累计光量表进行管理，就可防止曝光错误。累计光量表与外界的因素变化、灯光的强弱无关，以累计方式计算出感光材料完全达到光化学反应为止的照射光能量，一旦满足设定需要的光能量值时会自动切断电源，因此对晒版曝光可始终准确地控制。累计光量表的感光波长范围峰值必须与所用的感光材料分光感度特性一致，且安装位置要适宜。

（2）使用射线探测仪　使用射线探测仪可测试紫外光范围内的光辐射能量值以及利用感光乳剂制造商提供的数据对感光乳剂敏感度进行正确的曝光。

曝光用的灯源除了要有适当的UV辐射波长，还要有正确的光辐射强度。光辐射强度用MJ/cm^2来表示，它随灯的输出功率、类型和照射条件、反射系统的聚焦及表面几何形状等的不同而不同。光辐射强度决定了光线穿透网版的能力。光辐射强度越大，到达网版表面的瞬间能量越大，穿过厚网版的效果也就越好。辐射计是测定灯泡效能的最简单的工具（图5-1-45）。

图5-1-45　辐射计（照射辐射能测定）

光量积分仪只能记录光的发射量，不能记录光谱的分布范围。UV灯每使用100h其光的损失量约为10%。老化了的灯会逐渐变热，灯光也会变白，此时UV灯的辐射强度也会随之减弱。因此，用一个辐射计来记录照射时间能很好地控制灯源，确保灯源工作正常。

此外，用辐射计还能检查真空晒版架上的光线分布周期。就目前所知，光线的分布主要取决于灯与网版的距离和反射器的反光效果。光线分布不足很容易造成大幅面网目版印刷中的色调值出现偏差。

辐射计在对没有有效光谱范围的UV灯进行测量时，测量的总曝光量可以在显示屏上读出，单位为MJ/cm^2。

4．冲洗显影变量的调节与控制

（1）曝光到显影的时间　曝光后的印版应及时进行显影作业，否则印版版面未受光部位的感光胶膜仍会自发硬化（暗反应）。

受延续反应的影响，版面图文网点边缘硬化，网点变形，面积缩小，不仅显影时出影较困难，图文网点分辨率也不理想。

（2）显影方式　目前多采用盘显与喷显结合的方式，把曝过光的网版浸入水中一两分钟，并不停地晃动网版，待感光胶膜吸水膨胀后，用（3.43～5.39）×10^5Pa的喷枪（高压低流量）从网版两面进行喷水显影。

水洗显影机的应用更有利于显影操作的数据化。

（3）显影时间。

显影程度控制原则：在显透的前提下，时间越短越好；时间过长，膜层湿膨胀严重影响图像的清晰度；时间过短，显影不彻底，会留有蒙翳、堵塞网孔造成废版。

在四色加网印刷中，为了达到精确的套准，尺寸的稳定性是绝对重要的。

丝网和要印刷的承印材料的稳定性是最大的问题，但因为每一个参数对印刷的成功都起重要的作用，因此必须有十足的把握。

（4）引起膜版或胶片尺寸变化的因素

① 晒版灯散发的热量。由于晒版灯的照射，引起晒版机玻璃板温度升高。如果玻璃板温度上升到50℃，晒版胶片会延长到0.3%之多。使用光源在旁边而不在玻璃下方的晒版机产生的热量会少些，尤其是当光源与玻璃板的距离较远时，即至少1m以上。

光源在晒版机玻璃板的上方，如果距离在1.5m以上，就没问题。

② 第二个因素是环境湿度。如果我们认为65%的湿度是理想的湿度，我们应该知道，湿度的任何变化，其每上下波动10%，将造成网版尺寸变化0.02%。

③ 最后我们还必须注意一下膜版层厚度的变化（感光胶或膜片），版膜的厚度，尤其是UV油墨印刷，会影响到油墨层的厚度，进而影响到油墨层的色度值。

④ 当网点在80μm或更小时，冲洗显影的龟纹就会出现。网点与丝线直径越接近，这种危险就越大。

特别细小的网点被丝线部分阻隔，唯独能印出来的部分就是两边都不靠丝线的网点。假设丝线的直径为34μm，网点的大小为60μm，网点能印的部分只有13μm那么小。这个区域特别小，在冲洗过程中，未曝光的感光胶变软，而曝光后的感光胶则因为再次水化而膨胀，从而使一些开孔较小的网点进一步收缩变小，虽然这些小孔也能冲洗出来。当你仔细观察网版时，会发现高光区域的细微层次丢失。如果你对图案进行了完全的冲洗显影，那么待网版干后，随着感光材料的干固和收缩，这些小孔又会慢慢地张开。如果网版处理得不是很好，则这些小孔在网版干后仍无法开启，仍会被那些没有冲洗掉的但又没有曝光的感光胶所挡住。

作为造成龟纹的一种原因，冲洗不彻底会在高光区域造成不一致的龟纹。相同丝网制出的网版，龟纹结构会有所不同。在同一网版上进行同样的曝光，龟纹带也会不同。这是最具破坏性龟纹中的一种，尤其是对那些使用精细网点的随机加网印刷厂来说更为重要（光盘和精细艺术品等）。

为了减少这种现象，可以使用高压力、低流量的喷头来冲洗网版。使用真空喷漆工用的碳化钨（30°）的喷头即可。每分钟的流量不超过6L为宜。在不消耗大量水的情况下，你需要的是压力。这能够有效地显影图案，得到干净的网版。另外一种办法就是胶片上找出最精细的高光区域，在冲洗的时候，注意用水流集中冲洗该区域，同时，边冲洗边透过网版观察。在这个过程中，虽然看不到明显的开孔，但你应该看到水流通过网版冲洗的情况。

（三）注意事项

（1）高精细度网版冲洗，一般为盆显，冲洗速度采用高压力、低流速喷头冲洗显影。

（2）显影时注意小网点的变化情况，曝光后的感光胶则因为再次水化而膨胀，从而使一些开孔较小网点进一步缩小，冲洗观察时发现高光区细微层次的小网点丢失，待网版干燥后随着感光材料的干固和收缩，小网孔会自然张开，小网点可以再现。如果网版冲洗不彻底，这些小网孔无法开启，仍会被余胶所挡住，小点子丢失。

第二章

样张、网印版质量检验

一、制版过程中影响质量的因素及解决方案

学习目标	通过学习，了解胶片制作过程中影响质量的因素，掌握全面准确分析胶片质量问题产生原因的技能。

（一）操作步骤

（1）擦净看版台玻璃。

（2）将胶片放置于看版台面。

（3）仔细检查阳图制版胶片。

（4）发现质量问题。

（5）准确分析胶片质量问题产生的原因。

检查阳图质量要注意检查以下几个方面：

① 图像的正反是否符合工艺规定。

② 尺寸大小是否符合工艺规定。

③ 全套版的十字规线、角线，要求细、黑、光洁，并能套合准确。

④ 各色版的网点大小（亮、中、暗调）是否符合要求。

⑤ 各色版的网线角度是否正确。

⑥ 网点的点形、密度、光洁度是否良好。

⑦ 非图像部位应没有补白光的细点。

⑧ 版面颜色要正，并且没有污痕划蹭等弊病。

（二）相关知识

1. 精细网目调胶片的质量要求

（1）精细网目调胶片要用激光照排机输出银盐胶片，图文密度大、层次丰富、点线光洁、立体感强。一般线条色块、表格、名片，可用激光打印机输出胶片。

（2）银盐胶片，胶片实地密度$D \geqslant 3.0$（密度=黑度），透明部分灰雾度$D < 0.2$。

（3）精细网目调胶片的阶调范围 高光区 < 10%；1/4（亮调），10% ~ 30%；1/2（中间调），30% ~ 70%；3/4（暗调），70% ~ 85%。

（4）灰平衡设置 Y、M网点的百分比尽可能相同，C网点的百分比要大于Y、M，在不同的阶调有着不同的比例，可根据实际生产条件而定，色彩要平衡，基本色要给足，相反色要跟上，色版调子要长，黑版调子要短。

2．版面检查要点

（1）版面检查，是看版子四角网点是否均匀，版面是否清洁。如有较严重的不均匀、污点、灰翳、药水条痕等，均不宜采用。因四角不均匀对色调影响较大，发黄、灰翳等在晒版时会阻止光线的通过，引起点子不结实和不应有的深浅，白地起脏等弊病。阳图网点要结实，不虚，才能保证晒版和印刷的质量。

（2）要检查网版角度、版子正反、规格尺寸等 检查网纹角度可以防止度数搞错，减少"龟纹"的发生；规格特别要注意净尺寸与毛尺寸这种常见的错误，阳图版直按晒成印版，决不允许尺寸大小有误，从严要求才不致发生套印不准、产品模糊、最后仍要补版的情况。

（3）色调、阶调的检查 阳图网图文版面的深淡、层次的平崭，主要根据原稿类别、色调气氛，结合各色版的本身特点，并按照在干片修正时色量分配的设想，进行检查。

对印版进行深、淡、平、崭、虚、实检查时，对于较大的尺寸，应先离台稍远些看，才可从其全貌加以确定，不致"一叶障目，不及其余"。用放大镜鉴别网点大小成数，须按确定的高、中、低三个阶调的深淡，先行检查，然后以此作为各级层次对比的依据。

检查中，对于尚可挽回的、过深的局部，可在照相后用减力液减淡。总之，要照顾总体，力求获得大部分、主要部分色调、层次正确的版子。

（4）对各色版的一般要求

黄版：是弱色，多数画面的色彩，需要它组合，一般要求稍平，稍深。

品红版：色相鲜明突出，目前多数尚有淡色辅助，版子的深淡、平崭要求适中。

青版：色相明暗适中，也常有淡色配合，一般要求平崭、深淡适中。

黑版：黑版多用作轮廓版，故版子要看得崭些，阶调短些；但原稿层次柔和的，则不能过崭，一般要求是轮廓清楚实在、淡调不满。

淡色版：淡红版、淡蓝版原则上比大红版、大蓝版深。但并不是版面上每一部分都要比深色版深，还是要根据各色版在各色域的要求而定。深色版在高调处安放尖网有困难，淡色版就是要起配合作用，以资弥补。

（三）注意事项

（1）在检查胶片时要保持室内和台面的清洁，拿送胶片要戴上白手套，防止灰尘和在乳剂膜层上留下指纹。

（2）对大面积的胶片要平放或卷筒放置，以免胶片变形或产生折痕。

二、网印版质量标准和检验规则

　了解胶片制作过程中影响质量的因素及解决办法，掌握全方位提出解决胶片质量问题的方案。

（一）操作步骤

（1）在标准光源下，目视观察、鉴别原稿质量。

① 属于不能复制的原稿，应该退回。

② 属于不适合网印用的原稿，进行加工调整和修正，但对于质量要求高的精细产品，同样应该退回。

（2）正确选用图像输入设备。

① 对于一般产品（线条、文字产品等）可采用平板式扫描仪。

② 对于高质量要求产品（高分辨率、精细产品等）应选用滚筒扫描仪。

（3）正确设定扫描参数。

（4）正确选择输出胶片设备。

① 一般线条块、表格、名片等可用激光打印机。

② 精细网目调胶片要用激光照排机输出银盐胶片。

③ 利用喷绘技术解决大幅面网印制片。

利用喷墨设备直接在专用明室胶片上制片，省略了激光照排和感光材料，特别是针对丝网印刷制版，具有大幅面一次输出（宽度可达1118mm），无须拼版、修版的优势，减少了图像转移次数和转移损失。

使用该方案可直接输出大幅面丝网四色分色片，可设定网频、网角。可代替传统激光照排机输出大幅网印分色片。输出宽度可达1.1m。利用EPSON微压电喷墨打印技术使输出的网印分色片黑色密度高，网点圆滑，四张分色片套准精确。用普通晒版设备和丝网材料即可晒出丝网版，进行批量印刷。利用制版软件可将版面设计、排版、成品印前打样、输出分色片一次性完成。

该技术适于中、小规模的网印厂家开展大幅面丝网印刷业务及专业输出，也可作为传统丝网制版业务的补充并可用于印前打样。

（二）相关知识

底片制作过程中影响质量的因素及解决办法。

1. 原稿质量

照片、印刷品等形式的原稿，一般采用扫描仪扫描输入的方法输入计算机。图像输入后的质量取决于原稿本身的质量，扫描仪的性能及扫描参数设置。

现阶段印刷品可达到的最大密度值（D_{max}）为1.8，印相纸图像可达到的最大密度值为1.7，修整原稿黑墨水的密度为1.8，即原稿的所有密度在白纸上只能在密度0~1.8范围内再

现，因此，原稿应有一个适应于制版印刷的密度范围。然而，彩色反转片的密度可达0.05～4.0，印刷复制时必须对原稿的阶调进行压缩。

当原稿密度范围过大时，扫描仪对超出密度范围部分的反应灵敏度下降，所得分色片层次较平。根据实践，原稿的密度应为0.3～2.1，即反差为1.8最为合适（原稿最大密度与最小密度之差称为反差）。彩色反转片原稿密度反差控制在2.4以内，若原稿反差小于2.5，复制时可进行合理压缩，效果也较理想；若原稿反差大于2.5，即使复制时进行阶调压缩，也会造成层次丢失过多并级严重，效果欠佳。

原稿是网印复制的基础，原稿的质量直接关系着制版、印刷产品质量的好坏，所以在接稿和工艺设计时，首先要对客户交来的原稿认定、审定，确定是否符合制作网印底版制版的要求。

（1）适合网印用的原稿　适用原稿常称合格原稿，即符合网印制版分色制作底版工艺的要求，不必再经加工修正就可进行复制的原稿。其标准是：图像实，清晰度好；颗粒细腻，图面干净清洁；反差适中，高、低层次丰富；色调正确，色彩鲜明，感色平衡；复制时，放大倍率不超过3～4倍；反射原稿及图画等原件，要平整，无破损污脏。

（2）不适合网印用的原稿　非适用原稿，即不符合复制要求的原稿。这种原稿，虽然能复制，但要经过大量的加工调整和修正，而且最终复制效果也难以理想。如：图像虚浑不实，有双影、清晰度差；颗粒粗，图面污损，脏点、道子多；反差过大，调子过闷或过于淡薄；偏色、色彩陈旧；放大倍率超过10倍以上。

（3）不能复制的原稿　有些原稿不能复制，应该退回。如图像严重虚浑，轮廓层次不清；颗粒过分粗糙，倍率放得过大；图面严重皱损、污染。图像主体部分有明显的脏污、道子、霉点等；严重偏色，色调完全失真。

2. 正确选用图像输入设备

（1）扫描仪

① 扫描仪的种类。按原稿架形式的不同，可将扫描仪分为平板式扫描仪和滚筒式扫描仪。平板式扫描仪支撑原稿的部分是平面，而滚筒式扫描仪支撑原稿的部分是滚筒状的柱体。

滚筒扫描仪其感测器件是光电倍增管，而平板扫描仪则是由电荷耦合器件来完成扫描工作的，其工作原理不同，决定了两种扫描仪性能上的差异。

a. 最高密度范围不同。滚筒扫描仪可扫描的最高密度可达4.0，而一般中低档平板扫描仪只有3.0左右，因而滚筒扫描仪在暗调的地方可以扫出更多细节，从而提高图像的对比度和层次感。

b. 图像清晰度不同。滚筒扫描仪有四个光电倍增管，三个用于分色，一个用于虚光蒙版，可以使不清楚的物件变得更清晰，从而提高图像的清晰度。

c. 图像细腻程度不同。用光电倍增管扫描的图像输出印刷后，其细节清楚，网点细腻。

② 正确设定扫描参数

a. 设置图像的分辨率。分辨率的设定要看图像的最终用途和最终输出方案（屏幕显示一般设定为72dpi）。用于扫描印刷图像原稿，扫描分辨率应按以下方法设置：

扫描分辨率=放大倍数×加网质量因子×加网线数（lpi），其中，加网质量因子取值1.5～2；若要扫描线条原稿，一般要将分辨率调置在800dpi以上，较小的文字或较细线条分辨率设置在900～1200dpi。

b．调整图像的阶调。通过调整阶调和颜色，可以改变扫描仪再现原图层次和色彩的效果。一般总是首先调整阶调，以确保整个图像具有从亮到暗的合适的阶调范围。中间调有良好细节、感觉合适的亮度、适宜的对比度关系等。

c．增强和校正颜色。包括纠正色偏，调整饱和度。

d．锐化图像。无论是扫描过程还是印刷过程，都会降低图像的清晰度，因此为了恢复那些鲜明的细节，有必要采用锐化技术。一是根据图像内容锐化，如果图像包含较远的风景、较远的人或动物、大量细节，允许用适量的锐化。二是根据输出分辨率锐化，分辨率较高时才允许较高程度的锐化。

（2）数码照相机　数码照相机是一种新型的图像输入设备，通过镜头将光聚焦在CCD或CMOS上，再将光信号变成电信号，再由模数转换装置将电信号转换成数据，由相机内部处理器存储数据，通过信号线等信号传输设备传送至计算机。

数码照相机与平板扫描仪的功能相似，其区别是用数码照相机可以捕获不同距离的图像，而扫描仪只能识别放在原稿架上的原稿。

3．正确选用图像输出设备

（1）激光照排机　发排胶片，是将计算机处理好的数字页面发送到激光照排机，通过一系列处理过程，制成用于晒版的透明底片。

精细网目调底片要用激光照排机输出银盐底片。

激光照排机是DTP系统的输出设备，根据照排机的结构、输出精度、分辨率，照排机有以下几种类型：

① 绞盘式。这类激光照排机，结构简单，价格低廉，但套准精度差，只适合文字或低线数加网图像。如美国ECRM公司生产的小幅面激光照排机，日本SCREEN公司生产的5055等型号的激光照排机。

② 外圆滚筒式。这类照排机有自动上下片机构，胶片包在记录滚筒上，滚筒高速旋转时，激光扫描头横向移动，扫描光束常见的有4路、8路、16路、32路、64路，最多达80路同时扫描，这类激光照排机记录幅面宽、精度高。如日本SCREEN公司生产的6120系列激光照排机。

③ 内滚筒扫描记录仪。这类扫描记录仪的滚筒不动，记录感光片被吸附在滚筒内壁，扫描头在滚筒内高速旋转扫描使感光胶片曝光成像，这类记录仪如Agfa AVATRA36S、ScitexDolev800V、FUJIFILM F9000等，此类输出设备精度高，分辨率高，幅面大，价格昂贵。

（2）激光打印机　一般线条块、表格、名片，可用激光打印机输出胶片。

（三）注意事项

（1）保证底片不能卷曲、要平放，若用胶带粘贴的胶片一旦被卷曲，拼贴部分就会错动造成套合不准。

（2）最好在干燥又恒温的环境下保存，若在30℃以上的高温或相对湿度60%以上的潮湿环境下长期保存，胶片会变形。

（3）在有可能被水沾湿的地方，不要放胶片原版。因为胶片一碰到水，就会相互粘连，以致损坏。

（4）从底片袋里抽出或放入底片时要留意，要充分注意拼贴在底片上的剥膜片不要剥落，也不要将底片折着放进去。

（5）在胶片底片上标注文字等记号时，应使用装有油性油墨的彩笔，因为水溶性油墨晾干后难以擦去。

（6）把底片放入袋之前，用浸蘸了胶片清洗剂的软布（纱布）等，除去附着在底片正反面上的灰尘或污垢，在药膜与药膜面之间夹放衬纸叠好后放入口袋里。

第二节 检验样张质量

一、制版过程中影响质量的因素及解决方案

学习目标 | 了解制版过程中影响质量的主要因素，掌握全面准确分析印版质量问题产生原因的技能。

（一）操作步骤

（1）将印版印刷面朝上放置于看版台面上。

（2）开启看版台内置灯。

（3）借助放大镜目视检查印版。

（4）发现印刷出现的质量问题。

（5）准确地分析产生质量问题的原因。

（二）相关知识

制版过程中影响质量的主要因素。

1. 丝网编织结构

在网版印刷中，油墨通过网孔，必须在网线的交叉点下面横向扩散，到达网版的边缘。因此，丝网的表面不能有任何障碍阻碍油墨的通过。

斜纹的丝网表面与承印材料的接触区域的接触点要比平纹丝网大，这可能会妨碍油墨顺畅地流到网版的边缘。而平纹丝网其网丝交叉处与承印材料的接触面积要小得多，这对于精细的网目调印刷或任何一种精细层次的印刷都比较有利。

2. 网版平整度

（1）网版平整度的测量　网版平整度的测量可用以下方法。

① 可用测厚仪检测。通过分散多点粗略测量网版厚度的平整度。

② 采用专用的粗糙度测试仪来检测。

粗糙度测试仪如图5-2-1所示。这一仪器用来检测膜版的表面。把测试探针简单地放在要测试的表面上，与丝网的网丝成2°~2.5°角。在测定序列中，探针移动几毫米，探测记录头

图5-2-1　粗糙度测试仪

测得的表面断面信号经过放大器，输入计算机，计算出所需的R_z值。R_z值为平均粗糙深度，它是在五次序列的单一测量长度L_1($L_1=0.2L_M$)内的个别粗糙深度的平均值（图5-2-2）。

网印膜版的R_z值（DIN标准将其命名为平均粗糙度）R_z以μm为单位，其数值越大表示网版的平整度越差。因此，R_z值小一些为好，最佳或最理想的数字应显示为0。

$$R_{max}+R_{min}=R_z$$

式中R_{max}为一段的最大读数，R_{min}为一段的最小读数，R_z为一段的平均值。

通过测试表明，R_z值在10μm以下可在平滑的承印物表面得到好的印刷效果，而在3~7μm时可在任何表面得到良好的印刷效果（印刷在吸收力高的材料上，如织物、网版材料的R_z值会略有不同）。

R_z值通常应该比测定的涂层厚度要小（图5-2-3）。比较平滑的膜板表面对印刷清晰的图像和避免锯齿效应至关重要。

直接法：感光乳胶制作网版，涂布胶层薄、R_z值大，晒版后图文边缘虚化；涂布胶层厚、R_z值数字小，膜层表面平滑度高，晒制印版图文边缘光洁、印刷品质量好。

（2）影响R_z值的主要因素

① 相同规格的丝网上，如果感光胶涂布的量不同，R_z值也就不同，如图5-2-4所示。

② 在相同的丝网上，用不同的感光胶涂覆方式也会得到不同的R_z值。

a. 涂布方式的影响。图5-2-5表示的是感光浆在120T/cm丝网上的R_z值。印刷面涂两次，刮刀面涂两次进行测试。每次涂覆时，在印刷面增加5μm厚度的感光浆后，R_z值不按比例变化。2-3涂覆法得出的R_z值为3μm，比2-2涂覆法要好；但2-5和2-6涂覆法得到的结果仅

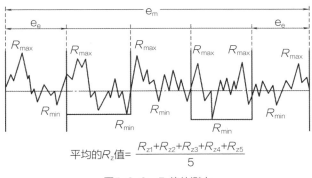

$$平均的R_z值=\frac{R_{z1}+R_{z2}+R_{z3}+R_{z4}+R_{z5}}{5}$$

图5-2-2　R_z值的测定

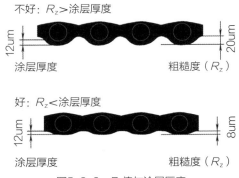

不好：R_z>涂层厚度

涂层厚度　　　粗糙度（R_z）

好：R_z<涂层厚度

涂层厚度　　　粗糙度（R_z）

图5-2-3　R_z值与涂层厚度

（a）涂层适当　　　　　　　　（b）涂层太薄

图5-2-4　感光胶涂布量不同，R_z值不同

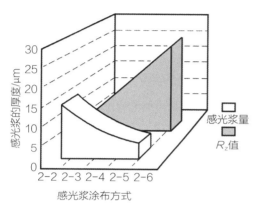

图5-2-5　R_z值与感光浆厚度的关系

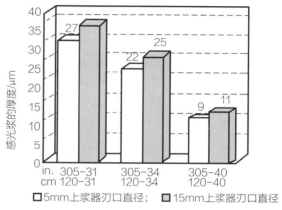

图5-2-6　上浆器刃口直径不同对上浆量的影响

相差1μm。这表明，感光浆厚度呈线性上升趋势，但R_z值却不按比例变化。图5-2-6表示的是上浆器刃口直径不同对上浆量的影响。

b. 上浆器结构的影响。除上浆器的结构，上浆器的上浆量也会对网版产生影响。图5-2-6表示的是5mm和15mm的上浆量在3种不同丝网上的结果。结果显示，用开孔面积大的丝网，必须仔细操作上浆器，否则会造成表面不平。

c. 即使在涂布厚度相同的情况下，而所用感光胶固含量不同，R_z值也会不同。

直接涂布用感光胶固含量最大为50%，涂胶干后厚度减薄50%左右。干燥后的感光胶在丝网开孔面收缩，产生凹形表面（图5-2-7），这种凹形表面会阻止承印物和网版的良好接触，在网版和承印物间会存在缝隙，印刷时，油墨从该缝隙中引流出，而使图文边缘产生锯齿或牙边，破坏图文边缘的平直性和锐利度。

因为固含量决定了其收缩的不同，如高级重氮敏化感光胶中固含量为27%～28%，R_z接近9μm，固含量35%～36%的重氮感光胶在相同的丝网上涂覆相同的厚度，R_z为7μm。

③ 丝网参数的影响。

a. 丝网目数的影响。图5-2-8表示的是感光浆的涂布方式不同，对应不同的感光浆涂布的厚度与丝网目数。图5-2-9表示的是感光浆厚度随丝网目数增

图5-2-7　感光浆收缩示意图

加而减少的关系。2-2涂覆在SEFAR品牌、40～100的丝网上感光浆厚度为8μm，在34～120的丝网上，感光浆厚度为5μm，而在34～140的丝网上只有4μm。这说明，即使在粗糙丝网上，也可获得很好的丝网平整度，只是在粗丝网上需要增加涂覆次数（表5-2-1）。

表5-2-1　不同涂布方式的R_z值

涂布方式	R_z/μm		
	40—100	34—120	34—140
2-2	8	5	4
2-3	15	10	7
2-4	22	15	10

b. 丝网线径粗细的影响。用同一网目的丝网，但丝径不相同（即开口面积不同），见图5-2-9。在31—120（S型）的丝网上，感光浆流动性比40—120丝网的流动性好，在34—120丝网上，开口面积比前一丝网小6%，但获得的感光浆含量为之前的1/2；40—120丝网可获得感光浆含量则更少，因此在此丝网上要在刮刀面多涂覆几次感光浆才可获得好的R_z值。结果表明，细丝网（S型）更易达到好的R_z值。

④ 干燥方式的影响。感光浆涂覆后的干燥方式，即印刷面朝下还是朝上，以及干燥程度，对网版感光浆层表面平整度的好坏，也会产生很大的影响，应引起重视。

为取得最佳曝光效果，网版应在曝光前彻底干燥。由于涂好的乳胶长时间不能彻底干燥，影响了乳胶对紫外线的敏感性，导致曝光不足，或是乳胶在后续操作中从网上脱落。要测量残余湿度并不总是很容易的，这还取决于干燥室内的干燥时间和温度。

接触式湿度计是理想之选，可用来确认网版是否适于曝光。只要将它放在干燥网版的印刷面上，仪表上的指针就会显示乳胶的湿度。

表5-2-2是作为网版涂布和网版厚度以及R_z值的指导值。对于UV固化油墨多色印刷用的网版，不管用手工涂布，还是使用自动上胶机涂布，都应该记住，丝网的特性，如开孔面积，厚度和编织结构都将影响网版的厚度。因此，必须根据每一个网版的技术要求来选择涂布方法。有时为了得到最佳的网版参数，必须采用湿压干（中间要干燥）的涂布方法。

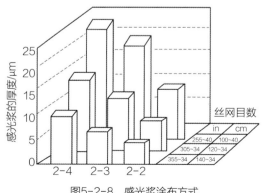

图5-2-8　感光浆涂布方式

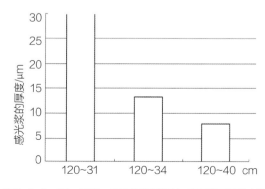

图5-2-9　同一目数、不同线径丝网与感光浆厚度的关系

表5-2-2 网版的厚度与R_z值

丝网目数 / (cm/in)	涂布（湿压湿）	乳剂层厚度 /μm	R_z/μm
120（305）34PW	1+3	13*	7.5
120（305）34PW	1+2	7	10.5*
120（305）40PW	1+3	5	15*
140（355）31PW	1+3	12*	6.5
140（355）31PW	1+2	7	11*
140（355）34PW	1+4	8	10.5*
140（355）34PW	1+3	6	13.5*
140（355）34PW	1+4	9*	10.5*
150（380）31PW	1+3	9*	7.0
150（380）34PW	1+5	8	9.0*
165（420）31PW	1+3	6	8.5*
180（460）27PW	1+3	8	7.5*

注：* 印刷面上高出丝网的乳剂层厚度。必要的特殊涂布方法。

使用间接的和直接的膜片系统（毛细感光膜片），在良好的控制下，一般都能保持网点形状，因为，聚酯片基使网版表面保持平滑、均匀的状态。但由于网版的膜片要通过透明的片基进行曝光，因此，在暗调区域和高光区域将相应地出现网点扩大或缩小。使用一个多点光源只能使这一问题更大。因此，使用一个质量好的光源，并采用合适的曝光时间，使网点变化得到控制。

3. 绷网角度

分色机制分色片采用的标准角度：青15°；品红45°；黑75°；黄90°。

有人把这些角度成功地用于丝网版印刷中，但有两个角度可能会导致印刷品上出现龟纹，这就是90°和45°，它们可能与丝网的网丝方向和网孔相重叠。如果印刷厂从用户那里接到的分色片有这两个角度，解决的办法是，以一定的角度绷网。出问题的一般是45°，尤其是深色，如品红或青。黄色分色片在印刷品上看上去较弱，不大可能产生龟纹，通常放在90°上。

确定网孔最好角度的最安全方法是，把分色片成直角放在用所要求的丝网绷制的网版上，在一个点光源上方旋转胶片，直至转到看不出龟纹的位置上，此时的角度为最佳角度。可能还有一些合适的角度还尚未发现。当然，最好选择使丝网浪费最少的角度，如表5-2-3所示为一些建议的四色网目调角度。

表5-2-3 建议的四色网目调印刷的角度

青	172.5°	67.5°	22.5°
黄	7.5°	82.5°	7.5°
品红	52.5°	7.5°	52.5°
黑	112.5°	7.5°	82.5°

4．网点类型

在网版印刷中，网点的形状影响到印刷阶调的外观，这至少有两个原因：第一，网版印刷中，油墨附着的墨层比其他印刷工艺都厚，存在油墨分散和网点扩大的倾向；第二，在网版曝光期间，光要透过一个比较厚的感光乳剂层，因此，光有可能产生一定程度的散射侧壁腐蚀，进而会改变网点的特性。传统上原稿的复制加网所采用的方形网点对这两种情况尤其敏感，在印刷较平的色调值时往往产生一些困难，导致在灰色梯级的中间调区域的周围产生明显的色调"跳跃"（图5-2-10），其表现是从亮调突然过渡到暗调，使眼睛看上去很不舒服。特别是印刷皮肤色调或色调

（a）方形网点（b）圆形网点（c）椭圆形网点

图5-2-10　网点类型

较平的图像时，网版印刷者要解决这个问题，加网的胶片必须采用如图5-2-10（c）所示的椭圆形网点，所有的分色程序中都有这种网点，由于网点链分离的方式，这种网点具有产生平稳的中间调的优点。椭圆形网点在某种程度上还有助于减少印刷品龟纹的出现。

在椭圆形网点已被网版印刷普遍采用的同时，也有其他形状的网点可成功地应用于网印工业。它们是圆形网点以及调频网点。圆形网点可看作是方形网点与椭圆形网点的折中，但在中间调区域，色调可能产生某种程度的跳跃。调频网点（随机网点）比较少见，但用于大幅面网目调印刷效果较好，可避免出现龟纹。调频网点（随机网点）已在丝网印刷行业试验了一些时间，它的最大优点是消除龟纹。在整个阶调中，网点的大小始终保持一致，但它们的定位都是随机的，这样，它们绝不会与丝网的网丝发生冲突（图5-2-11），其他印版故障原因见表5-2-4所列。

（三）注意事项

（1）在调幅加网工艺中，晒版主要掌握正确的曝光量和显影效果。因为版面上有高光、

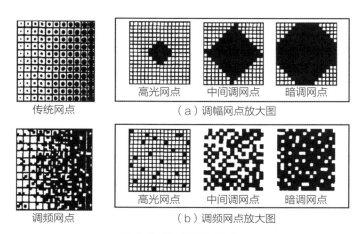

图5-2-11　网目调网形

亮调、中间调、暗调层次达到小点子不丢大点子不变形，中间调层次丰富。显影要采用盆（槽）显影，及用低压水轮冲洗注意亮中暗调的丰富再现。

（2）目前，网版制版不能选用调频加网工艺，因为网印机调频范围小，小点子和次暗调层次印刷丢失。

表5-2-4　常见故障分析与解决方案

现象	故障原因	解决措施
绷网过程中丝网被撕裂	丝网褶皱会引起撕裂	避免丝网褶皱
	绷网时，丝网受力不均匀引起撕裂	丝网装入夹子前应沿着线的方向撕切，并且沿着丝绢的方向夹丝网，提高张力的均匀度，网框四角留置适当空隙
	网框抬升不平衡	调整抬升装置，尽量一致
	网框有毛刺或边缘锐利，绷网过程中碰到尖锐物，则易撕裂丝网	注意打磨，网框帖网的四角均应打磨成弧形，做好印前处理
	绷网时张力过大，拉伸过快过猛，使绷网时达到张力值过快	参考丝网的张力值进行绷网，首先要缓慢拉伸，直到理想张力，粘网前丝网必须静止10～20min，使张力经过必要的调整达到均匀
	网框不坚固或丝网质量不合格	选择断面形状和尺寸均匀合适的网框和高质量的丝网
	绷网机夹头的夹力不一致，夹子重叠在一起，夹子不连在一起并且和对面的夹子不对称	调节至合适夹力，注意调整夹具至适当位置，使其尽量连在一起，且与对面夹具对称，防止受力不匀
张力减少	张力过高或张力值增加过快	参考丝网张力值进行绷网，粘网前丝网必须静止10～20min，使张力经过必要的调整
	相对湿度高，温度变化大，丝网从网框上开脱	检查网框两面是否清洁，控制湿度和温度，网框放置环境不要超过60℃，以免粘网胶软化
	网框不坚固，丝网质量不合格	选择断面形状和尺寸均匀合适的网框，根据要求选择合适的丝网
版膜附着不牢	丝网脱脂处理不好，所用丝网目数过低，网面不平滑	新丝网在制膜前要进行脱脂处理，选用较细的丝网
	膜版曝光不足或曝光过度，印刷前膜版干燥不彻底	实验正确的曝光时间，如果允许，可适当延长曝光时间，应在低温、低湿环境下充分干燥
	感光胶失效，或者胶体与感光胶混合不均匀	检查感光胶是否过期，胶体与感光胶要充分混合
	冲洗显影不当，涂布不均匀，涂布干燥时间不够	调整显影参数，尽量涂布均匀，调整至合适的温度和时间
	印刷时擦版溶剂不当，网距过大	选用合适的溶剂，适当调整网距
网版上有针孔	丝网或胶片不干净，晒版玻璃上有污物，涂布时环境太脏使杂物附着在网版上，丝网纤维上有水，干燥不良	制版前确保丝网清洁，清除胶片和玻璃上的污物，检查玻璃有无划痕，注意环境的灰尘度，丝网充分干燥后再进行涂布
	涂布时感光剂中有气泡，涂布过快且从一个方向涂布，角膜厚度不够	均匀搅拌乳剂，使气泡溢出，过滤去除杂物后涂布，涂布速度适宜，每个工程完后将丝网版转180°后再涂布达到适当厚度
	感光胶失效	更换新感光胶
	膜版曝光不足，显影工艺不当	试验正确的曝光时间，调整至合理的显影参数
	印刷过程中印版清洗过于频繁，擦版溶剂不对	必须清洗时，最好从刮墨面清洗，选用合适的溶剂

续表

现象	故障原因	解决措施
网版分辨率差，图像清晰度差	胶片图像边缘质量和密度均差	要用图像边缘质量好的胶片，并且密度要高
	膜版曝光过度，使用了未染色的丝网或使用了漫射光源，光源选用或灯距调整不当，造成侧壁腐蚀	使用与感光胶光谱波长匹配的点光源并正确调整灯具，试验正确的曝光时间，要使用带色的丝网，防止漫反射
	曝光乳剂中留有水分	延长干燥时间直至完全干燥，使用毛细膜片时，剥离片基后还需继续干燥
	显影时冲洗不当	检查显影冲洗程序，调整水压和水温
	曝光前涂好的膜版存放时间过长使膜版材料过期，或存放处与热源较近	检查有无存放期说明，所存感光产品都要存放在干燥、阴凉的地方，要避光保存，防止网版在曝光前微曝光
	感光胶本身质量差，解像力不高，配比不当或搅拌不均匀，丝网目数太低，涂布质量差	选用高质量稳定的感光胶（胶片），正确配比，搅拌均匀；提高丝网目数和涂布均匀度
	曝光机晒版时胶片与膜版表面密附性不好，原稿胶片的光密度不够	选用光线平行度好的曝光装置，检查真空晒版机的真空度，确保最佳显影参数；检查胶片的不透明度
	绷网时经纬线不垂直，网孔弯曲变形，绷网角度不佳	绷网时必须保证网纱经纬线垂直，应以45°或22.5°绷网，其中22.5°最优
	丝网前处理不当，丝网与感光胶结合力差，不能形成半孔	按要求进行印前处理
	用毛细胶片制版时选用了不恰当的丝网，制版时压膜压力太大或刮涂感光胶时刮涂次数太多	按不同厚度的毛细胶片选择不同目数及厚度的丝网，注意掌握压膜压力，刮涂次数不能太多
细线和小网点丢失	光源照射不均匀，曝光时间不正确	选用合适的曝光装置，确定最佳曝光时间
	胶片密度不足，曝光时胶片与网版贴合不紧密	使用密度高的胶片制作图文底版，检查曝光机的真空度
	显影工艺不当	调整显影参数
	前处理脱脂不好	做好前处理
	感光剂用量不足	按比例配制感光胶
	混合制版时，油墨面刮涂的感光胶太少	适当增加油墨面感光胶厚度
显影困难	感光胶配制与使用时间间隔太长，使之过期，干燥时或存放时温度过高，造成热胶联，干燥存放时见光	注意感光胶使用期限，及时制版，正确存放。避光保存
	感光胶涂布不均匀	尽量涂布均匀
	曝光机光源的种类、波长、光强、距离不当	正确选择曝光装置及光源
	曝光过量或不足，受光扩散、光源辐射引起热胶联，不应溶解的部分在显影时产生缓慢分解	按正确的曝光时间曝光，避免热辐射，采用染色丝网
	胶片本身反差小	选择质量较好的胶片
图像区域网孔堵塞	曝光不足，涂布不均匀，膜版冲洗不够，未能冲掉膜版上的余胶，间接膜版吸除水分不匀	间接膜版曝光水分不足会在刮墨面留下一些软的感光膜，他们会移动并可能堵塞图像区域的开孔，间接胶片在转移前应用15～20℃的冷水浸泡，并用吸湿性较强的吸水纸吸除多余水分，直至吸水纸吸不到水为止
	涂好感光胶的网版靠近热源处或存放温度过高，存放时间过长失效，干燥温度过高引起热胶联	网版应该存放在干燥阴凉处，温度18～20℃，湿度45%～55%；感光胶要按照使用说明使用，控制干燥温度
	膜版用图像密度不够的胶片曝光	使涂过感光胶的膜版远离任何白光源
	曝光灯光源选用不当，曝光时间不对，显影工艺不当	合理选用曝光显影装置，严格控制选用参数，试验最后曝光时间

续表

现象	故障原因	解决措施
间接胶片或毛细胶片贴网差	丝网目数太低，丝径太粗，精细图文贴不上	正确选择丝网
	丝网处理不当	按要求做好丝网前处理
	曝光过度，冲洗时间过长，冲洗温度过高	正确曝光，冲洗时间适当，控制水温
	间接胶片制版时，硬化液浓度太浓或冷却用水温度太低	控制双氧水浓度 1.2%，冷却水温度 19 ~ 20℃为宜
胶片或毛细胶片制出的图案不锐利	粘网时压力太大，地面不平整光滑	应施加合适压力；应放在一块平整的玻璃下面
	贴网后未立即去多余水分	应立即刮去多余水分，并用吸水纸吸干
	间接胶片干燥时，温度过高，使边线收缩	控制好温度，以小于 30℃为宜
	硬化液液位低，并且含量低；硬化液温度过高	硬化时液面高于膜片 1cm 以上，双氧水浓度为 1.2% 的，温度应控制在 19 ~ 20℃
网版龟纹，使用时间短	丝网前处理不当	用张力好的清洗剂清洗网版
	木制网框产生变形，干燥温度过高，使丝网产生变形，网版张力松弛，感光膜产生不平的收缩	更换为强度好的金属网框，按感光胶使用说明控制干燥温度，增加绷网张力
	感光胶角膜厚度不够，且不均匀，曝光不足	均匀涂布，增加角膜厚度，正确曝光
	机械摩擦，溶剂选择不当	洗版时用较软的物品擦洗，选用合适的溶剂
	印刷时油墨质量差，细度不够或有异物，在网版上干燥快，洗版太多，刮版压力太大，承印物表面太粗糙，作业环境相对湿度过高或过低	选用质量高的油墨，有条件可选用 UV 油墨，减小刮版压力，修磨刮刀刀口，根据承印物选用合适感光胶，环境湿度保持在 55% ~ 65%
尺寸稳定性差	网框材质、结构差，丝网张力不当	选用足够强度的金属网框，调整张力至合适
	在感光胶干燥时温度过高	应在室温或低于 30℃的温度下干燥
	工作场地温、湿度不当	湿度控制在 55% ~ 65%，温度在 20 ~ 25℃为宜
网版变脆	工作场地相对湿度过低	加大湿度
	曝光过度	正确测定掌握曝光参数

（3）有条件的可选用调幅、调频混合加网技术。这种方法基于非常亮和非常暗的部分选用调频加网、其余中间调选用调幅加网，结合二者的优点，提高网版的印刷质量。

（4）使用调频网点时，人的视力难以检控图案制版印刷的阶调变化。

二、网印版质量标准和检验规则

学习目标	了解制版过程中影响质量的因素及解决办法，掌握全方位解决印版质量问题的技能。

（一）操作步骤

（1）将印版印刷面朝上置于看版台面上。

（2）开启看版台内置灯。

（3）借助放大镜仔细检查印版。

（4）发现印版出现的质量问题。

（5）准确地分析产生质量问题的原因。

（6）全方位地提出解决办法（表5-2-4）。

（二）相关知识

1. 制版常见故障及解决办法

制版中的常见故障与解决措施如表5-2-4所列。

2. 彩色网印的技术要点

工艺线。将色调值的变化画成一条曲线，其结果产生一条所谓的工艺线（图5-2-12）。

每一个工艺线都必须具体说明以下操作参数。

（1）网屏　1／cm类型。

（2）丝网　类型，目数／cm，张力N/cm。

（3）膜版的类型　乳剂，毛细膜片，间接膜片。

（4）膜版厚度　用μm表示的具体的数字。

（5）表面粗糙度　用μm表示的R_z值。

（6）油墨　类型，制造商，组分，黏度。

（7）印刷机　类型，制造商。

（8）刮墨刀　硬度，厚度，角度，间距，压力。

（9）印刷材料　准确说明，如纸的类型等。

上面列举的任何一个单项的变化都会明显地影响到彩色梯尺。

（三）注意事项

在晒版作业中，要注意总结制版的成功与失败的经验，掌握制版工艺中容易出现故障的地方。结合表5-2-4各项，认真对照，检查故障产生的原因，找出如何解决的办法。反复学习提高锻炼自己的独立作业能力，提高制版的技术水平。

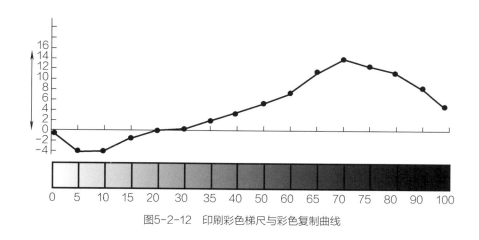

图5-2-12　印刷彩色梯尺与彩色复制曲线

第三章

培训指导

第一节　指导操作

学习
目标

了解对技师及以下各等级的操作要求，制订培训目标和方案，掌握指导技师及以下人员实际操作的技能。

（一）操作步骤

（1）学习国家职业标准《印前处理和制作员》中的网版制版员部分，了解对初、中、高级、技师网印制版员的各项操作要求，制订相应的教学计划。

（2）了解培训对象的情况，如基础、等级、工作经历、已受过的培训等，以便能够有针对性地培训。

（3）根据教学大纲的要求进行备课、编写教案，准备好各种操作所需设备和材料，制订教学的具体安排。如果学员人数较多，要对学员进行分组，使每个学员都能够有足够的时间进行操作。

（4）进行实际操作示范和指导，解答学员的问题，对共性的问题要进行统一讲解。

（二）相关知识

培训讲义的编制方法。

教材一般分为引言或绪论、章、节和小节或单元。每一章的内容是整个知识结构中相对独立的部分，或者是整个知识结构中的一个分支；节是这部分内容中的一个方面或组成部分，而小节就是要讨论的一个问题。一本教材的章节划分很重要，体现了对知识体系讲解的逻辑性，逻辑性好的安排可以使学员更容易理解和接受，使学员掌握整体的培训内容。

编写教材或讲义的人员必须对所讲授内容非常熟悉，有深刻的理解，能够从一定的高度来编写。对于编写操作培训教材的人员，除了有一定的相关理论基础外，还必须对实际操作非常熟悉，对各种设备非常了解，能够应用自如。

一般来说，一本教材要经过多次使用、多次修改后才能成熟，因此通常教材先要经过教案的使用，再汇集为讲义，最后经过修改逐步形成教材，这个过程也是一个螺旋上升的过程。

（三）注意事项

在实际操作之前，一定要向学员讲清操作的要领、正确和规范的动作，尤其要说明可能发生的问题和危险，要说明安全操作的要求，避免造成人员的伤害和设备的损坏。

实际操作要以目标为导向，即每次的操作要规定具体的内容、要求和要达到的结果，切忌进行盲目的操作。盲目操作一方面效果不好，另一方面学员对操作的理解也不够深入，甚至这样的操作究竟要达到什么目的都不清楚。

第二节　理论培训

一、技术理论培训

> **学习目标**　了解技师及以下人员理论技术培训的要求和内容。掌握讲授的方法。

（一）操作步骤

（1）学习国家职业标准《印前处理和制作员》中的网版制版员部分，了解对初、中、高级、技师网印制版员的相关知识要求，制订相应的理论教学计划。

（2）了解培训对象的情况，如基础、等级、工作经历、已受过的培训等，以便能够有针对性地培训。

（3）根据教学大纲的要求进行备课、编写教案或课件，制定教学的具体安排，如每次教学的内容，讲解的顺序、例题、提问等，力求讲课生动。

（4）进行讲授，解答学员的问题。

（5）设计考核方法，检验学员掌握的程度，对共性的问题要进行统一讲解。

（二）相关知识

教材是实现课程目标、实施教学的重要资源，也是学生学习的辅导材料。因此，对教材的基本要求就是教材内容的科学性、逻辑性和系统性，学生要能根据教材的讲解，系统、全面地理解本课程的知识，这是衡量教材适用性的根本。

在教材的结构上，通常有两种组织方法。一种是直线式，即把整个课程的内容组织成为一条在逻辑上前后联系的"直线"，前后内容基本上不重复，循序渐进，各部分内容在逻辑上和知识体系上进行关联。另一种结构是螺旋式，即教材内容在不同教学阶段逐步扩大范围，加深程度。前一个结构适合同一个技术等级的教材编写，而各个不同等级的教材从低到高依次螺旋上升，逐步加深，使学员的认识逐步提高。例如，印刷的课程通常先要学习印刷概论，使学生对印刷技术和印刷行业有一个粗略的整体认识，然后再学习印刷色彩学、图像复制、印刷材料等专业基础课，对印刷技术的基本理论进行深入的学习，最后，在此基础上

再进一步学习印刷工艺等专业课，使整个的课程体系构成一个螺旋上升的知识结构，不断加深对印刷技术的认识。然而，印刷色彩学、图像复制、印刷材料等专业基础课之间的知识结构在逻辑上相互关联，各支撑印刷技术的一个方面，相互之间构成一条直线的结构。

教材一般分为引言或绪论、章、节和小节或单元。每一章的内容是整个知识结构中相对独立的部分，或者是整个知识结构中的一个分支；节是这部分内容中的一个方面或组成部分，而小节就是要讨论的一个问题。一本教材的章节划分很重要，体现了对知识体系讲解的逻辑性，逻辑性好的安排可以使学员更容易理解和接受。

编写教材或讲义的人员必须对所讲授的内容非常熟悉，有深刻的理解，能够从一定的高度来编写。对于编写操作培训教材的人员，除了有一定的相关理论基础外，还必须对实际操作非常熟悉，对各种设备非常了解，能够应用自如。

一般来说，一本教材要经过多次使用、多次修改后才能成熟，因此通常教材先要经过教案的使用，再汇集为讲义，最后经过修改逐步形成教材，这个过程也是一个螺旋上升的过程。

（三）注意事项

在教材中可以引用其他书籍和参考文献的内容，但所引用的内容一定要在参考文献中注明。

二、印刷制版理论知识

> **学习目标** 了解与网印相关的基本知识，理解各方面知识在网印技术中的作用和地位，能够针对各等级人员需求讲解和传授知识。

（一）操作步骤

（1）学习国家职业标准《印前处理和制作员》中的网版制版员部分，了解对初、中、高级、技师网印制版员的各项操作要求，以及与操作相关的理论。

（2）针对各级人员的要求进行备课，包括教案的准备、教具的准备、实验和操作的准备等，认真规划每次授课的内容和讲课的安排。

（3）进行讲授，提出问题，解答学员的问题，检查学员的理解和掌握程度。

（4）课后总结。

（二）相关知识

技师的技能和理论知识汇总。

1. 教学过程的基本阶段

教学活动是以过程的形式出现的，通常把教学过程分为准备教学阶段、教学的进行阶段。

（1）教学的准备。包括钻研教学大纲、教材、了解学员情况、编写教案等工作。

（2）教学的进行阶段。教学进行过程中一般可以按照引起动机、感知知识、理解知识、巩固知识和运用知识等几个基本阶段开展，调动学员的学习热情，吸引学员的注意力，引导学员跟随讲课的内容开展积极的思维活动，从形成概念、判断、推理到认识规律、掌握理论

和操作的目标。

（3）教学评价。是以教学目标为依据，收集教学系统各方面的信息，按照一定的客观标准对实际教学效果进行判断，提出改进意见。

2．技师的技能和理论知识汇总

技师的技能和理论知识汇总见表5-3-1。

表5-3-1　技师的技能和理论知识汇总

职业功能	工作内容	技能要求	相关知识
胶片制作	一、准备制作胶片	能设定特殊胶片的制作参数	各色版的加网角度、线数和网点形状的选择方法
	二、制作胶片	1．能制作多色加网图像的电子文件 2．能使用激光照排机和喷绘机输出胶片	1．计算机彩色图像处理系统应用及相关软件的功能 2．喷绘机和激光照排机的原理 3．电子加网分辨率与输出分辨率的关系
膜版制作	一、选择丝网	能选择高精度印刷用的丝网	高目数丝网的性能
	二、绷网	1．能用高强度、低拉伸率的丝网刮做网版 2．能绷制高精度印刷用网版	各绷网机的特点及性能比较
	三、涂感光胶	能确定厚膜版的胶膜厚度和涂胶次数	厚膜版的特点及应用
印版制作	一、准备晒版	1．能根据膜版质量判断和修正晒版工艺参数 2．能设定直接投影晒版的工艺参数	直接投影晒版设备及工艺方法
	二、晒版	1．能晒制厚膜印版 2．能晒制圆网印版	1．制版光化学的相关知识 2．感光膜片的结构和光化原理
制版质量的检验与控制	一、检验胶片质量	能判断分色片的灰平衡和色平衡	颜色的三要素及相互关系
	二、检验印刷质量	能直观检测龟纹效应，提出改进措施	龟纹产生的原因及预防方法
培训指导	一、培训指导	能指导初、中、高级人员进行操作	培训教学的基本方法
	二、理论培训	能讲授本专业技术理论知识	
管理	一、质量管理	1．在工作中认真贯彻质量标准 2．应用全面质量管理知识，实现操作过程中的质量分析与控制	1．质量标准 2．质量分析与控制方法
	二、生产管理	1．能组织有关人员协同作业 2．能协助部门领导进行生产计划、调度及人员的管理	生产管理基本知识

印刷技术发展很快，仅近50年就经历了照相制版工艺、电子分色加网工艺、桌面制版系统（DTP）、计算机直接制版技术（CTP）。这四种制版工艺技术虽然有继承性，但是所用设备、材料、工艺路线、实施方法、制作要求都有很大不同，有的原理上也不同。制版要用到各种精密机械与仪器，理论上涉及光学、电学、化学、美学、计算机、数据计算、信息转换、远程传输、印刷色彩学、相关的环境科学、标准与标准化等知识及其综合应用。不但自身要学习这些相关知识，而且能对低于本级资格的人进行基础知识培训。

（三）注意事项

高等级的知识覆盖低等级知识，即要求高等级人员必须掌握以下等级的知识，但从低到高不是简单的重复，而要不断提升，逐步加深对知识的认识程度。因此对低等级人员要求掌

握的，自然也是高等级人员要会的，但不一定要重复讲解。

三、制定教学培训计划

学习
目标　根据国家职业标准对各等级工的不同培训要求，掌握制订培训教学计划的技能。

（一）操作步骤
（1）编定培养目标。
（2）编写课程设置。
（3）编写教学大纲。
（4）编写教学日历。

（二）相关知识

1. 制订教学（培养）计划

教学计划即培训方案，其中包括理论教学与操作教学。培训教学计划的制订，应根据国家职业标准对初级、中级、高级以及技师和高级技师的不同要求，制订不同的培训目标。教学计划的制订主要包括培养目标和课程设置、要求、教学大纲和教学日历等几方面。

（1）培养目标。按各等级的要求，较全面地掌握网印制版的基本理论和工艺知识；能够熟练地进行所要求的操作；能够解决生产中相应的技术问题；了解当前的新技术、新工艺、新材料、新设备应用情况。技师和高级技师要有一定的技术特长，能够有一定的创新能力和解决特殊技术问题的能力，具有一定的管理能力，有撰写论文和技术报告、事故处理报告、技术改造计划以及专业技术总结等能力。

（2）课程设置。课程设置是在确定了培养目标后，合理安排各门课程的计划，如理论课程和操作课程等，其中理论课程又可分为印刷色彩学、印前图文处理、印刷材料、质量检测等，操作课程可分为计算机应用软件的操作、网版制作等。课程设置要根据国家职业技能等级的具体要求而设置，初、中级工可以不用分开，高级及以上等级的课程较多，可以分别开设，所设置课程的具体要求可做适当分层。

2. 制定教学大纲

教学大纲是根据教学计划所制定的对学科教学的指导文件，大纲是根据教育目标，考虑到学科结构、学生情况而制定的。大纲既是指导教学和编写教材的依据，也是评价教学和考试命题的依据。教师必须认真学习和钻研教学大纲，按照教学大纲的规定和精神进行教学，才能做好教学工作。

（1）教学大纲基本内容　课程性质和目的要求；课时分配表；课程内容和范围（分章、节、单元）；教材选编原则和学习方法；必读书、推荐书和参考书目。

教学大纲应发至教师和学员，做到人手一册，使教学质量受控于整个实施过程。

（2）课程性质和目的要求　应明确该课程在整体理论中的位置、设置目的和作用。对某

一门课程的基本知识和操作技能提出学习目标以及重点、难点。

（3）课时分配表：应根据课程章节的内容比重和重要性，列出课程课时分配表。其课时分配应明确各章节在教学实施中所必要的理论课时、操作培训课时以及考试复习课时。对于重点考核章节应设机动课时，操作课时要足以让所有学员都能够动手操作。

（4）课程内容和范围：应明确各章节的学习目标与教学要求，列出课程内容，提出理论考核和实训考核的细则要求。

（5）必读书、推荐书和参考文献：应强调多样化、差异性，应包含所有培训的内容并适当扩充。对于操作培训还应该有相应的操作指导书或讲义。

3. 教学日历

教学日历是针对具体课程所做的教学安排，要根据教学内容和时间合理安排每次上课的内容，包括课内的实验和操作。根据教学日历可以提前安排各次的课程内容，安排操作的设备和场地，做到按计划执行。

4. 教案

教案是每次上课所要进行的内容安排，包括各次课程的内容、顺序、讲解方式（讲授或操作）、所用的方法（教具、图表和演示等）、板书、课程内容的引入与总结、提出的问题等。教案应该尽量包含教学过程的详细信息，课后要有小结，记录出现的问题。

5. 因材施教，注意培养劳动者的敬业精神

（1）在每届培训班开课前，应根据学员的实际文化水平编班分组，做到分配合理。在教学过程中，采取不同的讲授方法，执行不同的教学进度。对于文化程度较低的学员，应采取多加鼓励的方法，进行单独的辅导，帮助他们克服畏难情绪，顺利完成培训任务；而对文化程度较高的学员，应培养他们求实创新、不断进取的精神，鼓励学员尽可能发挥自身潜力，全面发展，一专多能。

在教学过程中教师切勿一言堂，应积极主动与学员交流沟通，多听取学员对教学的反馈意见。无论学员提出的问题是对或错，都应该尊重学生，鼓励他们的求知欲和创造行为。

在进行实际操作环节时，不要设置标准答案，而应鼓励学员提出各种灵活、切实可行的解决方案，培养学员自己动手解决问题的能力。

（2）在进行专业理论教学的同时，应注重各级人员的道德品格培养和敬业精神的培养。技术工人是企业生产一线的主力，技术工人的素质和敬业精神直接关系到产品的质量和企业的效益。要提倡他们提高自身技术水平、刻苦钻研技术的精神。技师、高级技师是企业的骨干力量，其素质与企业的盛衰是密不可分的，因此，应当把培养劳动者的敬业精神作为培养目标之一来抓。

（三）注意事项

（1）教学大纲、教学日历、教案等教学文件是保证教学质量的基本条件，也是评价教学效果的依据，因此要注意完善和保存。

（2）实际操作要以目标为导向，即每次的操作要规定具体的内容、要求和要达到的效果，切忌盲目操作。盲目操作一方面效果不好，另一方面学员对操作的理解也不够深入，甚至会不清楚这样操作的目的。

第四章

管理

第一节 生产管理

一、生产过程中的相关规章

学习
目标 | 学习生产过程的相关规定和法规，全面执行生产过程相关规定，按相关制度和法规要求提高运作技能与责任心。

（一）操作步骤

（1）结合企业实际制定生产过程的相关规章。

（2）检查各生产过程相关规章的执行情况。

（3）调整与督促全面执行生产过程的相关规章。

（二）相关知识

1. 生产过程相关规章的主要内容

（1）认真做好印制前的生产条件与环境准备工作。

① 清理印制场地。

保证印制或印刷机四周有一定操作活动空间，避免其他物体妨碍工作。保证场地清洁、避免灰尘等影响印刷质量。

② 调整印制车间温度，应控制在23℃±5℃、相对湿度控制在50%~75%，以适应印制要求。

③ 车间空气流通。

网版印刷车间的排污排废工作是很重要的，特别是有些溶剂的挥发对人体危害较大。所以应保持印刷车间的良好通风，及时排出废气、废水，避免环境污染，符合国家有关规定，污染物超标的必须进行治理。

（2）充分了解承印物的性质　由于网版印刷应用范围非常广泛，承印材料种类繁多，而承印物的形状也有所不同，在印制前要根据不同的要求制作适合的印版，选择适当的油墨、溶剂以及刮板（硬度、刃口、精度）等。

（3）印前油墨附着力检测　按承印物类型、依据油墨生产厂商提供的说明建议，选择相适合的油墨进行油墨附着力检测。

　　2. 提高对管理意义的认识、明确管理任务

（1）我们国家已经把节约能源作为基本国策，保护生态环境，建设资源节约型、环境友好型社会，支持绿色清洁生产，推进传统制造业绿色改造，推动建立绿色低碳循环发展产业体系，鼓励企业工艺技术装备更新改造。发展绿色金融，设立绿色发展基金。国家"十四五"规划提出了：生产生活方式绿色转型成效显著，能源资源配置更加合理、利用效率大幅提高，主要污染物排放总量持续减少的目标，这给工业企业指明了发展方向和经营管理的任务。印刷属于工业范畴，上述所有要求都适用于印刷企业。因此要深入学习、用心领会这些要求的内涵，认真地贯彻到实际工作中去，高级技师应发挥自身的才能，做好本职工作。

（2）国家"十四五"规划提出　提升企业技术创新能力。强化企业创新主体地位，促进各类创新要素向企业集聚。推进产学研深度融合，支持企业牵头组建创新联合体，承担国家重大科技项目。激发人才创新活力。贯彻尊重劳动、尊重知识、尊重人才、尊重创造方针，深化人才发展体制机制改革，全方位培养、引进、用好人才，造就更多国际一流的科技领军人才和创新团队，培养具有国际竞争力的青年科技人才后备军。加强创新型、应用型、技能型人才培养，实施知识更新工程、技能提升行动，壮大高水平工程师和高技能人才队伍。

对于高级技师有创新的要求。以科学发展观掌握大量相关信息，确定企业战略与发展目标，扩大视野，观念上要创新；企业应建立并完善技术创新体系，在机制与体制上为技师们创造良好的创新环境和条件；利用技师们的岗位优势与丰富的实践经验进行技术创新，集成化创新，技术引进消化吸收再创新；用符合客观发展规律的、新的、可以更好调动人们积极性、创造性的、效率更高的、效益更好的制度替代旧的制度，实施制度创新；企业应具有更多的自主知识产权，产品不断升级与换代，创造名牌，实现产品的创新。总之，要走新型工业化道路，实施创新的指导思想。企业不创新只能维持，甚至破产；只有创新，才能更好地生存与发展。

（3）按对高级技师资格要求，不仅需要掌握丰富的专业知识、熟练高超的操作技能，而且要具备组织、领导、协调、控制、运作的管理能力，专业教学能力。高级技师属于高级技术人才，规律表明：技术职称越高，其管理能力要求越高。如果没有管理能力或管理能力不高，就达不到资格要求的条件，因此高级技师必须学习相关的管理知识，储备管理技能。

（4）印刷技术发展很快，涉及面很广　设备在更新与换代，材料在换代与创新，技术在创新与配套，软件在多样与升级，工艺在规范与接轨，机制在改进与适应，这些都给管理带来新课题。管理必须拥有足够的信息，将各方面的优势集中起来，协调互相不适应或互相抵触的因素，指导工作，适应发展。

（5）企业要发展，一靠装备与技术，二靠管理与人才　技师要求"具有一定的技术管理能力"，高级技师要求"具有技术管理能力"，后者在管理深度与广度上都比前者高。一般情况技师以操作为主的多，兼做管理；高级技师则多数是以管理为主，某些特殊技能、复杂、非常规性、高难度工艺技术难题、技术攻关和工艺创新由高级技师完成。因此管理的内容与方式都在发展，也需要创新，要结合企业实际与工作要求，既能指导规范企业的经营生产活动，又能调动员工的积极性、创造性，创造出更大效益。

（6）管理是动态的、发展的，又是多种多样的，管理必须适应企业开展工作，但是也必须遵守基本原则：以人为本，把科学技术用到企业的管理当中，实施专业化分工，明确落实岗位责任制，鼓励岗位成才，发挥职工自身的积极性与创造性，培养员工团队精神，重视分工协作；建立适合的管理体系，行政命令要统一，各管理部门的要求不能相互矛盾；经营生产要有秩序，遵守纪律，照章办事，个人服从整体，如果发生矛盾，管理者必须及时协调好；要协调处理好横向关系，形成合力，要公平、公正，满足各方利益。让技师或高级技师了解掌握这些原则是为了解决认识与相关问题，更好地实施管理。

提高认识与明确任务：有的是政策法规方面，必须贯彻执行；有的是认识方面，相关内容没有认识或认识不清，就不可能自觉地去做；有的是知识方面，缺少知识就不知如何管。因此要学习弄懂，提高管理技能，增强管理的责任心。

3. 生产管理

单独的生产管理是按照生产计划安排的生产进度，掌控计划与实际运作出现的差距，并不断进行调整，使其按计划进行。多数印刷企业是经营与生产合一的管理，管理的内容相对宽，包括了承揽业务、签订合同、制订计划、工艺设计、印前制版、按需印刷、印后加工、产品检验、产品发送、收回货款等，同时或事先做好相关的准备。

（1）做好六项准备工作　印刷是加工企业，它的市场不是产品而是活源，活源是企业生存与发展的前提，要靠提高产品质量、确保制作周期、降低产品成本、做好相关服务来承揽业务，做好生产任务的准备；设备是基础，要配备能完成任务、性能保持良好的设备；材料是关键，生产前要准备好既能顺利实施生产、又能满足客户要求的材料；生产环境是条件，要配备符合的生产环境；工艺设计是手段，实施生产加工的步骤与方法，是运作的指令，生产前要编制工艺路线与生产计划；人才是保证，在重视培训与使用的前提下，准备符合生产要求的劳动组织，形成合力，完成生产计划。

（2）实施七个要求　加强产品质量的监控，达到或超过产品质量标准，满足客户的要求；实施严密的生产计划，认真调度，保证制作周期的要求；加强环境保护与管理，达到环境保护要求，防止发生职业病；强化安全管理，实现安全生产；坚持节能降耗，实现清洁生产；执行相关法规（如不印非法出版物，执行相关标准），依法办事，按经济政策要求加快资金回笼与周转，实现可持续发展。

（3）采用科学的管理方法，实施预管理或叫前管理。生产前制订可行的计划与编写相关的文件，对相关方面与各个环节提出明确要求，照章运作；实施过程管理，从开始到完成每个过程都严加管理，一环扣一环，直到客户验收；实施管理的系统方法，实质是用系统方法组织生产，形成合力，统一意志，实现生产目标的有效性与效率，兑现对客户的承诺，实现持续发展。

（4）管理手段要现代化，其标志是用先进的相关软件与高性能计算机运算相结合，实际是科学管理与先进技术相结合，坚持信息化带工业化、工业化促信息化，实施数字化、标准化、网络化管理。数字化工作流程是建立在技术成熟与信息准确的基础上，对印前处理、印制、印后加工及其相关过程的图文信息进行集成化管理与系统控制。通过Postscript（页面描述语言）、PDF（便携式文件格式）、PPF（印刷生产格式）、JDF（作业定义格式）等软件，

对印刷复制全过程实施数字化运作，是实施CIP3向CIP4的过渡，是实施数字化、标准化、网络化的基础。JDF软件功能的强化，提出了相关技术要求，规范了印前处理、印制、印后加工信息传递的接口问题，为实施CIP4成为可能，并成为印制系统管理的规范或标准，是生产管理的方向与目标。

4．生产现场管理

技师生产管理的相关知识是分项介绍的，高级技师以现场管理为切入点，从企业的环境整体形象入手。既涉及管理的对象、过程，又涉及管理的目标，既是企业管理的出发点，又是落脚点，属于综合性或链接式的管理，最适合技师与高级技师参与管理。

（1）概念　生产现场管理是企业管理的基础，泛指从事生产经营的厂区、车间、库房及其配套的场地。不仅对场地的环境、卫生进行管理，更重要的是在原有管理的基础上，运用现代管理的思想、系统工程的管理方法、现代科学的管理手段，对企业的生产要素进行合理的配置，优化组合，使现场的各项管理有机结合，全面提高企业素质，创造良好的生产环境。

（2）意义　企业的生产经营活动是通过设备的应用，物资的周转，洁净的环境与员工的劳作来完成的。企业的现场体现了企业的形象，透过形象能客观地反映出企业的生产能力、设备配置、产品结构、物资吞吐、技术水准、工艺状况、人员素质、思想作风、工作态度、环境条件、企业文化与管理水平等。如果上述各方面都是规范的、合理的、上乘的，企业的社会评价与经济效益应该是良好的、先进的、有竞争力的。企业凭借这些条件与老客户建立了良好的信誉，也让新客户有了良好的印象，成为承揽任务的基础。如果客户看到的现场是环境脏污、设备陈旧、物流杂乱、工艺落后、员工沉浮、纪律涣散、安全不保、生产无序、质量低下、周期不准的现场，就会失去承揽任务的物质基础，等于失去了市场。企业要研究市场、适应市场、服务市场、占领市场，企业失去市场就失去了生存与发展的条件。通过现场管理推动管理思想的民主化，提高员工的整体素质，把员工的积极性调动起来；管理要高效化，减少层次，减少冗员，指挥统一，落实岗位责任制，现场所有工作都有人做、有人管；用先进的管理方法，逐步从无序的定性管理，过渡到按系统工作，按经济规律、规章制度管理，实施预制化、文件化、数据化、标准化、规范化管理，克服指挥上的盲目性、运作上的随意性，提倡照章办事、有序生产；实施计算机管理；加强员工培训，提高技师与高级技师的技能与管理水平。

（3）内容　按相关文件的要求，由于企业的条件不同，内容有简有繁，总体上包括：

劳动类，泛指生产活动中涉及劳动管理的内容。在劳动者基本能完成本职工作的前提下，应持双证上岗（理论考试与实操合格证）。劳动纪律考核准时出勤率，在岗工时利用率，在岗违纪率。工作态度考核在定员、定机、定岗的前提下，班前做好相关的准备工作；班中精力集中，坚守岗位，做好本职工作，保持场地洁净；班后做好清洁工作，做好交接班，写好记录；单班作业要切断电源，灭掉火种，关好门窗。安全生产考核无违章操作、无事故，要定期或不定期进行安全检查，有记录、有问题要有处理结果或方案；上机女工要戴工作帽，消防器材定置、齐备、有效，符合防火要求。文明生产考核统一着装、干净整洁，提高员工文化与技能，做好相关教育宣传工作，提高执行相关法规的自觉性与责任感。

手段类，泛指生产活动中所用设备、工具与手段。包括设备能力、设备新度、设备完

好、设备记录、设备润滑、设备维护与保养、计量器具，工具齐备。考核设备维修保养规定，设备完好程度，设备开工率与利用率，设备配件有账、有卡、账卡相符，工具箱要定置、有标志、存放有序等。

对象类，泛指生产活动中所用物资的存放与流转。考核材料使用要有计划，不能超标，物品存放要规范，有标志，半成品、成品按工位存放，物品在流转过程中符合相关要求，有序运转，存放场地温湿度符合规定，要防撞、防尘、防火、防潮、防霉变、防丢失，数字正确。

专管类，泛指现场活动中的工艺技术、产品质量、生产安全、工业卫生等。产品质量的质量控制点、质量分析；考核产品合格率、优质品率，拖期欠尾数，社会退货率；要加强工艺设计与计划的管理，按作业指导书与相关的标准或要求施工，严格控制半成品质量，不合格产品不能流向下工序，不合格成品不能流向社会，不能出人身与产品事故。

环境类，泛指生产现场对环境的要求。考核指标：温湿度符合，门窗完整、干净，墙壁干净，地面无污物，做到无垃圾、无杂物、无污水、无污油、无乱放物品，更衣室要整洁、安全，厕所干净，符合卫生要求；灯具齐全，照度达标；物品进出道路平整、无坑、无缝、无障碍；对有毒作业，要有防预措施，要防尘、防噪声、防辐射、防火；厂区该绿化的面积要绿化，无积尘、无积水、无烟头、无痰迹、无碎纸、无杂物，厂区畅通，标志明确（如禁止吸烟）、齐全、醒目等，确保整体安全。

总体类，泛指企业的组织机构、规章制度、文件标准等。考核指标：管理组织是否健全，各级岗位责任是否落实，相关管理制度与工作细则是否建立起来，各专管部门责任分工是否明确，配合与协调程度，现场的有关资料是否齐全，档案是否建立，形成分工协作，事事有人做、件件有人管的局面。

现场管理的内容是多项的，企业的全部都应该管理，由于企业规模、产品构成不同，其内容可对号选择进行，但有八项指标必须管理：劳动管理中的违纪率；设备完好中的抽查合格率；物资流转中工艺流转达标率；工艺执行中质量控制点与工艺贯彻率；产品质量中的"三检"执行率；作业施工单中加工要求与实际情况的符合率；安全行为中的持证上岗率；领导机构岗位责任的落实程度与责任感。印刷企业还要执行出版、印刷的相关法规。

（4）方法　以现场为切入点进行综合管理。定置管理是现场管理的主要方法，是研究全部生产过程中人、物与环境相互之间的关系。实施以人为本，在适合规范的环境中，物在现场的科学定置与管理，如设备配置合理、完好；物品流转快捷，信息完善、准确；各生产要素配置科学；实现人、物与环境的有机结合，达到现场优化的目的。多数企业是按专业分工实施分散管理的，这样会出现某些不协调或矛盾的地方，会影响生产的顺利进行，通过以人为本，物、环境的统一现场管理，可使各个生产要素达到最佳配置。企业领导要足够重视，加强人的培训，制定可行的规章，完善定置管理信息，各项工作都有明确要求与标志（如物的流向、物的名称、物的位置、物的数量），操作有根据。要按定置管理要求，形成畅通的信息流，以此作为物流监督与控制的根据，是实施定置管理的关键。

按照物的性质，物的存放可分为固定位置与自由位置。固定位置存放地点即便空置也不允许放其他物品，如用后需要放回原处的物品位置，配电设备前、消防器材通道不准放物品，必须保持通道畅通。自由位置可以自由放置，一般指用后不再放回原处的物品位置，但

通道必须保持畅通。

物的存放应遵守以下原则：第一，要考虑安全因素，存放过程放置要牢固、规范，不能出事故，搬运进出方便，存放场地必须放置消防器材，防止意外灾害；第二，存放场地条件必须能保证物品质量，包括材料、半成品、成品需要防撞、防潮、防雨水、防高湿、防尘干净；第三，要充分利用放置空间，提高物品存放的容积率；第四，物品存放合理有序，存放物品应有标志、数字标注，防止缺数。

（5）要求　现场管理的内容涉及多部门、多层次，需要协调配套实施：

整治现场环境。重点整治现场的脏、乱、差、险。印刷企业集中反映是设备脏污、设备完好率差、定置不规范、坏纸乱扔、油墨乱抹、满地污油、遍地尘土、门窗破碎、墙壁灰花、光照暗淡、色光杂乱、物品乱置、通道堵塞、物流不畅、空气混浊、声音嘈杂，这些现象不同程度存在，因此必须整治，达标生产。

规范劳动组织。企业的生产活动是由物、环境与人合理配置实施的，人起支配作用。因此对人要加强培训，提高技能，科学组织，减少冗员，明确岗位责任，重视分工协作，遵守劳动纪律，严格工艺，照章操作，规范行为，使现场人员都能坚守岗位，着装整洁，精力集中，高速而有序工作，是顺利完成任务的保证。

优化工艺路线。相当数量的企业工艺路线的繁简不同，有的杂乱、有的落后。在企业设备配置、物资供应、产品要求、劳动组织能满足，产品质量能保证的情况下，工艺路线越简化、过程越短越好，达到减少变量、设备充分利用、优化操作、提高劳动效率、缩短印制周期、降低生产成本的目的。

健全规章制度。规章制度是企业实施各项工作的指导与保证，能够促进企业的管理工作与产品质量的标准执行，工艺技术的规范化、综合信息的建立与完善，为企业实施文件化、制度化、标准化、规范化管理提供了保证，也为实施信息化、计算机管理打下了基础。

促进班组建设。班组是企业基层生产组织，是管理的重点。随着科学技术的发展、管理的深入与现场管理的优化，企业不仅要对职工进行劳动技能的培训，而且要进行职业道德、岗位责任、思想政治、民主管理、制度法规等教育，开展技术革新，劳动竞赛，增产节约，提合理化建议等，加强班组建设就是把广大职工的积极性调动起来，让职工成为企业的主人，成为优化现场管理的主力军。

实施清洁生产。全部生产过程，要节能降耗，预防废气、废液、废渣的排放，如果因工艺局限存在三废排放，必须进行治理，防止材料、半成品、成品损伤、霉变，重视人身健康，预防职业病，实施清洁生产、文明生产。

体现综合优势。优化的现场管理是以人为本、物、环境的综合管理，强调的是企业各专管部门与车间的协同运作，全方位、多层次一起抓，协调解决生产各要素的优化组合，合理配置，把全方位的积极性调动起来，形成整体优势，实施生产。

确保生产安全。安全是企业管理的重中之重，要严格工艺操作规程，确保不出人身事故，预防设备事故。印刷企业易燃物非常多，被列为防火重点单位，因此必须制定安全防火制度，明确安全防范责任，配齐消防器材；其他各项安全工作应有预案，有人管理，确保生产安全。总之实施优化现场管理要达到环境整洁、纪律严明、设备完好、生产均衡、工艺规

范、物流有序、节能降耗、清洁生产、信息准确、管理科学、队伍优化、保证周期、提高质量、满足客户、安全运作、持续发展的目的。

（6）现场管理要解决的问题

① 健全现场管理组织。现场管理涉及全方位、多层次，需要由权威机构组织实施，最好由企业法人或法人委托懂现场管理的人来组织，因此法人首先要提高认识、明确现场管理的意义与作用，建立相应的管理制度与完善相关信息。如果没有真抓实干，强有力的管理组织，技师们很难实施现场管理。

② 明确现场管理目标。管理是一种手段，手段要为目标服务。按国家对现场管理的要求：设备配制合理，完好率与利用率要高；物品放置安全、使用合理、流转有序、减少损耗；工艺技术先进、规范、安全可靠；制度健全、信息准确、生产运行畅通；环境整洁、适合生产、环保生产、节能生产、安全生产；遵章守纪、劳动生产率高；全面提高管理水平，促进效率的提高，提高产品质量，占领更多的市场。

③ 管理方法要变革。相当部分企业现场管理只有定性要求，缺少明确目标，制度不完善、信息不灵、执行随意性强；管理要制度化、信息化，要从定性管理向定量管理转化，要细化、数据化，指标能定量要提出定量要求，前面提到的八项重要指标都应该实施定量管理，考核指标的升降值，这样考核指标明确、具体，便于管理，而且能克服工作的随意性。

④ 实施严格的奖罚制度。按照现场管理的内容与目标要求，制定可行的奖罚制度，对各项工作要有布置、有核查、有总结、有评比，根据工作中成绩大小给予不同奖励，授予荣誉称号；对工作差的要给予批评教育，有的要给予相应的处分，使广大职工都能重视现场管理，参与现场管理或执行相关要求。

⑤ 认真执行相关法规与相关制度，按相关法规、相关制度、企业文件要求，坚守岗位、落实岗位责任制、常抓不懈、持之以恒、克服管理与操作中的盲目性与随意性，否则再好的法规、制度、文件，不认真执行，或执行中打折扣，甚至阳奉阴违，现场管理都不可能取得好结果。现场管理的内容涉及众多的自然科学技术与相应的管理科学、人文科学，因此必须重视对技师与高级技师业务的培训，同时技师与高级技师要主动努力学习，要利用自身丰富的实践经验、影响力、学到的技能做好相关的管理工作。

（三）注意事项

现场管理属于综合性管理，内容全面、具体、可操作、可考核、要求明确。技师与高级技师要学习、弄清，不仅自身认真实施，而且要带领或指导相关人员贯彻执行。如果上述内容能做到或基本做到，企业的生产就有了基础和保证。

二、提出技术升级革新方案

学习目标	通过了解新技术、新设备、新工艺、新材料、新方法的发展动态和方向，提出企业的技术升级的革新方案。

（一）操作步骤

（1）了解相关技术的发展。

（2）分析新技术的适用性和可行性。

（3）提出企业发展的技术升级革新方案。

（二）相关知识

网印新技术的发展方向。

1．工艺技术发展趋势

（1）与传统网版印刷相结合　随着社会的发展，物质生活的日益丰富，人们对精神文化的需求也越来越高。特别是包装印刷品因为具有艺术性、装饰性和美化生活等特点，所受到的重视和影响更加明显。

印刷企业要想在激烈的市场竞争中立于不败之地，树立起新的质量竞争观念是十分必要的，以烟酒包装为例，现今的产品较之以往更加华丽精美，工艺上日益复杂成熟，以某一种印刷方式就能满足要求的日子一去不复返，而是采用组合印刷工艺生产。

组合印刷是指由多种类型的印刷和印后加工机组组成的流水生产线。目前常见的组合印刷方式有：

①间接凸印（凸版胶印）。此工艺主要应用于筒罐、牙膏皮等包装印刷。

②间接凹印（凹版胶印）。此工艺主要应用于建材木板印刷。

③凹凸压印（压凸印）。此工艺主要应用于纸包装印后立体浮雕感加工。

④柔–网印组合生产线。

⑤胶–网印组合生产线。

由于网版印刷的独特性质，它可以弥补其他印刷的一些不足，提高印刷质量，为其他印刷品增加装潢及艺术效果，使印刷品别具一格，吸引客户。因此在组合印刷中，网版印刷有着广泛的应用前景。目前，网版印刷主要与柔版印刷相结合或与平版印刷相结合。例如，以印刷精度高的轮转印刷单元配合柔性版印刷机的组合印刷，运用网版印刷可以堆积出较为厚实的油墨层，具有优异的遮盖力，可进行粗颗粒印料印刷等特点，再利用柔版印刷本身的印刷速度、清晰度等优势，使其在包装印刷市场上逐步占据主要的地位。再如滚筒网印机速度快，采用先进的定位方式，可与胶印机配套组合，实现高精细网目调胶印和特殊网印装潢效果。

网印在组合印刷中主要承担下列功能：

①增加产品的吸引力。例如：可采用空透效果设计，再使用浓重色彩或发光的油墨达到理想的独特效果。

②提高标志印刷。例如盲文标志等。

③重点强调品牌及标志的产品，例如药品说明标签，注射针剂说明等。

④用于比较恶劣环境中使用的产品。例如电池、油漆标签等。

⑤精致、特殊装潢效果。例如烟包、化妆品包装上显现浮凸、磨砂、折光、冰花、金、银等效果。

⑥ 印刷刮奖遮盖墨层，各类彩票有价证券等。

⑦ 利用光变、温变网印油墨，提高有价票证、各类卡证的防伪功能。

一种有模块设计和无齿轮转动系统的窄幅轮转印刷机用于商标和包装印刷的组合生产线，将胶印、凸印、柔印和网印、凹印、数字印刷以及冷、热烫金工艺结合起来，使商标和折叠纸盒的单通道印刷成为可能。

（2）与数字印刷相结合　随着当代科技的快速发展，计算机与电子扫描技术已渗透到各个领域，形成了科技与印刷技术的交叉与相融。印刷领域中的印前系统已产生了质的变化，印刷中的信息采集、图像处理、分色制版均由彩色桌面系统完成，速度快、精度高，显示了时代特征，网版印刷的印前处理已经和胶印一样实现了桌面系统以及印刷和印后加工快速化。20世纪90年代以来，随着计算机数字化处理技术不断成熟，网印制版技术方面正在进行一场重大的技术革命，这便是计算机直接制版CTP。它是将喷墨技术移植到网印CTP制版上。通过喷墨打印机，将图像涂盖料喷印在事先涂好感光胶的网版上，在网版上受墨图像充当胶片或覆盖膜，然后用紫外光对网版进行全面曝光，喷墨部分透不过紫外光，不发生化学反应，造成溶解度差别，经冲洗显影除去，而制成网印版。

现在又有一种膜版直接成像制版法，即丝网版上不用涂感光胶，而是涂上一种化学涂料，不用喷涂热蜡，而是用计算机直接在膜版上扫描，之后用水冲掉化学材料即可成像。这种在膜版上直接成像的制版方法是今后研制的方向。

网版印刷机也将越来越多地与电子和数字化设备相组合，环境的压力将鼓励采用新式的网版和油墨回收设备，在色彩管理、数字化、激光、高压水切割系统、真空成型、模切、印前设备和软件等方面都将有新的进展。

2. 应用市场趋势

美国和日本作为印刷业高度发达的地区，印刷业产值占整个制造业产值的8.5%，而我国才2.2%。我国目前网印产值占全部印刷产值还不到5%，尚有很大潜力可挖，发展前景广阔。中国网印业正在孕育更大的发展空间和潜在市场，中国即将成为世界上最大的网印市场，未来5年网印业的年增长率保持10%的高速发展是可能的，大大高于胶印、凹印和凸印的增长幅度。

（1）广告业的高速发展将直接推动网印市场的增长。据有关部门预测，未来10年广告业仍将维持30%的增速发展，不用10年中国将成为全球最大的广告市场，尤其是户外大型广告，以其视野宽、颜色鲜艳、保存期长、价格便宜等特点而保持较快增长。

（2）包装行业的高速增长，将促进网印市场的扩大。据统计，我国自20世纪90年代起，包装业以每年20%～30%的速度增长。随着包装业的发展，网印技术在包装印刷中的应用比重也越来越大。

（3）媒体技术的发展，将进一步扩大网印市场。网印技术在电子工业中一直保持着90%的市场占有率，例如电视机生产从开关、操作盘、印刷电路板等均需运用网印技术。21世纪，人类进入多媒体时代，超大型、超薄型电视机、液晶显示屏、等离子显示板等大型平面显示屏正进入商品化，将以更快的速度进入寻常百姓家，而这些商品的发展均需要以网版印刷技术支撑。

3．网印设备器材发展趋势

（1）网印机发展趋势。目前，网版印刷机已进入精密印刷的领域，其结构正向高精度、自动化方向发展。例如有的自动网印机采用图案识别方式，可自动控制制版的位置，刮板行程、刮板速度、印刷压力、版框高度等全部采用数字控制，可进行高精度印刷。

展望未来，我国的网印设备发展在五年之内仍然会是高、中、低档产品并存的局面，但不同档次设备在市场上所占的比例会逐渐地有所改变，即低档产品会逐渐减少，科技含量高的中档产品会占据较大的市场份额，而高档的全自动生产线会呈上升趋势。

（2）网印油墨发展趋势。世界上正在积极开发更新换代的网印油墨产品，朝着快干、无毒、无污染的环保型绿色油墨的方向发展。

网印油墨的发展取决于网版印刷应用领域的拓展。目前，世界网印技术的应用领域已拓展到包装装潢和广告业，以及建筑材料的特殊印刷，这些新兴的产业要求网印油墨必须适应网印向大型化、多色化和组合化印刷发展的需要。例如网印大幅面的户外广告和建筑材料，要求多色套印、快速干燥、耐晒、耐水等。组合印刷用网印油墨除了要求与柔印、胶印、凹印相适合的联机生产的干燥速度外，又由于组合印刷目前多应用于包装印刷品，因此又要求油墨无毒、无味及无污染。现在符合上述网印发展要求的绿色油墨有三种：一种是网印水基油墨；另两种是紫外线光固油墨和电子束辐射固化油墨。

4．未来网印技术的新变革

（1）滚筒式刮板将代替目前使用的刮板　滚筒式刮板，可以绝妙地保持均匀的墨层厚度，还可以达到高速印刷的目的。

（2）研制适合滚筒式刮板的油墨与干燥装置　滚筒式刮板适合于高速运转的印刷机需要配套的油墨和干燥装置。

（3）使用一次性网版　越来越多的网印产品要求快速完成，相应办法是使用一次性网版。

（4）使用一次性预涂感光膜版　由网版制造商提供的预涂感光膜版，完全可以达到涂布标准，保证了涂层的一致性。

（5）方便安装网版　把制好的网版安装在印刷机固定的框架上，用强力双面胶粘牢，印刷后，扔掉用过的网版。

（6）用非编织丝网代替目前使用的编织丝网　非编织丝网是经穿孔或腐蚀加工而成，印刷图像更稳定、清晰，更能长久保存，印刷时磨损低，印后材料容易回收利用。

（7）与数字化印刷共存、共发展　对于某些产品，数字化印刷比传统网印更为适用，前者需要的油墨量和油墨品种较少。

（8）一次操作，完成多色网印　实现一次操作完成多色网印，就能减少或消除彩色套印发生的偏差，大大缩短印刷时间。

（9）适应组合印刷机　过去已在普通印刷中加入滚筒式网印机，成为组合式印刷机系统，但由于滚筒式网印机的速度低等限制了组合式印刷机的最大速度。如果对组合印刷机的油墨和干燥装置加以改进，再加入滚筒式刮板装置，则网印速度与组合印刷机的速度就能得以提高，其结果是扩大了印刷产品范围，降低了生产成本，提高了生产率。

（三）注意事项

新技术升级方案离不开设备的更新换代与整合，材料的换代与匹配，工艺的规范、兼容与优化，软件内容的拓展升级与运算速度的提高，管理的科学化、文件化、制度化、规范化与国际的接轨。作为高级技师要结合企业实际与需要学习相关的知识，掌握相关的技术，优化组合新工艺路线，制订符合企业实际的、可运作的、能提高效率的、稳定产品质量的、保证或缩短制作周期的技术升级方案。高级技师应自身学懂、在运作中大胆实践并带领或指导相关人员认真实施。

第二节　质量管理

学习目标 | 掌握现代质量管理知识，能对操作过程进行质量分析与控制。

（一）操作步骤

（1）了解产品加工工艺和产品质量的情况。

（2）对全面质量管理诸因素进行分析。

（3）根据实际情况，找出需要调整或重点加以控制的因素。

（4）实施质量管理体系控制。

（二）相关知识

现代质量管理知识。

1. 提高认识，认真实施八项质量管理原则

原则是总结工业革命以来，质量管理最成功的经验，集中了世界上最受尊敬的质量管理专家的意见，于1997年ISO/TC176（质量管理与质量技术委员会）年会上一致赞成确定纳入ISO9000标准，成为质量管理的理论基础与实施准则。

（1）以客户为关注焦点　企业依存于客户，要理解和满足客户的要求，这实际上是市场问题，是企业生存与发展的前提，没有市场，管理也无从谈起。

（2）领导作用　领导有支配企业资源（人力、物力、环境、厂房）的权力，左右着企业长远规划与实施计划，决定着企业的质量方针与质量目标，考虑着客户和相关方的要求与期望，担负着建立信任、消除忧患、培训人才、使企业创造良好形象、树立职业责任与职业道德、取得优良工作成果的责任。企业领导必须重视这些，否则技师和高级技师很难参与管理，做好管理工作。

（3）全员参与　全员参与是质量管理的深化与发展，强调的是人的作用。企业的经营生产的各级管理人员，工艺技术操作人员，检测检验人员与相关人员，都要学习各自的相关知

识，明确自身在体系的权限与责任，知晓自身的工作内容与要求，了解其活动的结果对下步工作与全局结果的影响，所有人都要认真执行相关法规与技术操作规程，提高工作与管理能力，培养职业责任与职业道德，树立敬业精神，努力完成各自任务，同心协力，分工合作。全员参与包含三个层次：最高管理层的核心作用；中层管理者承上启下的保证作用；操作者的基础作用。三个层次的人必须形成合力，技师与高级技师起着关键作用。他们既要掌握全局要求，承担自身在体系中的责任与作用，又要组织与指导相关人员的实施。

（4）过程方法 质量管理不仅要保证产品质量符合相关标准，而且必须达到客户满意，不仅要管好影响质量的要素，而且要管好全过程。全过程应为洽谈业务、签订合同、工艺设计、资源准备、印前制版、按需印刷、印后加工、成品验证、包装发送、收回货款，每个环节都要有明确要求，形成文件，照章运作。

（5）管理的系统方法 管理不仅需要科学方法，而且需要系统性。将全员参与和过程方法有机地结合起来，实施全员、全过程、全方位的一体化动作，是实施文件化、规范化、标准化的主要方法，是控制产品质量最有效的措施。实践证明，全部的生产过程中，任何环节、任何方面出现问题，都会影响最终的产品质量。

（6）持续改进 提高管理水平、提高产品质量，改进企业的总体业绩是永恒的目标。

（7）基于事实的决策方法 把想做的事编写成文件，按文件做出来，把做的结果记录下来。从实际出发，真实记录，对记录进行分析是有效决策的基础，也是质量管理的基础，有效的质量管理方法。

（8）与供方互利的关系 企业与供方都要创造价值，应是双赢的关系。供方提供质量可靠的材料，是质量管理的基础条件。

2. 提高产品质量，是企业管理的根本目标

企业的最终目标应是全面提高自身的整体业绩，使企业达到持久成功。稳定与提高产品质量又是全面提高整体业绩的基础。企业的目标一是识别并满足客户和其他相关方（企业内人员、供方、所有者、社会）的需求与期望，以获得竞争收益，并以有效与高效方式实现；二是实现、保持并改进企业的总体业绩与能力。前者是为后者服务的。

3. 技术管理的目标

技师与高级技师的管理目标是一致的，但是在管理内容的深度与广度上是有区别的。

（1）高级技师参加管理的直接目标还是提高设备的配套能力，提高设备的完好率与利用率；合理使用材料，降低材料的消耗，减少或杜绝不合格品的发生；监督与控制好全过程各环节的产品质量；保证印制周期；通过实践的运作与学习提高自身的技能与管理水平；节约费用、降低企业的综合成本；用高品质、合理的价格、准确的周期与诚信、优质的服务占领市场，满足客户的要求；实施安全生产，促进企业的健康发展。

（2）企业的技术管理目标要与国家对企业的要求相一致，或者说企业的管理目标要与国家的宏观要求相一致。国家"十四五"规划提出：加快推动绿色低碳发展。支持绿色技术创新，推进清洁生产，发展环保产业，推进重点行业和重要领域绿色化改造。推动能源清洁低碳安全高效利用。企业要坚持节约生产，清洁生产，安全生产，实现可持续发展。要提高企业的工艺技术、管理、制度、产品的创新能力，调整产品结构，创造出更多名牌。企业要提

高绿色技术创新能力，使企业的产品质量、工艺技术、管理水平等处于领先地位，占领更多市场，促进企业的持续发展。

（3）提高经营管理能力　印刷企业中小型为多，到了高级技师多数承担经营管理任务。按传统解释，经营有六项职能：技术职能、营业职能、财务职能、会计职能、安全职能、管理职能，因此经营的内容更宽、责任更大，管理只是经营六大任务之一。高级技师需要学习、掌握更多的知识与相关能力。

① 政策是导向。首先要学习国家对企业的宏观政策，企业的经营生产要符合国家的相关政策，如国家提倡走新型工业化道路，实施节能生产、清洁生产、安全生产。企业的经营生产要与国家要求相符，不能采用能源消耗大，有环境污染，安全没保证的工艺技术生产。

② 市场是前提。印刷企业的市场是在前面，即活源，因此要研究市场、服务市场，进而占领市场，有了市场企业才能发展，因此要千方百计承揽活源，最大限度满足顾主要求。

③ 技术是关键。指的是企业的经营业务的范围、产品结构、生产规模的要求，采用什么设备、材料、技术路线之间的优化组合配制最适合生产要求。目前主要有两种类型：一是组建大型企业集团，产品制作任务由集团内部配套完成，不同性质的任务（长版、短版、特殊等）由不同配置的设备完成；一种是中小型专业化，实施生产的配套工作，靠社会化、按经济规则，通过合同与诚信服务来解决。两种模式都是最大化地提高设备利用率与劳动生产率，减少资金占用率。不能再建小而全、大而全，实际又不可能十全的企业，这类企业设备利用率不会高，经济效益也不会好。

④ 资金的核心。根据企业发展的需要与可能，依法筹措资金，合理使用资金，科学分配资金，加快资金的周转；通过会计职能（包括统计），反映出哪些资金该花，哪些资金不该花，哪些地方存在浪费或漏洞，为经营提供决策依据。从筹措到收回资金要有盈利，提高资金回报率，不盈利的企业就不能发展。

⑤ 人才是保证。企业全部运作过程中，需要方方面面的人才；需要经营人才、管理人才、操作人才，更需要复合型人才，形成配套人才、互补型人才，这些人才形成合力，企业的生存与发展才有保证。

⑥ 目标是发展。发展要靠政策、市场、技术、资金、人才，更要靠科学的经营、严密的管理、企业的经营战略、指导思想。如果不科学，不符合实际，没有得力的管理，上述条件都具备了，企业也很难盈利、生存与发展，因此高级技师要学习经营管理的相关内容，并应用到实际工作中去，以求取得更大效益。

（4）提高解决关键技术的能力，在工艺技术上的创新能力。按职业资格的要求，作为印前高级技师应具备：

①掌握、解决印刷适性的综合能力。印刷适性指载体、油墨、印版、印刷过程、印刷环境的综合适性，常规条件下印刷正常，当发生问题时，原因可能是其中一项、两项或多项，甚至全部，要学会分析问题，抓主要矛盾，要根据知识与经验，分析问题发生的原因，稳定其他变量或条件，对可能出现的问题分析、调节、测试，直至解决。

② 深刻理解质量标准或相关要求，在实施过程中如何控制好，这既是技术问题，又是管理问题，作为彩色图像产品要正确理解。

　　a. 阶调值。阶调的量度，即图像的亮度空间，或叫密度反差的范围。由载体的白度与多色油墨（指黄、品红、青、黑）叠加后最大有效密度的密度反差决定，常规条件下，阶调值相对大些为好，相对大些图像的立体感、空间感、质感好，但要控制在允许的范围内。

　　b. 层次。即图像阶调值中的色调差别，以原稿层次为基础，复制品的色调差别越丰富、越清晰越好，从对原稿的理解、制版、印刷都要认真对待，与印刷适性的全部内容有关。

　　c. 颜色。要求真实、自然、协调。受原稿、制版、印刷适性等多项因素影响，应该是该反射的光波要反射，该反射的光波没反射或反射的不够，颜色的饱和度、鲜艳度受影响；该吸收的光波要吸收，该吸收的光波不吸收或吸收的不够，影响暗调、色度反差受影响。颜色受光源的影响，因此观色的光源应用规定的光源。如用：CY/T3《色评价照明和观察条件》标准。

　　d. 外观特征。泛指产品外观特征的综合表现，除阶调值、层次、颜色的要求，还包括图面的直观效果，如图面整洁、干净，图像的重复性、一致性要好，还不能发生任何印刷故障。

　　图像清楚、文字完整无误、规格、图文地位准确，都是全局性指标，确保不发生以上任何错误。

　　从承揽任务到把产品交给客户的全过程和相关工作，都要重视，控制实现以上要求或指标，应是高级技师的主要责任。

　　③ 能选择和使用相关的测试工具和仪器。如借助测控条来检测图像的实地密度（暗调指标），网点增大值（中间调控制指标），相对反差值（中间调至暗调指标），单色密度，叠加密度，灰色平衡曲线等；选择与使用适合的密度计、分光光度计等。学会用数据、标准来评价与判断产品质量或相关要求。

　　④ 要掌握相关材料的标准或使用要求，包括保管与使用要求。

　　⑤ 熟练掌握企业的生产条件，利用自身的知识与经验，应具备工艺技术上有取其精华，优化组合，集成创新能力，引进消化吸收再创新能力，实现可持续发展。

（三）注意事项

　　产品质量是现代企业管理的重要组成部分，是企业承揽业务、占领市场、企业竞争的重要条件，涉及到企业管理的全部内容：要培训提高管理者与操作者素质与技能；要坚持技术进步、实施设备的更新、换代与整合，提高设备的完好率与利用率；重视材料的选型，保管与使用；优化工艺路线、健全相关制度，在保证产品质量的前提下简化运作；配备符合生产要求的环境与条件；采用科学的管理方法与手段；实施全方位的、全员的、全过程的前管理（或叫预防管理），用文件化、制度化、规范化并逐步实施标准化、信息化管理。主要目的是稳定与提高产品质量，满足顾主的要求，提高企业效率与效益，占领更大市场，确保企业可持续发展。在这个过程中，高级技师应充分发挥作用。

参考文献

［1］ 金银河，刘浩学，王岩，等. 网版制版工［M］. 北京：印刷工业出版社，2008，7.

［2］ 陈乃奇，黄国光，胡志毅. 网版印刷计算机直接制版技术CTS的现状和发展［J］. 丝网印刷，2016，1.

［3］ 陈静漪. 新型网版印刷直接制版CTS工艺流程与印刷适性［J］. 丝网印刷，2016，9.

［4］ 石俊民. 智能网版定位工艺的新方案［J］. 丝网印刷，2018，5.

［5］ 田菱精细化工（昆山）有限公司《CTS直接数码制版机使用说明》.

［6］ 裴桂范，陈宏玢. 彩色阶调丝网印刷［M］. 北京：印刷工业出版社，2000.

［7］ 武军，黄蓓青，王德本. 丝网印刷原理与工艺［M］. 北京：中国轻工业出版社，2006.

［8］ 郑德海. 网版印刷技术［M］. 北京：中国轻工业出版社，2006.

［9］ 穆建. 实用电脑印前技术［M］. 北京：人民邮电出版社，2008.

［10］陈世军，刘宁俊. 拼晒版与打样实训教程［M］. 北京：印刷工业出版社，2013.

［11］杨保育. 晒版与打样工艺［M］. 北京：高等教育出版社，2005.

［12］阎素斋. 丝网印刷油墨［M］. 北京：印刷工业出版社，1995.

［13］金银河. 特种印刷技术［M］. 北京：印刷工业出版社，1995.

［14］肖志坚，邵民秀，杜桂华. 丝网印刷操作教程［M］. 北京：化学工业出版社，2010.

［15］宋强，洪杰文，杜晓杰. 丝网印刷［M］. 北京：化学工业出版社，2004.

2. 印前处理

　　主　编：文孟俊

　　副主编：金志敏

　　参　编：盛云云　刘金玉　潘晓倩　刘　芳

　　主　审：程杰铭

　　副主审：朱道光　姜婷婷

3. 平版制版

　　主　编：田全慧

　　副主编：李纯弟

　　参　编：李　刚

　　主　审：程杰铭

　　副主审：朱道光　姜婷婷

4. 柔性版制版

　　主　编：田东文

　　副主编：陈勇波　吴宏宇

　　参　编：霍红波　李纯弟　殷金华

　　主　审：程杰铭

　　副主审：朱道光　姜婷婷

5. 凹版制版

　　主　编：肖　颖

　　副主编：淮登顺　马静君

　　参　编：许宝卉　施海卿　苏　娜　郝发义　张鑫悦　宁建良　韩　潮

　　　　　　刘　骏　裴靖妮　石艳琴　汪　伟　陈春霞

　　主　审：程杰铭

　　副主审：朱道光　姜婷婷

6. 网版制版

　　主　编：纪家岩

　　副主编：高　媛　王　岩

　　参　编：宋　强　张为海

　　主　审：程杰铭

　　副主审：朱道光　姜婷婷

印前处理和制作员职业技能培训教程
编写组

一、编写机构

1. 组织编写单位

    中国印刷技术协会、上海新闻出版职业教育集团

2. 参与编写单位

    上海出版印刷高等专科学校、山东工业技师学院、东莞职业技术学院、杭州科雷机电工业有限公司、上海烟草包装印刷有限公司、中国印刷技术协会网印及制像分会、中国印刷技术协会柔性版印刷分会

二、编审人员

1. 基础知识

    主　编：王旭红

    副主编：李小东　龚修端

    参　编：李　娜　魏　华

    主　审：程杰铭

    副主审：朱道光　姜婷婷

图书在版编目（CIP）数据

网版制版 / 中国印刷技术协会，上海新闻出版职业教育集团组织编写. —北京：中国轻工业出版社，2022.10

印前处理和制作员职业技能培训教程

ISBN 978-7-5184-3949-2

Ⅰ . ①网… Ⅱ . ①中… ②上… Ⅲ . ①丝网印刷—印版制版—技术培训—教材 Ⅳ . ① TS871.1

中国版本图书馆 CIP 数据核字（2022）第 056894 号

责任编辑：杜宇芳　　责任终审：李建华　　整体设计：锋尚设计
策划编辑：杜宇芳　　责任校对：吴大朋　　责任监印：张　可

出版发行：中国轻工业出版社（北京东长安街6号，邮编：100740）

印　　刷：艺堂印刷（天津）有限公司

经　　销：各地新华书店

版　　次：2022年10月第1版第1次印刷

开　　本：787×1092　1/16　印张：18.25

字　　数：460千字

书　　号：ISBN 978-7-5184-3949-2　定价：79.80元

邮购电话：010-65241695

发行电话：010-85119835　传真：85113293

网　　址：http://www.chlip.com.cn

Email：club@chlip.com.cn

如发现图书残缺请与我社邮购联系调换

190141J4X101ZBW

印前处理和制作员职业技能培训教程

网版制版

中 国 印 刷 技 术 协 会
上海新闻出版职业教育集团　组织编写

中国轻工业出版社